中等职业教育"十二五"规划教材

中职中专计算机类教材系列

计算机应用基础及实训

方凤波　田　岭　主　编

李太芳　杨　利　肖洪阳　副主编

科学出版社

北　京

内 容 简 介

全书共分 8 章,系统地介绍了微型计算机的基础知识和常用办公软件的使用方法,包括操作系统 Windows XP、文字处理软件 Word 2003、电子表格制作软件 Excel 2003、幻灯片制作软件 PowerPoint 2003、网页浏览软件 IE 6.0 以及计算机安全知识等内容。每章都配有习题,大部分章节配有上机操作实验。各章内容基本独立,可根据实际情况进行选择。

本书覆盖了计算机初学者所需掌握的所有知识和操作技能,既适合中等职业学校计算机类专业及相关专业使用,也可作为专业技术人员以及办公管理人员的培训教材,亦可供初学者自学使用。

图书在版编目(CIP)数据

计算机应用基础及实训/方风波,田岭主编. —北京: 科学出版社,2008
(中等职业教育"十二五"规划教材·中职中专计算机类教材系列)
ISBN 978-7-03-021245-0

Ⅰ.计… Ⅱ.①方…②田…Ⅲ.电子计算机-专业学校-教材 Ⅳ.TP3

中国版本图书馆 CIP 数据核字(2008)第 028309 号

责任编辑: 韩 洁 张振华 / 责任校对: 耿 耘
责任印制: 吕春珉 / 封面设计: 耕者设计工作室

科学出版社 出版
北京东黄城根北街 16 号
邮政编码: 100717
http://www.sciencep.com

三河市骏杰印刷有限公司印刷
科学出版社发行 各地新华书店经销
*
2008 年 4 月第 一 版 开本: 787×1092 1/16
2018 年 5 月第九次印刷 印张: 16
字数: 365 000

定价: **36.00 元**
(如有印装质量问题,我社负责调换〈骏杰〉)

销售部电话 010-62134988 编辑部电话 010-62148322

前　言

随着计算机技术的飞速发展，其应用已经深入到社会的各个领域。改革计算机基础教学内容，使之更符合人才培养目标的需要，对中等职业教育具有重要的现实意义。本书是为中等职业学校各专业"计算机应用基础及实训"课程专门编写的，该课程是学习其他计算机相关技术的必修课程。

本书共分 8 章，内容包括计算机基础知识、Windows XP 操作系统、汉字输入法、中文 Word 2003 文字处理、中文 Excel 2003 电子表格制作、中文 PowerPoint 2003 演示文稿制作、计算机网络入门和计算机安全知识。通过使用大量的图片素材，以任务驱动的方式介绍了解决具体问题的操作方法，对培养学习者的实际操作能力十分有益。

本书面向中等职业教育，本着以就业为导向，培养技能型人才计算机应用能力的原则，根据就业的实际需求进行内容的选取。本书内容丰富、结构新颖、重点突出、详略得当，以实用为基础，以必需为尺度，可以满足中等职业教育的各项需要。

本书最大特点是具有很好的可操作性，学习者可以边学习，边上机实践，从而以最高的效率入门并掌握计算机应用基础。另外，书后章节设置了习题和上机实验，使学生上机时能够有的放矢地进行训练，便于学生学习和教师指导。

参加本书编写的均是长期从事中职计算机应用基础教学工作的骨干教师，具有丰富的教学实践经验和较强的教材编写能力。本书由方风波、田岭主编，第 1、4 章由杨利编写，第 2 章由肖洪阳编写，第 3、7 章由段治川编写，第 5 章由方风波编写，第 6 章由田岭编写，第 8 章由方亚晴编写，各章习题由李太芳和黄惠萍共同编写。全书由方风波、田岭统稿。

由于计算机科学技术发展迅速及编者自身水平的限制，书中难免有不足之处，望广大读者批评指正，以便于进一步完善。

主编 E-mail：方风波 ffbm@163.com，田岭 tl2009@163.com。

目　　录

第1章

计算机基础

学习目标

◆ 了解计算机的发展历史

◆ 了解计算机的特点、应用及分类

◆ 理解 PC 的主要技术指标

◆ 理解计算机中数和字符的表示

◆ 掌握计算机系统的组成

◆ 掌握各进制之间的转换方法

内容摘要

◆ 介绍了计算机的发展历史

◆ 介绍了计算机的特点、应用及分类

◆ 介绍了计算机中数和字符的表示

◆ 详细介绍了计算机系统的组成

◆ 详细介绍了各进制之间的转换方法

1.1　计算机的发展历史

　　计算机是一种能快速而高效地完成信息处理的数字化电子设备,它能按照人们编写的程序对原始输入数据进行加工处理、存储或传送,以便获得所期望的输出信息,从而利用这些信息来提高社会生产率并且改善人民的生活质量。

　　在当今的信息化社会中,计算机已经走入各行各业,并成为各行业必不可少的工具。掌握计算机尤其是微型计算机的使用,已经成为有效学习和工作所必需基本技能之一。

1.1.1　计算机发展历史

　　电子计算机诞生于 20 世纪 40 年代,它的出现对人类社会产生了巨大的影响。它是一种能够按照人的意图自动、高速、精确地进行数值运算和数据处理的现代化电子设备。

　　1946 年 2 月,美国宾夕法尼亚州立大学莫尔机电工程学院研制完成并在美国费城公开展示了世界上第一台电子计算机 ENIAC(electronic numerical integrator and calculator,电子数字积分计算机),如图 1.1 所示。

图 1.1　世界上第一台电子计算机 ENIAC

　　这台计算机使用了 18 000 多个电子管,占地约 170m^2,重达约 30t,功耗达 150kW/h,当时价值 40 万美元。虽然其运算速度仅每秒 5 000 次加法运算,但还是比当时的继电器计算机快 1 000 倍。用 ENIAC 计算题目时,人们首先要根据题目的计算步骤预先编好一条条指令,再按指令连接好外部线路,然后启动它让其自动运行并输出结果。当要计算另一道题目时，必须重复进行上述工作。所以只有少数专家才能使用它。尽管这是 ENIAC 的明显弱点，但它使过去借助机械分析机费时 7～20h 才能计算出一条弹道的工作时间缩短到 30s，使科学家们从奴隶般的计算中解放出来。至今人们仍然公认：ENIAC 的问世标志着计算机时代的到来，它的出现具有划时代的意义。

从第一台电子计算机诞生到现在短短的数十年时间中，计算机技术以前所未有的速度迅猛发展，经历了以下发展阶段。

（1）第一代计算机（1946～1958 年）

第一代计算机是电子管计算机。其基本元件是电子管，内存储器采用水银延迟线，外存储器有纸带、卡片、磁带和磁鼓等。受当时电子技术的限制，运算速度仅为每秒几千次到几万次，而且内存储器也非常小（仅为 1000～4000B）。

此时的计算机程序设计语言还处于最低阶段，要用二进制代码表示的机器语言进行编程，工作十分繁琐。直到 20 世纪 50 年代末才出现了稍微方便一点的汇编语言。

第一代计算机体积庞大，造价昂贵，因此基本上局限于军事研究领域。

（2）第二代计算机（1958～1964 年）

第二代计算机是晶体管计算机。它以晶体管为主要元件，内存储器使用磁芯，外存储器有磁盘、磁带。运算速度从每秒几万次提高到几十万次，内存储器容量也扩大了几十万字节。

此时，计算机软件也有了较大的发展，出现了监控程序并发展成为后来的操作系统；高级程序设计语言 Basic、Fortran 和 Cobol 相继推出，使编写程序的工作变得更为方便，并实现了程序兼容。这样，使用计算机的工作效率大大提高。

第二代计算机与第一代计算机相比，体积小、成本低、重量轻、功耗小、速度高、功能强且可靠性高。使用范围也由单一的科学计算扩展到数据处理和事务管理等其他领域中。

（3）第三代计算机（1964～1971 年）

第三代计算机的主要元件采用小规模集成电路（small scale integrated circuit，SSIC）和中规模集成电路（medium scale integrated circuit，MSI）。集成电路是用特殊的工艺将大量完整的电子线路做在一个硅片上。与晶体管相比，集成电路计算机的体积、重量、功耗都进一步减小，而运算速度和可靠性则进一步提高。

软件在这个时候形成了产业，操作系统在种类、规模和功能上发展很快，通过分时操作系统，用户可以共享计算机的资源。结构化、模块化的程序设计思想被提出，而且出现了结构化的程序设计语言 Pascal。

（4）第四代计算机（1971 年至今）

第四代计算机的主要元件是大规模集成电路和超大规模集成电路。随着集成电路技术的不断发展，单个硅片可容纳电子线路的数目也在迅速增加。20 世纪 70 年代初期出现了可容纳数千个至数万个晶体管的大规模集成电路（large scale integrated circuit，LSIC），70 年代末期又出现了一个芯片上可容纳几万个至几十万个晶体管的超大规模集成电路（vary large scale integrated circuit，VLSI）。VLSI 能把计算机的核心部件甚至整个计算机都做在一个硅片上。

集成度很高的半导体存储器完全代替了磁芯存储器。外存储器的存取速度和存储容量都大幅度上升。计算机的速度可达每秒几百万次至上亿次，而其体积、重量和功耗却进一步减小，计算机的性能价格比基本上以每 18 个月翻一番的速度上升，此即著名的摩尔定律。

软件工程的概念开始提出，操作系统向虚拟操作系统发展，各种应用软件丰富多彩，在各行业中都有应用，大大扩展了计算机的应用领域，如表 1.1 所示。

表1.1 计算机的发展阶段

阶 段	年 份	器 件	软 件	应 用
一	1946～1958	电子管	机器语言，汇编语言	科学计算
二	1958～1964	晶体管	高级语言	数据处理、工业控制
三	1964～1971	中小规模集成电路	操作系统	文字处理、图形处理
四	1971年迄今	大规模和超大规模集成电路	数据库、网络等	社会的各个领域

展望未来，从构成技术上看，计算机将是半导体技术、超导技术、光学技术、仿生技术相互结合的产物；从发展上看，它将向着巨型化和微型化发展；从应用上看，它将向着多媒体、网络化、智能化的方向发展。

1.1.2 我国计算机发展历史

1956 年国家制定 12 年科学规划时，把发展计算机、半导体等技术学科作为重点，相继筹建了中国科学院计算机研究所、中国科学院半导体研究所等机构。1958 年组装调试成第一台电子管计算机（103 机），1959 年研制成大型通用电子管计算机（104 机），1960 年研制成第一台自主设计的通用电子管计算机（107 机）。

1964 年我国开始推出第一批晶体管计算机，如"109 乙"、"108 乙"和"320 机"等，其运算速度为每秒 10 万～20 万次。

1971 年，我国研制成第三代集成电路计算机，如"150 机"。1974 年后 DJS-130 晶体管计算机形成了小批量生产。1982 年采用大、中规模集成电路研制成 16 位的 DJS-150 机。

1983 年，国防科技大学推出向量运算速度达 1 亿次的银河 I 巨型计算机。1992 年，向量运算达 10 亿次的银河 II 投入运行。1997 年，"银河III"投入运行，速度为每秒 130 亿次，内存容量为 9.15GB。至今只有少数国家能生产巨型机。

20 世纪 90 年代以来，我国微机产业已形成大批量、高性能的生产局面，并且发展迅猛，产生了我国自己的知名微机品牌，如联想、方正等。

1.2　计算机的特点、应用及分类

1.2.1　计算机的特点

因为计算机具有其独到的特点，从而使得它能被广泛地应用到人类社会的各个角落。其特点主要有以下几点。

（1）运算速度快

大型、巨型计算机由 20 世纪 50 年代初的每秒几万次的运算速度发展到 1976 年的每秒 1 亿次、1985 年前后的每秒 100 亿次、20 世纪 90 年代初的每秒 1 万亿次，1996 年，美国推出每秒 2.4 万亿次的巨型计算机。

（2）计算精度高

一般来说，现在的计算机有几十位有效数字，而且理论上还可更高。因为数在计算机内部是用二进制数编码的，数的精度主要由这个数的二进制码的位数决定，可以通过增加数的二进制位数来提高精度，位数越多精度就越高。例如 π 值的计算，发明计算机前的 1500 多年中经过数代科学家的人工计算，其精度只达到小数点后的几百位，当第一台计算机诞生后，利用计算机计算就可达到 2000 位，目前计算精度可达到上亿位。

（3）具有记忆和逻辑判断功能

计算机的存储器类似于人的大脑，可以"记忆"（存储）大量的数据和计算机程序而不丢失。在计算的同时，还可把中间结果存储起来，供以后使用。计算机的逻辑判断功能指的是计算机不仅能进行算术运算，还能进行逻辑运算，实现推理和证明。

计算机的记忆功能与算术运算和逻辑判断功能相结合，使之可模仿人的某些智能活动，成为人类脑力延伸的重要工具，故人们又把计算机称为电脑。

（4）高度自动化又支持人机交互

计算机在程序的执行过程中，会根据上一步的执行结果，运用逻辑判断方法自动确定下一步的执行命令。正是因为计算机具有这种逻辑判断能力，使得计算机不仅能解决数值计算问题，而且能解决非数值计算问题，比如信息检索、图像识别等。但当人要干预时，计算机又可及时响应，实现人机交互。

（5）通用性强

用户使用计算机时，不需要了解其内部构造和原理。计算机适合各界人士使用，可应用于不同的场合，只需执行相应的程序即可完成不同的工作。

1.2.2　计算机的应用

由于计算机运算速度快、计算精度高、记忆能力强、高度自动化和通用性强等一系列特点，使其几乎进入了一切领域。概括起来，计算机的应用主要分以下几个方面。

1）科学计算（数值计算）：计算机是为科学计算的需要而发明的，科学计算是计算机应用最早也是最基本的应用领域。例如：高能物理方面的原子和粒子结构分析、反应堆的研究和控制；气象预报、大气环境检测分析；人造卫星轨道计算等，如果没有计算机系统高速而又精确的计算，许多现代技术都是难以发展的。

2）数据处理（信息管理）：包括对数据的收集、记载、分类、排序、检索、计算或加工、传输、制表等工作。例如，在科研、生产和经济活动中，把所获得的大量信息存入计算机，通过加工处理，得到可供某种目的使用的新信息。当今社会，计算机广泛用于信息管理，办公自动化大大提高了办公效率和管理水平，越来越多地应用到各级办公事务中。信息化社会要求人们都能掌握计算机和网络的常用技术。

3）自动控制：常用于电力、冶金、石油化工、机械等工业。

4）计算机辅助系统：CAD（计算机辅助设计）常用于飞机、轮船、建筑工程等复杂设计工程中。利用计算机进行设计可以提高设计质量，缩短设计周期，提高设计的自动化水平；CAM（计算机辅助制造）是由计算机辅助设计派生出来的，常用来进行生产设备的管理、控制、操作等过程，例如操纵机器的运行，控制材料的流动，处理产品制造过程中的所需数据，以及对产品进行测试和检测等；CAI（计算机辅助教学）是利用计算机帮助对学生的教学，通常包括用形象的动态图示来表达一些用语言和文字不易表达清楚的概念，还包括学生与计算机之间的对话，并能够指出学习过程中的错误，以及学生学习课程的成绩等。

5）人工智能：主要目的是用计算机来模拟人的智能，其主要任务是建立智能信息处理理论，进而设计可以展现某些近似人类智能行为的计算机系统。目前的主要应用有机器人（robots）、专家系统（expert system）、模式识别（pattern recognition）、智能检索（intelligent retrieval）等方面。

1.2.3　计算机的分类

计算机发展到今天，已是琳琅满目，种类繁多，可以从不同的角度对其进行分类。

1. 按处理的数据分类

1）数字计算机：它所处理的数据（以电信号表示）是离散的，称为数字量，如职工人数、工资数据等。处理后仍以数字形式输出到打印纸上或显示在屏幕上。目前，常用的计算机大都是数字计算机。

2）模拟计算机：它所处理的数据是连续的，称为模拟量，如电压、电流等。能够接受模拟数据，处理后仍以连续的数据输出，这种计算机称为模拟计算机。一般说来，模拟计算机不如数字计算机精确，模拟计算机常以绘图或量表的形式输出。

3）混合计算机：集两者的优点于一身，可以接受模拟量或数字量的运算，最后以连续的模拟量或离散的数字量为输出结果。

2. 按使用的范围分类

1）通用计算机：适用解决多种一般问题，该类计算机使用领域广泛、通用性较强，在科学计算、数据处理和过程控制等多种用途中都能适应。通常所说的计算机均指通用计算机。

2）专用计算机：用于解决某个特定方面的问题，配有为解决某问题的软件和硬件，如生产过程自动化控制、工业智能仪表等专门应用。

3. 按性能分类

这是最常规的分类方法，所依据的性能主要包括存储容量和运算速度等。

1）巨型机：是目前功能最强、速度最快、价格最贵的计算机。一般用于解决如气象、航天、能源、医药等尖端科学研究和战略武器研制中的复杂计算。这种机器价格昂贵，是国家级资源，体现一个国家的综合科技实力。世界上只有少数几个国家能生产这种机器。如 IBM 公司的深蓝，我国自主生产的曙光-1000 型超级计算机等，如图 1.2 所示。

图 1.2 曙光超级计算机

2）大中型计算机：这种计算机也有很高的运算速度和很大的存储量，并允许多个用户同时使用。通常用于大型企业、商业管理或大型数据库管理系统中，也可用作大型计算机网络中的主机。

3）小型计算机：这种机器规模比大中型机要小，但仍能支持十几个用户同时使用。这类机器价格便宜，适合于中小型企事业单位采用。像 DEC 公司生产的 VAX 系列、IBM 公司生产的 AS/400 系列都是典型的小型机。

4）微型计算机：这种机型最主要的特点是小巧、灵活、便宜。不过通常在同一时刻只能供一个用户使用，所以微型计算机也叫个人计算机（personal computer，PC）。近几年又出现了体积更小的微型机，如笔记本式、膝上型、掌上电脑等。

5）工作站：工作站与功能较强的高档微机之间的差别不十分明显。与微型机相比，它通常比微型机有较大的存储容量和较快的运算速度，它主要用于图像处理和计算机辅助设计等领域。

1.3　计算机系统的组成

　　计算机系统由硬件（hardware）系统和软件（software）系统两大部分组成。

　　硬件是指肉眼看得见的机器部件，它就像是计算机的"躯体"。通常所看到的计算机会有一个机箱，里边是各式各样的电子元件，还有键盘、鼠标、显示器和打印机等，它们是计算机工作的物质基础。不同种类的计算机硬件组成各不相同，但无论什么类型的计算机，都可以将其硬件划为功能相近的几大部分。

　　软件则像是计算机的"灵魂"，它是程序及有关文档的总称。程序是由一系列指令组成的，每条指令都能指挥完成相应的操作。当程序执行时，其中的各条指令就依次发挥作用，指挥机器按指定顺序完成特定的任务，把执行结果按照某种格式输出。

　　计算机系统是一个整体，既包括硬件也包含软件，两者缺一不可。计算机如果没有软件的支持，也就是在没有装入任何程序之前，被称为"裸机"，裸机是无法实现任何处理任务的。反之，若没有硬件设备的支持，单靠软件本身，软件也就失去了其发挥作用的物质基础。计算机系统的软、硬件系统相辅相成，共同完成处理任务。计算机系统的组成结构如图 1.3 所示。

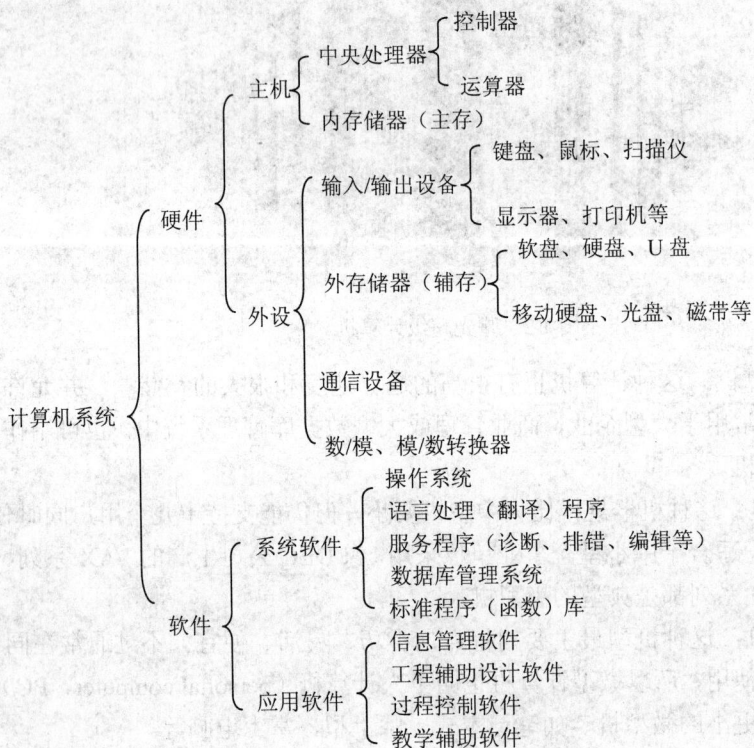

图 1.3　计算机系统的组成

1.3.1 PC 硬件各部分的主要功能

微机一般由主机、显示器、键盘、鼠标和其他外设等几部分组成，如图 1.4 所示。其中主机包含主板、CPU、内存条、显卡、声卡、硬盘、软驱、光驱、机箱等部分。主机、显示器、键盘、鼠标是微机最基本的配置。

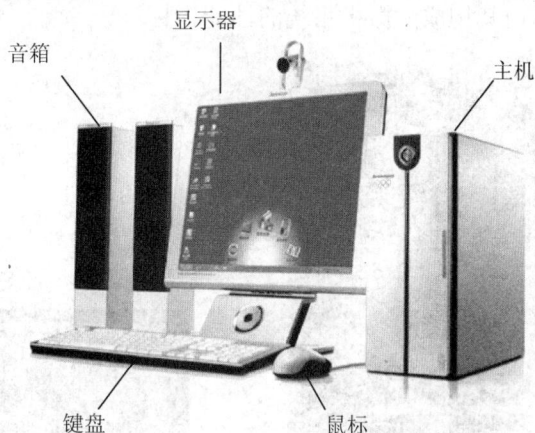

图 1.4　微型计算机的硬件组成

打开机箱后，里面有主板、电源、线缆、光驱、硬盘等，如图 1.5 所示。

图 1.5　计算机主机示意图

1．主板

主板是安装在主机箱底部的一块多层印刷电路板，外表两层印刷信号电路，内层印刷电源和地线。主板上通常有 CPU、ROM、RAM、输入/输出控制电路扩充插槽、键盘接口、面板控制开关等，如图 1.6 所示。主板是微机的重要组成部分，它决定了微机的档次与性能。

2．中央处理器

中央处理器（central processing unit，CPU）主要包括运算器（ALU）和控制器（CU）两大部件，它是微型计算机的核心部件，如图1.7所示。它是一个体积不大而元件集成度非常高、功能强大的芯片，也称为微处理器。计算机内所有操作都受 CPU 控制，CPU 的性能指标直接决定了由其构成的微机系统的性能指标。

图 1.6　计算机主板示意图　　　　　　　　图 1.7　CPU 正面、背面

CPU 的功能和处理速度一般可以从其型号、数字来判断其等级，如 Pentium 系列是586 型的 CPU，它后面型号的数字即为其工作频率，也就是它处理速度的时钟。按照其处理信息的字长，CPU 可以分为 4 位微处理器、8 位微处理器、16 位微处理器、32 位微处理器以及 64 位微处理器等。

3．内存储器

内存是指 CPU 可以直接读取的内部存储器，主要是以芯片的形式出现。一般见到的内存芯片是条状的，也叫"内存条"，如图1.8所示。内存条需要插在主板上的内存槽中才能工作，一台计算机中可以插多个内存条。计算机的内存一般是本机中所有内存条总的容量，一般有 128MB、256MB、512MB、1GB 等。

4．显示卡

显示卡也称图形加速卡，显示卡和显示器构成了计算机的显示系统。图形加速卡拥有自己的图形函数加速器和显存，这些都是专门用来执行图形加速任务的。因此，可以大大减少 CPU 所必须处理的图形函数，减轻 CPU 的工作负担从而提高计算机的整体性能。显卡的性能指标包括接口方式、数据位宽度、显示内存的大小、支持的分辨率、色彩数目、屏幕刷新速率及图形加速性能等。

5. 声卡

声卡的诞生把计算机从无声世界带入了丰富多彩的多媒体世界，无论是在应用软件还是在娱乐程序中，层次清晰的语音、典雅优质的音乐、效果逼真的模拟声，是一套成功的软件不可缺少的组成部分。而所有这些音响效果，都是由声卡所产生的。声卡的出现使计算机得到了更加广泛的运用。

6. 软盘驱动器

软盘驱动器是驱动软盘旋转并同时向软盘写入数据或从软盘读出数据的设备，它由机械结构和控制电路两部分组成。软盘盘片和软盘驱动器是相互独立的，因而它的读写速度较慢。现在使用的都是 3.5 英寸（1 英寸=2.54 厘米）软驱，可以读写容量 1.44MB 的高密度 3.5 英寸软盘。随着 U 盘的出现，软盘现在处于逐步淘汰状态。

7. 硬盘

硬盘是计算机系统中使用最多的外存储器，安装在主机箱中，如图 1.9 所示。目前硬盘的发展主要是向大容量、高速存储、小体积、高可靠性等几个方面进行。硬盘一般采用 IDE 标准接口，随着技术的不断提高，目前比较流行的是 EIDE 标准接口。

8. 移动存储设备

常见的计算机存储设备都是机内存储设备，如内存、硬盘等。随着信息技术在人类社会生活各个方面的逐渐普及，灵活便捷的信息交换就成了现代社会发展的迫切需求，移动存储设备在这种社会需求中应运而生。目前人们比较熟悉的移动存储设备主要有移动硬盘和移动闪存盘（优盘）。移动硬盘通过相关设备将 IDE 转换成 USB 或 Firewire 接口连接到计算机，从而完成读写数据的操作。移动闪存盘是近年来发展比较迅速的小型便携式存储器，如图 1.10 所示。它是以半导体芯片为存储介质，其优点是体积小、重量轻、便于携带、不怕碰撞、无噪声、读写速度快等，正被越来越多的用户所青睐。它采用了一种叫做 Flash Memory 的技术，是一种非易失性的存储器，可重复擦写 100 万次，保存数据可长达 10 年以上。随着存储技术的不断成熟，制造成本的不断降低，它有可能取代人们使用多年的软盘而成为计算机的一种标准配置。

图 1.8　内存条　　　　　　　　图 1.9　硬盘　　　图 1.10　移动闪存盘
（优盘）

9. 光盘驱动器

光盘驱动器是用来读取光盘片而使用的。光盘以光学方式进行读写数据，目前常用的是激光光盘存储器。光盘的特点，一是存储容量大、价格低；二是光盘不怕磁性干扰，比磁盘的记录密度更高、更可靠；三是光盘的存取速度高。它有很好的应用前景。

10. 显示器

显示器又称监视器（monitor），它是计算机系统中最基本的输出设备，直接影响用户的视觉感受。它显示的所有信息都是由 0 和 1 组成的数字数据。按所使用的显示器件分为阴极射线显示器（CRT）、液晶显示器（LCD）、等离子显示器等。常用的有 CRT显示器和 LCD 显示器，如图 1.11 所示。

图 1.11　LCD 显示器和 CRT 显示器

11. 键盘

键盘是向电脑提供指令和信息的必备工具之一，是计算机系统一个重要的输入设备。常用键盘有 104 键盘和 107 键盘。随着多媒体技术的发展，键盘上集成了多种功能，如播放键、手写板等。按制造工艺可分为机械式键盘、电容式键盘、薄膜式键盘、电阻式键盘等。由于薄膜式键盘生产成本低，目前使用较为普及。

12. 鼠标

鼠标以其快速、准确、直观的屏幕定位和选择能力而深受欢迎，目前已成为微机必备的输入设备。鼠标的外形像一只老鼠，它通过一根电线与主机的串行接口或 PS/2 接口相连。目前常用的鼠标有两种：机械式和光电式。机械鼠标价格便宜，使用环境要求低，维修方便，但精度有限，传输速度慢，需要经常清洗。光电鼠标的定位精度一般为机械鼠标的两倍以上，其速度快，定位精确，将逐步替代机械鼠标。

13. 打印机

打印机是计算机目前最常用的输出设备，也是品种、型号最多的输出设备之一。根据打印原理可分为针式打印机、喷墨打印机、激光打印机等，如图 1.12、图 1.13、图 1.14所示。针式打印机的优点为打印成本低、打印介质广，但缺点是打印质量差、噪声大；喷墨打印机的优点为价格低、噪声较小、打印速度较快、打印质量好，缺点是遇水会褪色、对打印纸张要求高；激光打印机的优点是打印速度快、打印质量好、噪声小，但美中不足的是价格贵、打印成本高。

图 1.12 针式打印机　　　图 1.13 喷墨打印机　　　图 1.14 激光打印机

尽管微机硬件较多，但归根结底，微机硬件系统一般都由中央处理器、存储器、输入/输出设备、I/O 接口和系统总线组成，各部分之间是通过总线连接，并实现信息交换的，如图 1.15 所示。

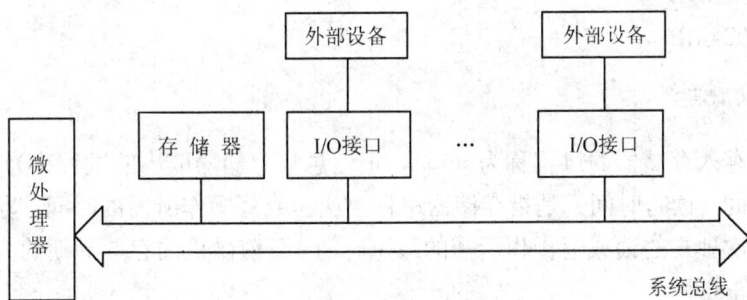

图 1.15 微机典型结构图

1.3.2 PC 的主要技术指标

衡量计算机的性能优劣，要考查各种各样的技术指标。不同类型、不同用途的计算机，其考查的侧重点也不同。一些基本的技术指标如下。

1. 字长

字长是指计算机的运算器一次处理数据的能力，即能同时处理的二进制数据的位数，它确定了计算机的运算精度。字长越长，计算机的运算精度就越高，其运算速度也越快。另外字长也确定计算机指令的直接寻址能力。

2. 运算速度

运算速度是一项综合的性能指标，用 MIPS（million instructions per second，每秒执行百万指令）表示。

3. 时钟频率（主频）

主频是指时钟频率，其单位是兆赫兹（MHz）。通常，时钟主频越高其处理数据的速度相对也就越快。

4. 内存容量

内存储器中可以存储的信息总字节数称为内存容量。现将与存储器有关的术语简述如下。

1）位（bit）：存放一位二进制数 0 或 1 称为位，它是构成存储器的最小单位。

2）字节（byte）：每相邻 8 个二进制位为 1 个字节，是存储器的最基本的单位。

此外，常用的存储容量单位还有 KB（千字节）、MB（兆字节）和 GB（吉字节）。它们之间的关系为：

1 字节（byte）=8 个二进制位（bits）

1KB=1024B

1MB=1024KB

1GB=1024MB

5. 存取周期

把信息存入存储器的过程称为"写"，把信息从存储器取出的过程称为"读"。存储器的访问时间（读写时间）是指存储器进行一次读或写操作所需的时间；存取周期是指连续启动两次独立的读或写操作所需的最短时间。目前微机的存取周期约为几十到一百纳秒（ns）左右。

主频和存取周期对运算速度的影响最大。

1.3.3 软件系统

软件是指为方便使用计算机和提高使用效率而组织的程序和数据，以及用于开发、使用和维护的有关文档的集合。软件可分为系统软件和应用软件两大类，如图 1.16 所示。

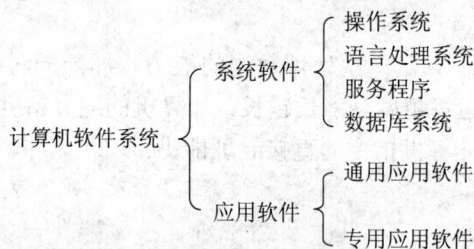

计算机软件系统
- 系统软件
  - 操作系统
  - 语言处理系统
  - 服务程序
  - 数据库系统
- 应用软件
  - 通用应用软件
  - 专用应用软件

图 1.16　计算机软件系统结构

1. 系统软件

系统软件是控制计算机系统并协调管理软硬件资源的程序，其主要功能包括：启动计算机，存储、加载和执行应用程序，对文件进行排序、检索，将程序语言翻译成机器语言等。实际上，系统软件可以看作用户与硬件系统的接口，它为应用软件和用户提供了控制、访问硬件的方便手段，使用户和应用软件不必了解具体的硬件细节就能操作计算机或开发程序。系统软件主要包括操作系统、语言处理系统（翻译程序）、服务程序、数据库系统等。

1）操作系统（operating system，OS）：是对计算机全部软、硬件资源进行控制和管理的大型程序，是直接运行在裸机上的最基本的系统软件，其他软件必须在操作系统的支持下才能运行，它是软件系统的核心。常见的操作系统有 DOS、Windows、Linux、UNIX 等。

2）语言处理系统：计算机只能直接识别和执行机器语言，因此要在计算机上运行汇编和高级语言程序就必须配备程序语言翻译程序（以下简称翻译程序），将汇编和高级语言程序翻译为机器语言程序。翻译程序本身是一组程序，不同的语言都有各自对应的翻译程序。

3）服务程序：能提供一些常用的服务功能。像微机上常用的诊断程序、调试程序均属此类。

4）数据库系统：在信息社会里，人们的社会和生产活动产生更多的信息，以至于人工管理难以应付，希望借助计算机对信息进行搜集、存储、处理和使用。数据库管理系统（database management system，DBMS）就是在这种需求背景下产生和发展的。数据库技术是计算机技术中发展最快、应用最广的一个分支。在信息社会中，计算机应用开发离不开数据库。因此，了解数据库技术，尤其是微机环境下的数据库应用是非常必要的。

2. 应用软件

应用软件是指用户为解决某一特定问题而编制的程序。根据其服务对象，分为通用和专用两类。

1）通用应用软件：通常是为解决某一类问题而设计的，而这类问题是很多人都要遇到和解决的。例如：文字处理软件 Word、电子表格软件 Excel、绘图软件 AutoCAD 等。

2）专用应用软件：通常是为具体特殊要求的特定客户而专门开发的。与通用应用软件比较起来，它们的应用范围非常窄。例如某单位的保密档案管理系统。

综上所述，计算机系统由硬件系统和软件系统组成，两者缺一不可。而软件系统又由系统软件和应用软件组成。操作系统是系统软件的核心，是每个计算机系统中必不可少的。其他的系统软件，如语言处理系统则可根据不同用户的需求配置不同的系统。而应用软件则由各客户根据自己的应用领域来自行配置。

1.4　信息技术基础

在计算机中，各种信息都是以二进制数的形式表示的。采用这种进位制具有运算简单、电路实现方便、成本低的特点。

1.4.1　计算机中数的表示

数的进位制有十进制、二进制、八进制和十六进制等。十进制数（decimal）是我们日常生活中最常用的数制形式；二进制（binary）是计算机内部采用的编码形式；八进制（octal）和十六进制（hexadecimal）是二进制的缩写形式。各种进位计数值都可统一表示为下列的形式：

$$\sum_{i=n}^{m} a_i R_i$$

式中：R 表示进位计数制的基数，在十进制、二进制、八进制、十六进制中 R 的值分别为 10、2、8、16。

i 表示个位为 0，向高位（左边）依次加 1，向低位（右边）依次减 1。

a_i 表示第 i 位上的数符。

R_i 表示第 i 位上的权。

m、n 表示最低位和最高位的位序号。

例如：

十进制的 $1234=1\times10^3+2\times10^2+3\times10^1+4\times10^0$。

二进制的 $00111100=0\times2^7+0\times2^6+1\times2^5+1\times2^4+1\times2^3+1\times2^2+0\times2^1+0\times2^0$。

为区分不同进制的数，约定对于任一 R 进制的数 N，记作（N）R。如（1010）2、（703）8，分别表示二进制数 1010、八进制数 703。人们也习惯在一个数的后面加上字母 D（十进制）、B（二进制）、O（八进制）、H（十六进制）来表示其前面的数用的是哪种进位制。如 1010B 表示二进制数 1010，703$_O$ 表示八进制数 703。

1.4.2　计算机中字符的表示

计算机中的数字和字符都是用二进制表示的，而人们已习惯于使用十进制数及其他文字符号，那么输入输出时，数据就要进行相应的转换处理。为此，首先要对文字和符号进行数字化变换，即用二进制编码来表示文字和符号。字符编码（character code）就是用二进制编码来表示字母、数字以及专门符号。下面简要介绍 ASCII 码和汉字编码。

1.　ASCII 码

目前，计算机中普遍采用的字符信息编码方案是 ASCII 码，即美国信息交换标准代码（american standards code for information interchange，ASCII）。ASCII 码包括 0～9 十个数字，大小写英文字母 52 个，控制字符 33 个，各种标点符号和运算符号·32 个。ASCII 码由 7 位二进制数编码组成，有 128（$2^7=128$）个不同符号，由于计算机中实际用 8 位表示一个字符，故 ASCII 码的最高位用作校验位，其他 7 位记录数字符号的编码。

2.　汉字编码

ASCII 码只能表示英文字母和数字等符号，要用计算机处理汉字，还必须对汉字进行编码处理。与西文字符比较，汉字数量大，字形复杂，同音字多，所以汉字在计算机内部的存储、传输、交换、输入、输出过程中所使用的编码是不同的。汉字编码有以下几种。

1）汉字输入码：为将汉字输入计算机而编制的代码称为汉字输入码，也叫外码。目前流行的汉字输入码可分为音码、形码和音形结合码三大类。全拼输入法和双拼输入法是根据汉字的发音进行编码的，称为音码；五笔字型输入法根据汉字的字形结构进行编码，称为形码；自然码输入法是以拼音为主，辅以字形字义进行编码的，称为音形结合码。

可以想象，对于同一个汉字，不同的输入法有不同的输入码，这些不同的输入码通过输入字典转换统一到标准的国标码之下。

2）国标码、区位码和顺序码：1981 年我国政府颁布实施了 GB2312—80《信息交换用汉字编码字符集（基本集）》。它是汉字交换码的国家标准，所以又称为"国标码"。

该标准收入了6763个常用汉字（其中一级汉字3 755个，按汉语拼音排序；二级汉字3008个，按偏旁部首排序），以及英、俄、日文字母与其他符号682个，共计7445个符号。

每个汉字或符号都用两个字节表示。其中每个字节的编码从 20H～7EH，即十进制的 33～126，这与 ASCII 码中的可打印字符的取值范围是相同的，都是 94 个。

随着 Internet 的发展，国家信息标准化委员会于 2000 年 3 月 17 日公布了 GB18030—2000《信息技术、信息交换用汉字编码字符集（基本集的扩充）》。

该标准共收录了 27000 多个汉字，可以满足人们信息处理的需要。

3）汉字机内码：计算机既要处理中文，也要处理西文。因此通常利用字节的最高位区分某个码值是代表汉字（最高位为 1）或 ASCII 码（最高位为 0）。所以汉字的机内码可在国标码的基础上，把两个字节的最高位一律由 0 改为 1，也就是汉字机内码与国标码的关系为

$$汉字机内码高位字节=国标区位码高位字节+80H$$
$$汉字机内码低位字节=国标区位码低位字节+80H$$

4）汉字字形码：汉字字形码是在显示和打印汉字时用到的。一般显示用 16×16 点阵，打印用 24×24、32×32、48×48 等点阵。点阵越多，打印的字体越好看，但汉字可占用的存储空间也越大。

各种汉字编码之间的关系如图 1.17 所示。

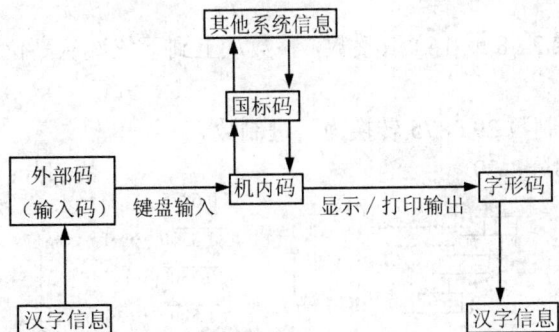

图 1.17　各种汉字编码之间的关系

1.4.3 二进制的表示方法及简单运算

1. 二进制的运算规则

二进制有两个不同的数码符号 0 和 1，计数特点是逢二进一，基数为 2。计算机中数的存储和运算都是用二进制进行的。

加法规则：$0+0=0$　　$1+0=0+1=1$　　$1+1=10$

减法规则：$0-0=0$　　$10-1=1$　　　$1-0=1$　　　　$1-1=0$

乘法规则：$0\times0=0$　　$0\times1=1\times0=0$　　$1\times1=1$

除法规则：$0/1=0$　　$1/1=1$

2. 二进制的优缺点

二进制是计算机中采用的计数方式，它有以下优点。

1）简单可行：二进制仅有两个数码 0 和 1，可以用两种不同的稳定状态如高电位与低电位来表示。计算机的各组成部分都由仅有两个稳定状态的电子元件组成，它不仅容易实现，而且稳定可靠。

2）运算规则简单：如上所述，二进制的运算规则非常简单。

3）适合逻辑运算：二进制中的 0 和 1 正好分别表示逻辑代数中的"假"和"真"。二进制数代表逻辑值，容易实现逻辑运算。

但是，二进制的缺点也非常明显：数字冗长、书写量过大、容易出错且不易阅读。所以，在计算机技术文献中，常用八进制或十六进制表示。

3. 数制转换

（1）十进制转换成非十进制（以二进制为例）

将十进制数转换为基数为二（八、十六）的数制时，可将此数分成整数和小数两部分分别进行转换，然后再拼接起来。

1）整数部分：除 2（8 或 16）取余数，余数从下向上依次从高位到低位排列，即"除 R 取余，自下而上"。

2）小数部分：乘 2（8 或 16）取整数，整数从上到下依次从高位到低位排列，即"乘 R 取整，自上而下"。

例 1.1　将十进制数 29.6875 转换为二进制数。

解　　整数部分：29　　　　　　　　　　　　小数部分：0.6875

即 $(29.6875)_{10}=(11101.1011)_2$。

注意 *ZHU YI*　整数部分要除到商为 0，小数部分要乘到 0 或达到要求的精度为止（小数部分可能永远不为零）。

（2）非十进制转换成十进制

非十进制转换成十进制按位权展开即可。

例 1.2　将二进制数 00111100 转换成十进制。

解　$00111100_B=0\times2^7+0\times2^6+1\times2^5+1\times2^4+1\times2^3+1\times2^2+0\times2^1+0\times2^0=60_D$

例 1.3　将八进制数 777 转换成十进制。

解　$777_O=7\times8^2+7\times8^1+7\times8^0=511_D$

例 1.4　将十六进制数 BA 转换成十进制。

解　$BAH=11\times16^1+10\times16^0=186_D$

（3）非十进制之间的转换

1）二进制数转换成八、十六进制数。

以小数点为中心，分别向左、右每 3 位或 4 位分成一组，不足 3 位或 4 位的则以 0 补足，然后将每个分组用一位对应的八进制数符或十六进制数符代替即可，这就是转换为八进制或十六进制的结果。

例 1.5　将二进制数 11010111.11001 转换成十六进制数。

解　　　$(11010111.11001)_2$

$$=\ 1101\quad0111.1100\quad1000\ =(D7.C8)_{16}$$
$$D\quad\ 7\ .\ C\quad\ 8$$

2）八、十六进制数转换成二进制数。

将八（十六）进制数的每一位数分别扩展成 3 位（4 位）二进制数，排列顺序和小数点位置不变，并去掉两端的多余的 0 即可。

例 1.6　将十六进制数 $(D7.C8)_{16}$ 转换成二进制数。

解　　　$(D7.C8)_{16}$

$$=\ D\quad\ 7\ .\ C\quad\ 8\ =(11010111.11001)_2$$
$$1101\ 0111\ .\ 1100\quad1000$$

各数制之间对应关系如表 1.2 所示。

表 1.2　各种数制之间的对应关系

十进制数	二进制数	十六进制数	十进制数	二进制数	十六进制数
0	0000	0	8	1000	8
1	0001	1	9	1001	9
2	0010	2	10	1010	A
3	0011	3	11	1011	B
4	0100	4	12	1100	C
5	0101	5	13	1101	D
6	0110	6	14	1110	E
7	0111	7	15	1111	F

本章小结

本章主要介绍了以下内容。

1）计算机的发展历史。从第一台电子计算机诞生到现在，计算机经历了 4 个发展阶段，其主要元件分别是电子管、晶体管、中小规模集成电路以及大规模和超大规模集成电路。

2）计算机的特点、应用及分类。计算机的特点为运算速度快、计算精度高、具有记忆和逻辑判断功能、高度自动化又支持人机交互、通用性强等。计算机的应用主要分为科学计算（数值计算）、数据处理（信息管理）、自动控制、计算机辅助系统、人工智能等几方面。计算机的分类一般按性能分为巨型机、大中型机、小型机、微型机和工作站等。

3）计算机系统的组成。计算机系统由硬件系统和软件系统两大部分组成。硬件一般由主机、显示器、键盘、鼠标和其他外设等几部分组成。其中主机包含主板、CPU、内存条、显卡、声卡、硬盘、软驱、光驱、机箱等。软件又可分为系统软件和应用软件两大类。系统软件控制计算机系统并协调管理软硬件资源，应用软件是为解决某一特定问题而编制的。

4）信息技术基础。主要介绍了计算机中数的表示、字符的表示，以及各数制之间的转换方法。二进制是计算机内部采用的编码形式，八进制和十六进制是二进制的缩写形式。

思考与练习

一、选择题

1. 第二代电子计算机使用的电子器件是＿＿＿＿。
   A. 电子管　　　　　　　　　　B. 晶体管
   C. 集成电路　　　　　　　　　D. 超大规模集成电路

2. 目前，制造计算机所用的电子器件是＿＿＿＿。
   A. 电子管　　　　　　　　　　B. 晶体管
   C. 集成电路　　　　　　　　　D. 超大规模集成电路

3. 将十进制数 97 转换成二进制数，正确的是＿＿＿＿。
   A. 1011111　　　　　　　　　B. 1100001
   C 1101111　　　　　　　　　D. 1100011

4. 与十六进制数 AB 等值的十进制数是＿＿＿＿。
   A. 175　　　　　　　　　　　B. 176
   C. 171　　　　　　　　　　　D. 188

5. 与二进制数 101101.101 等值的十六进制数是_____。

    A. 2D.5   B. 2D.A

    C. 2B.A   D. 2B.5

6. 计算机中所有信息的存储都采用_____。

    A. 十进制   B. 十六进制

    C. ASCII 码   D. 二进制

7. 外存与内存有许多不同之处，外存相对于内存来说，以下叙述不正确的是_____。

    A. 外存不怕停电，信息可长期保存

    B. 外存的容量比内存大得多，甚至可以说是海量的

    C. 外存速度慢，内存速度快

    D. 内存和外存都是由半导体器件构成

8. 在下面关于计算机的说法中，正确的是_____。

    A. 微型计算机内存容量的基本计量单位是字符

    B. 1GB＝1024KB

    C. 二进制数中右起第 10 位上的 1 相当于 2 的 10 次方

    D. 1TB＝1024GB

9. 目前在微型计算机上最常用的字符编码是_____。

    A. 汉字字型码   B. ASCII 码

    C. 8421 码   D. EBCDIC 码

10. 在不同进制的 4 个数中，最大的一个数是_____。

    A. 01010011_B B. 97_O

    C. CFH   D. 78_D

二、填空题

1. 十进制数 240 转换成二进制数是_____。

2. 二进制数 10100101 写成十六进制数是_____。

3. 一个完整的微型计算机系统应包括_____和_____。

4. 在微机中，byte 的中文含义是_____。

5. 微型计算机的运算器、控制器的总称是_____。

6. 某单位的人事档案管理程序属于_____软件。

7. 计算机中信息存储的最小单位是_____。

8. 计算机辅助设计的英文缩写是_____。

9. 常用的输出设备是显示器、_____、_____、_____等，常用的输入设备是键盘、_____、_____、_____等。

10. 列举常用的 4 个系统软件的例子：_____、_____、_____、_____。列举常用的 5 个应用软件的例子：_____、_____、_____、_____、_____。

三、判断题

1．第一台电子计算机是为商业应用而研制的。　　　　　　　　　　（　　）
2．第一代电子计算机的主要元器件是晶体管。　　　　　　　　　　（　　）
3．微型计算机是第四代计算机的产物。　　　　　　　　　　　　　（　　）
4．信息单位"位"指的是一个十进制位。　　　　　　　　　　　　（　　）
5．ASCII 码是 8 位编码，因而一个 ASCII 码可用一个字节表示。　　（　　）
6．运算器不仅能进行算术运算，而且还能进行逻辑运算。　　　　　（　　）
7．最重要的系统软件是操作系统。　　　　　　　　　　　　　　　（　　）

四、问答题

1．通常是怎样对计算机分代的？各代计算机分别采用什么电子器件？
2．计算机有哪些主要特点？
3．试举例说明什么是通用计算机和专用计算机。
4．什么是机器指令？它由哪两部分组成？各部分的作用是什么？

第2章

Windows XP 操作系统

学习目标

- ◆ 了解 Windows XP 的版本、运行环境
- ◆ 理解 Windows 的基本概念
- ◆ 掌握 Windows XP 的基本操作

内容摘要

- ◆ Windows XP 入门
- ◆ Windows XP 的基本操作
- ◆ 文件系统管理
- ◆ 常用附件工具
- ◆ 控制面板与环境设置

2.1 Windows XP 入门

2.1.1 Windows 概述

目前，世界上已有多种计算机操作系统，Windows（视窗）是其中之一。Windows 的英文原意就是窗口的意思，Windows 的特性如同它的名字一样，在计算机与用户之间开设了一些"对话"的窗口，以窗口的形式显示信息。与早期的操作系统 DOS 相比，Windows 更容易操作，更能充分有效地利用计算机的各种资源。用户只需根据屏幕上的相关图标，使用鼠标方式或按键方式进行选择，就可以轻松自如地操作功能强大的计算机。所以这一软件又被称为视窗操作系统，我们也经常说 Windows 的显著特点是：具有统一的图形窗口界面和操作方法，支持多任务多窗口。

Windows 操作系统从 1985 年产生开始，就不断地推出功能更加强大的新版本。注意，不同的版本所面向的用户及其适用范围是不同的。

1. Windows 的版本

1983 年 11 月，Microsoft（微软）公司宣布，将开发一个以图形用户界面为操作平台、与设备无关的新型软件——Windows。1985 年，微软正式推出了 Windows 1.0 版。以后陆续推出的 Windows 版本有 2.0、3.0、3.1、3.11、3.2、Windows 95 等。自从 Windows 问世以来，得到广大个人计算机用户的欢迎。从 DOS 工作环境到 Windows 工作环境，实现了从字符界面到图形界面的转变，使用户对计算机的使用更为简单、更加直观。

随着 Internet 和 Intranet 技术的发展和应用突飞猛进，在很短的时间内，网络就成了人们生活和工作中不可缺少的内容。为了保持与计算机技术的同步发展,让世界范围内众多的 Windows 用户在操作系统上更加容易开展工作,微软公司决定开发新一代操作系统，这个新产品在 1998 年 9 月正式推出，即 Microsoft Windows 98。

Windows 2000 发行于 2000 年，是 Windows 98 及 Windows NT 4.0 的升级版本，在 Windows 2000 中，保留了 Windows 98 及 Windows NT 4.0 的功能和特性，并在此基础上采用了一系列的新技术，使之成为一个真正的网络操作系统.

Windows XP，或视窗 XP 是微软公司发布的一款视窗操作系统。它发行于 2001 年 10 月 25 日。字母 XP 是英文单词"体验"（experience）的缩写，这意味着 Windows XP 会给我们带来非常丰富的计算机应用体验。

2. Windows XP 的版本

Windows XP 建立在 Windows 2000 的 NT 技术的基础之上，是纯 32 位操作系统。相比以前的版本，Windows XP 更加稳定和安全，并且集成了更为强大的功能。在硬件兼容性、系统稳定性和安全性、网络功能上都有较大的提高，更为人性化的用户界面让人耳目一新，强大的多媒体功能更是吸引了众多的用户。

为了适应不同的需要，微软公司推出了不同版本的 Windows XP，无论是用于办公，还是支持服务器，Windows XP 中都有合适的版本来满足用户的需求。具体分类见表 2.1。本章选用 Windows XP Professional（专业版）作为介绍对象，为便于书写和阅读，如不特别说明，本章中的 Windows XP 代表 Windows XP Professional。

表2.1　Windows XP的版本

版本号	特　点
Windows XP Home Edition	家庭版，很好地支持数字媒体，是家庭用户和游戏玩家的最佳选择
Windows XP Professional	专业版，扩展了家庭版的功能，为企业用户设计
Windows XP 服务器版	适合于中小企业使用的网络服务器操作系统
Windows XP 高级服务器版	适合于大型企业使用的网络服务器操作系统

3. Windows XP 的硬件运行环境

任何软件都对其所运行的计算机硬件有一个最低配置上的要求，称为硬件运行环境。通常，配置越高，软件就运行得越好、越快。Windows XP 对硬件的具体要求见表 2.2。

表2.2　Windows XP对硬件要求

硬　件	最低配置	推荐配置
CPU	Pentium 233MHz	Pentium 300MHz或更快的处理器
内存	至少 64MB	128MB或更大
硬盘空间	至少有 1.5 GB 的可用空间	更多
输出设备	Super VGA （800×600） 的视频适配器和监视器	更高分辨率的视频适配器和监视器
输入设备	键盘和 Microsoft 鼠标或一些其他兼容指针设备	键盘和 Microsoft 鼠标或一些其他兼容指针设备

2.1.2　Windows XP 的启动和关闭

在使用任何一个操作系统之前，用户都必须先将它安装到计算机上。一般操作系统的安装主要有两种类型，即升级安装和全新安装，Windows XP 也是这样的。

所谓升级安装是指把计算机上已经安装的低版本的 Windows 变为 Windows XP，在进行升级时，现有的操作系统将被替换为 Windows XP，但是数据和多数用户设置应当不会受到影响（最好在开始之前备份文件，以防万一）。

可以从 Windows 98、Windows 98 Second Edition、Windows Millennium Edition、Windows NT Workstation 4 （Service Pack 6） 或 Windows 2000 Professional 进行升级。

所谓全新安装是指把计算机上已经安装的低版本的 Windows 完全删除，重新安装 Windows XP。在进行全新安装时，现有的操作系统中的数据和用户设置将不复存在，需要重新设置。

1. Windows XP 的开机启动

所谓开机启动是对于已经关闭的计算机的启动。正确启动 Windows XP 的步骤如下。

1）打开主机箱外部的设备的电源开关，例如显示器等。

2）打开计算机的电源开关。

3）等待一会儿，在一般的情况下，会出现如图 2.1 所示的登录画面，其中列出了一些用户账户及其对应的图标。单击对应的图标，如果设置了密码，还要输入正确的密码，然后按 Enter 键或单击"确定"图标。若是第一次启动，便进入如图 2.2 所示的画面，表明启动工作顺利完成，可以使用计算机了。

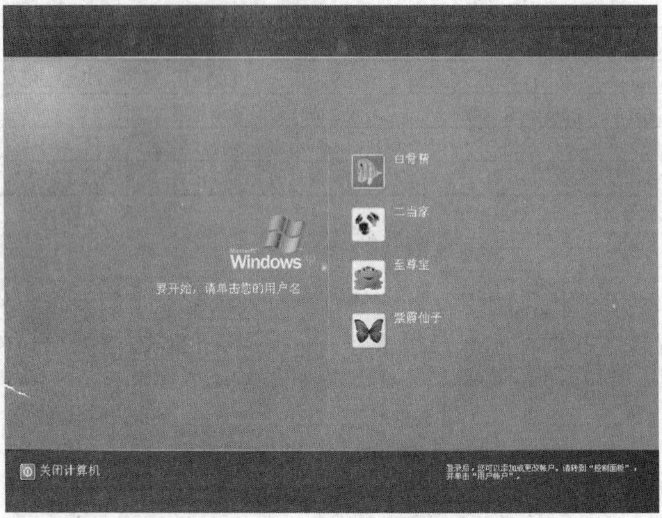

图 2.1　Windows XP 的登录画面

图 2.2　Windows XP 的桌面

2. Windows XP 的关闭

关闭计算机，不能用强行切断电源的方法，这样可能会产生一些不好的后果，例如会使硬盘的读写磁头不能归位，有可能导致硬盘受损等。常规情况下，正确退出 Windows XP 并关闭计算机的步骤如下。

1）保存所有应用程序中应该保存的处理的结果，关闭所有运行着的应用程序。

2）单击"开始"按钮，选择"关闭计算机"，出现如图 2.3 所示的对话框。在对话框中选择"关闭"。大多数情况下，主机箱的电源会被自动关闭。

注销、重新启动、等待、休眠等选项，请读者参看帮助。这里，单击"确定"按钮（注：单击"取消"按钮则不关闭 Windows）。

图 2.3 "关闭计算机"对话框

3）关闭主机箱外部的设备的电源开关，例如显示器等。

注意 如果计算机对键盘、鼠标的动作没有响应，即所谓计算机死机了，又不准备继续使用计算机，在这种情况下，应该按住计算机主机电源开关不放，直到关机，也就是所谓的强行关机。

在图 2.3 所示"关闭计算机"对话框中另外两个选项是"待机"和"重新启动"，它们的功能如下。

① 待机：使用该选项可以省电，特别是需要让计算机长时间处于开机状态时就更是如此。在待机模式下，可以随时登录立即使用计算机，而且桌面和用户离开时一模一样，包括所使用的程序也是一样。（只要按键盘上的任意键或者动一动鼠标便可）

处于待机模式时，内存中的信息并不保存到硬盘中。这意味着，如果计算机断电，则在计算机进入待机模式之前未保存的任何信息都会丢失。最好是在计算机进入待机模式之前先保存所做的工作。

② 重新启动：就是在不断电的情况下将 Windows XP 重新调入内存来执行。一般来讲，如果系统出现了某些原因不明的故障，不能继续运行，可采用重新启动计算机这种方法，这样故障有可能被解决。

注意 如果计算机死机了，还准备继续使用计算机，在这种情况下，应该按一下机箱上的重新启动键，重新启动计算机，即强行启动。

2.2 Windows XP的基本操作

2.2.1 鼠标器和键盘的使用

Windows 系统以及各种程序呈现给用户的基本界面都是窗口，几乎所有操作都是在各种各样的窗口中完成的。如果操作时需要询问用户某些信息，还会显示出某种对话框来与用户交互传递信息。操作可以用键盘，也可以用鼠标器来完成。

1. 键盘操作

在 Windows 中，键盘主要用来输入文字，也可以用键盘组合键（也叫快捷键）来快速地实现某些功能。主要有以下几类组合键。

（1）键名 1＋键名 2

表示先按住"键名 1"不放，再按一下"键名 2"，例如：Ctrl＋N。

（2）键名 1＋键名 2＋键名 3

表示先同时按住"键名 1"和"键名 2"不放，再按一下"键名 3"，例如：Ctrl＋Alt＋Delete。

（3）键名 1，键名 2

表示先按下"键名 1"，释放后再按下"键名 2"，例如："Alt，F"。

键盘的主要操作有：

① 当文档窗口、对话框中出现闪烁的光标时，就可以用键盘输入文字。

② 在窗口中按"Alt，字母"键或"Alt＋字母"键，打开相应菜单。

③ 用键盘上的方向键↑、↓、→、←来选择菜单中的命令，按 Enter 键确定执行。

④ 按 Esc 键取消当前的选择，返回到进入前的状态。

2．鼠标操作

虽然大多数操作仍可以用键盘完成，Windows XP 主要使用鼠标操作。鼠标控制着屏幕上的一个指针光标（ ）。当鼠标在光滑的平面上移动时，鼠标光标就会随着鼠标的移动在屏幕上移动。在鼠标上面前端的左右侧各有一个按键，分别称为左键和右键，大多数鼠标中间还有一个滚轮，上下滚动可以对页面进行移动，需要滚动中间滚轮时，临时用食指去滚动。鼠标按键如图 2.4 所示。

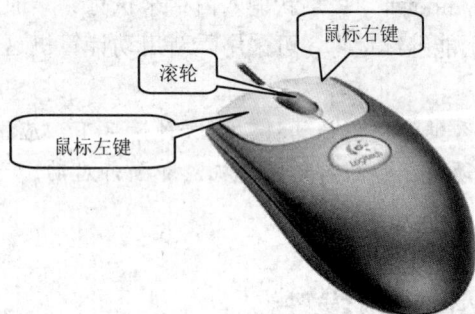

图 2.4　鼠标

（1）握鼠标的基本姿势

手握鼠标，不要太紧，就像把手放在自己的膝盖上一样，使鼠标的后半部分恰好在掌下，食指和中指分别轻放在左右按键上，拇指和无名指轻夹两侧。

（2）鼠标的基本操作

1）指向：指移动鼠标，将鼠标指针移到操作对象上。指向动作往往是鼠标其他动作如单击、双击或拖动的先行动作。"指向"通常有两种用法：一是打开子菜单，例如，当用鼠标指针指向"开始"菜单中的"程序"时，就会弹出"程序"子菜单；二是突出显示，当用鼠标指针指向某些按钮时，会突出显示一些文字说明该按钮的功能，例如，在 Microsoft Word 中，当鼠标指针指向"磁盘"按钮时，就会突出显示"保存"。

2）单击：是指快速地按一次鼠标左键后再释放的动作。单击操作是最为常用的操作，常用来激活窗口或选取对象。

3）双击：指连续两次快速按下并释放鼠标左键。双击一般用于打开窗口，启动应用程序。

4）拖动：指按下鼠标左键，移动鼠标到指定位置，再释放按键的操作。拖动一般用于选择多个操作对象，复制或移动对象等。既可以使用鼠标左键，也可以使用鼠标右键进行拖动操作，这两种拖动操作的结果通常是不同的。如果不加特殊说明的话，通常拖动指的是使用左键拖动对象。

5）右击：指快速按下并释放鼠标右键。右击一般用于打开一个与操作对象相关的快捷菜单，在快捷菜单中列出了被单击对象所具有的常用操作。

2．鼠标指针的含义

在使用 Windows XP 的过程中，鼠标指针的形状会根据当前的系统状态而发生变化。了解不同鼠标指针所代表的意义，有助于我们进行正确的操作。表 2.3 列出了 Windows 2000 默认方式下最常见的几种鼠标形状及其所代表的不同含义。

表2.3　鼠标形状及其含义

指针形状	名　称	含　义
↖	正常选择	可以移动指针去选定对象、执行命令等
⌛	在忙碌中	表明计算机正处于执行用户某一命令的过程中，暂时不能响应你的操作请求，需要稍候
↖⌛	后台运行	表示计算机正在进行一些后台处理工作，你可以执行前台任务，但响应稍慢一些
I	选定文本	表示此区域处于文字编辑状态，可以输入、删除、修改文字
⃠	不可用	表明当前的操作不能进行
↕	垂直调整	出现在窗口上下边框处，表示可调整对象垂直方向的大小
↔	水平调整	出现在窗口左右边框处，表示可调整对象水平方向的大小
⤡ ⤢	沿着对角线调整	出现在窗口的四个角处，表示可同时调整对象的高度和宽度
✛	移动	在窗口的控制菜单中选择"移动"命令时，出现此指针，这时使用方向键可移动整个窗口
↜	链接选择	表示鼠标指向的是链接对象，此时若单击鼠标，会跳转到所链接的目标

注意 ZHU YI

用户也可按照自己的意愿来设定和改变鼠标指针的形状。在 Windows XP 中提供了多种鼠标指针方案，用户可以随时更改。

2.2.2　菜单

菜单是 Windows XP 图形界面提供文字信息的重要工具，它是各种程序命令的集合。命令也叫菜单命令项（菜单项），对其中的命令进行选择即可进行相应的操作，从菜单上选择命令是 Windows 最常用的操作方法。

1．菜单的分类

"开始"菜单：指单击桌面左下角的"开始"按钮 开始 所打开的菜单。在操作过程中，要用它打开大多数的应用程序，详细内容会在以后的章节中讲到。

1）窗口菜单：程序窗口中位于标题栏下面包含本程序所有操作命令的菜单。

2）"控制"菜单：用于移动窗口等操作的菜单。

3）快捷菜单：通过右击所打开的菜单，也称右键菜单。它只包含了针对某一对象的操作命令，所以快捷菜单是执行命令非常方便的方式。这种菜单会随着鼠标单击的位置不同而不同。

2. 菜单命令的有关约定

命令名后跟有省略号（…）的，表示执行命令后会打开一个对话框，要求用户进一步输入信息。

命令名前有选择标记符号（✓）的，表示该命令有效，如果再选择一次该命令，则删去该选择标记，命令失效不再起作用。

命令名前带有实心圆点符号（●）的，表示在分组菜单中的一组命令中，只能任选一个，有"●"的为当前选中者。

命令后括号内的字母——按键盘上的该字母（也叫命令的热键），可以执行对应的命令。

带组合键——按下组合键，可快速执行相应的命令，与用鼠标操作菜单的操作效果一样。

命令名后有实心三角形符号（▶）的，表示选择该命令后会弹出一个子菜单。

下部带有""的菜单——表示隐藏有不常用的命令，单击它可以展开。

使用菜单时有一些规律可循。

1）命令呈深色：该命令可执行。

2）命令呈灰色：该命令不可执行。

3. 菜单的操作

（1）打开菜单

对于"开始"菜单，单击"开始"按钮或用 Ctrl+Esc 键打开。

对于"控制"菜单，单击窗口标题栏最左边的图标或是右击标题栏任何地方打开，也可以用"Alt+空格键"打开。

对于窗口菜单栏上的菜单，单击菜单名或用 Alt+ 菜单名右边的英文字母，就可以打开该菜单。

对于快捷菜单，右击对象即可打开。

（2）关闭菜单

打开菜单后，如果不想从菜单中选择命令，单击菜单以外的任何地方或按 Esc 键即可关闭该菜单。

（3）执行菜单命令

打开菜单后单击或用方向键选定后按 Enter 键或按热键，也可以不打开菜单直接按快捷键。

注意 ZHU YI

为简单起见，在本章以后的叙述中，经常会把"从某菜单中选择某命令"表述为选择"某命令"，例如，单击"查看"→"排列图标"→"名称"即表示从"查看"菜单中选择"排列图标"，再从"排列图标"子菜单中选择"名称"命令。

2.2.3　Windows XP 的桌面

桌面就是在安装好 Windows XP 后,启动计算机登录到系统后看到的整个屏幕界面,它是用户和计算机进行交流的窗口,上面可以存放用户经常用到的应用程序和文件夹图标。用户可以根据自己的需要在桌面上添加各种快捷图标,在使用时双击图标就能够快速启动相应的程序或文件。

通过桌面,用户可以有效地管理自己的计算机,与以往任何版本的 Windows 相比,Windows XP 桌面有着更加漂亮的画面、更富个性的设置和更为强大的管理功能。Windows XP 的桌面如图 2.5 所示。

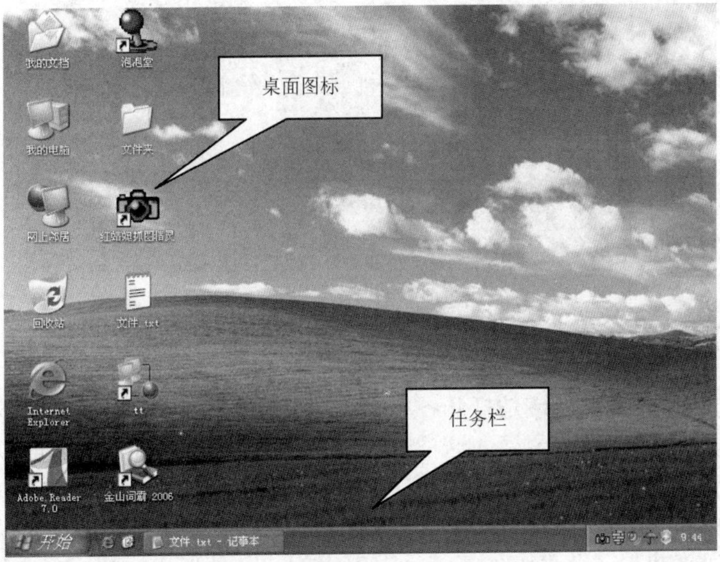

图 2.5　Windows XP 的桌面

1. 桌面图标

图标是一个小图形,用来代表应用程序、文档、磁盘驱动器等。由于在安装时选择安装的组件不同,以及安装之后用户改变了界面的外观,桌面上会出现不同的图标。当安装好 Windows XP 第一次登录系统后,可以看到一个非常简洁的画面,在桌面的右下角只有一个回收站的图标, 如图 2.6 所示。

（1）桌面上的图标说明

可以将自己经常使用的应用程序的图标放到桌面上。常见的系统自动创建的一些图标的作用如下。

1）我的电脑:用来查看以及管理计算机中的资源。

2）网上邻居:如果计算机连接在网络上,桌面上将显示"网上邻居"图标,它可以管理网络中的资源。

3）回收站:相当于废纸篓,在回收站中暂时存放着已经删除的文件或文件夹等一些信息,当还没有清空回收站时,可以从中还原删除的文件或文件夹。

4）我的文档：用于管理"我的文档"下的文件和文件夹，可以保存信件、报告和其他文档，它是系统默认的文档保存位置。

Internet Explorer：用于浏览互联网上的信息，通过双击该图标可以访问网络资源。

图 2.6　系统默认的桌面

（2）创建桌面图标

桌面上的图标大多数应该是打开各种程序和文件的快捷方式，可以在桌面上创建自己经常使用的程序或文件的图标，这样使用时直接在桌面上双击即可快速启动该项目。

创建桌面图标可执行下列操作。

1）右击桌面上的空白处，在弹出的快捷菜单中选择"新建"命令。

2）利用"新建"子菜单下的子命令，可以创建各种形式的图标，比如文件夹、快捷方式、文本文档等，如图 2.7 所示。

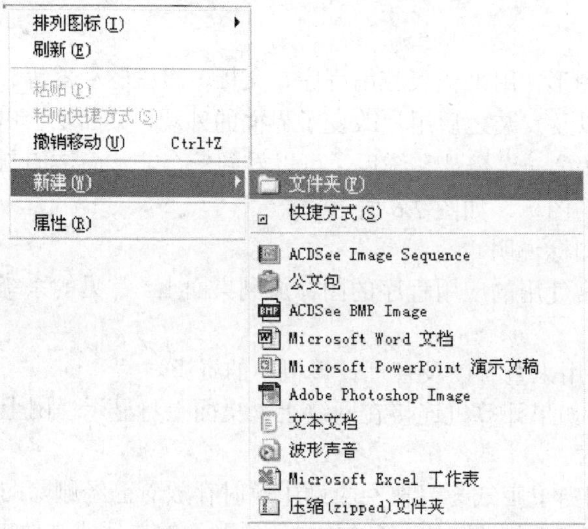

图 2.7　"新建"命令

3）当选择了所要创建的选项后，在桌面会出现相应的图标，可以为它命名，以便于识别。

当用户选择了"快捷方式"命令后，出现一个"创建快捷方式"向导，此内容将在后面讲解。

（3）移动桌面图标。

移动图标的方法很简单，只要单击某个图标，按住鼠标左键将图标拖到适当的位置，然后释放左键即可。

（4）图标的排列

当在桌面上创建了多个图标时，如果不进行排列，会显得非常凌乱，这样不利于用户选择所需要的项目，而且影响视觉效果。使用排列图标命令，可以使用户的桌面看上去整洁而富有条理。

需要对桌面上的图标进行位置调整时，可在桌面上的空白处右击，在弹出的快捷菜单中选择"排列图标"，在子菜单中包含了多种排列方式，如图 2.8 所示。

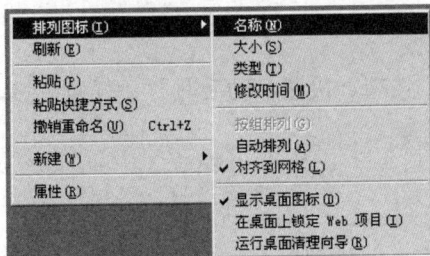

图 2.8　"排列图标"子菜单

1）名称：按图标名称开头的字母或拼音顺序来排列。

2）大小：按图标所代表文件的大小顺序来排列。

3）类型：按图标所代表的文件的类型来排列。

4）修改时间：按图标所代表文件的最后一次修改时间来排列。

当选择"排列图标"子菜单其中几项后，在其左边出现"√"标志，说明该选项被选中；再次选择这个命令后，"√"标志消失，即表明取消选中此选项。

如果选择了"自动排列"命令，在对图标进行移动时会出现一个选定标志，这时只能在固定的位置将各图标进行位置的互换，而不能拖动图标到桌面上任意位置。

当选择了"对齐到网格"命令后，如果调整图标的位置时，它们总是成行成列地排列，也不能移动到桌面上任意位置。

选择"在桌面上锁定 Web 项目"可以将活动的 Web 页变为静止的图画。

当取消选中"显示桌面图标"后，桌面上将不显示任何图标。

（5）图标的重命名与删除

若要给图标重新命名，可执行下列操作。

1）在该图标上右击。

2）在弹出的快捷菜单中选择"重命名"命令，如图 2.9 所示。

3）当图标的文字说明位置呈反色显示时，输入新名称，然

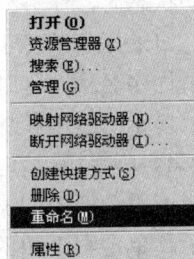

图 2.9　"重命名"命令

后在桌面上任意位置单击，即可完成对图标的重命名。

桌面的图标失去使用的价值时，就需要删掉。欲删除图标时，在所需要删除的图标上右击，在弹出的快捷菜单中选择"删除"命令即可。也可以在桌面上选中该图标，然后按Delete键直接删除。

当选择"删除"命令后，系统会弹出一个对话框询问是否确实要删除所选内容并移入回收站。单击"是"，删除生效；单击"否"或者是单击对话框的关闭按钮，此次操作取消。

当然，在桌面上右击图标所弹出的快捷菜单中还有别的选项，而且每个图标的内容也有所不同，在以后的章节中逐步详细介绍，这里不做过多的讲述。

2. 任务栏

任务栏是位于桌面最下方的一个小长条，它显示了系统正在运行的程序和打开的窗口、当前时间等内容，通过任务栏可以完成许多操作，而且也可以对它进行一系列的设置。

（1）任务栏的组成

任务栏可分为"开始"按钮、快速启动工具栏、任务区域、语言栏和系统托盘等几部分，如图2.10所示。

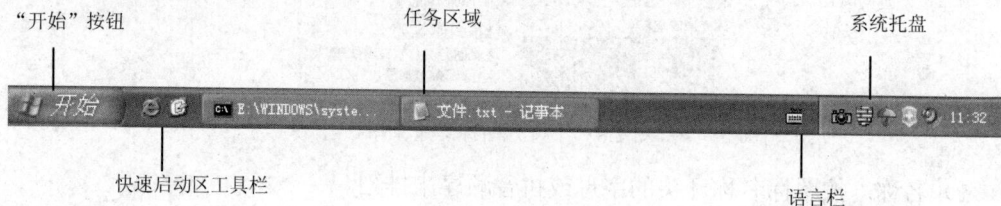

图2.10 任务栏

1）"开始"按钮：单击此按钮，可以打开"开始"菜单。操作过程中，要用它打开大多数的应用程序，详细内容会在以后的章节中讲到。

2）工具栏：任务栏中可以显示、隐藏一些工具栏，后面有此内容的讲解。

3）任务区域：当启动一个应用程序时，该应用程序就会作为一个按钮出现在任务栏的任务区域中；当关闭一个应用程序时，该应用程序就会从任务栏的任务区域消失。当该程序处于活动状态时，任务栏上的相应按钮处于被按下的状态；而当该程序处于不活动状态时，任务栏上的相应按钮处于弹起状态。单击按钮可在各个程序之间切换。另外，如果打开了多个应用程序，则可能任务栏被各个按钮充满，以至于不能显示完整的应用程序名称，这时只需要将鼠标指针移动到该按钮上等待片刻，就会在一个黄色的亮条上显示出应用程序的完整名称。

4）语言栏：在此处可以选择各种语言输入法。单击📖按钮，在弹出的菜单中进行选择可以切换为中文输入法。语言栏可以最小化以按钮的形式在任务栏显示，如图2.10所示，单击右上角的还原小按钮，它也可以独立于任务栏之外，如图2.11所示。

如果还需要添加某种语言，可在语言栏任意位置右击，在弹出的快捷菜单中选择"设置"命令，即可打开"文字服务和输入语言"对话框，如图2.12所示，从中可以设置默认输入语言，对已安装的输入法进行添加、删除，添加世界各国的语言以及设置输入法切换的快捷键等。

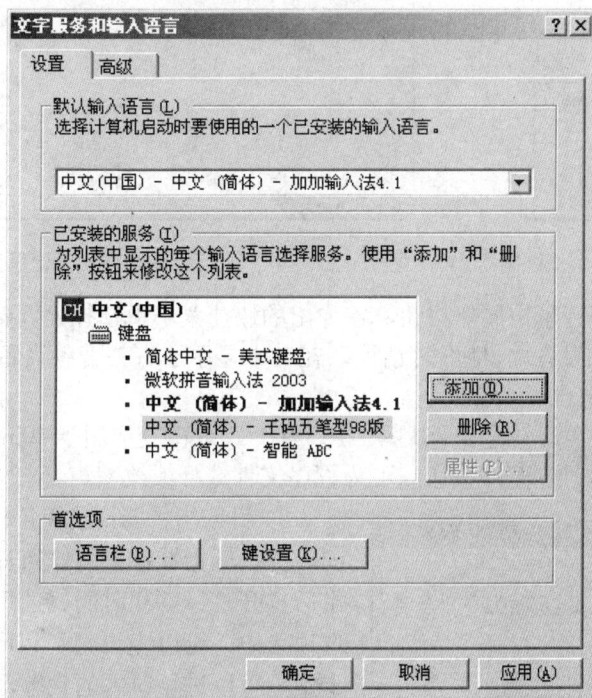

图 2.11　语言栏　　　　　　　　　　图 2.12　"文字服务和输入语言"对话框

5）系统托盘：也被称为任务栏托盘或者通知区域，位于任务栏的最右端，如图 2.13 所示。

图 2.13　系统托盘

6）隐藏和显示按钮：按钮 ▶ 的作用是隐藏不活动的图标和显示隐藏的图标。如果在任务栏属性中选中"隐藏不活动的图标"复选框，系统会自动将用户最近没有使用过的图标隐藏起来，以使任务栏的通知区域不至于很杂乱。它在隐藏图标时会出现一个小文本框提醒用户。

7）音量控制器：指小喇叭形状的按钮，单击它后会出现音量控制器，可以通过拖动上面的小滑块来调整扬声器的音量；当选中"静音"复选框后，扬声器的声音消失。音量控制器如图 2.14 所示。

双击音量控制器按钮或者右击该按钮，在弹出的快捷菜单中选择"打开音量控制"命令，可以打开"音量控制"窗口，如图2.15所示，从中可以调整音量控制、波形、软件合成器等各项内容。

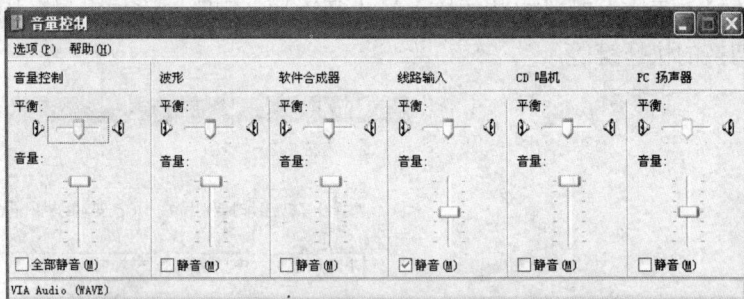

图 2.14 音量控制器　　　　　　　　　　　　图 2.15 "音量控制"窗口

右击音量控制器按钮，在弹出的快捷菜单中选择"调整音频属性"命令，弹出"声音和音频设备 属性"对话框，在其中显示了有关音频设备的信息，也可以做音频的进一步调整。

在"声音"选项卡（图 2.16）中，可以改变应用于 Windows 和程序事件中的声音方案；单击"浏览"按钮，可为程序文件选择或改变声音。

图 2.16 "声音"选项卡

8）日期指示器：在任务栏的最右侧，显示了当前的时间，把鼠标指针在上面停留片刻，会出现当前的日期，双击后打开"日期和时间属性"对话框；在"时间和日期"选项卡中，可以完成时间和日期的校对；在"时区"选项卡中，可以进行时区的设置，而使用与 Internet 时间同步可以使本机上的时间与因特网上的时间保持一致。

9）Windows Messenger 图标：双击这个小图标，可以打开 Windows Messenger 窗口。如果已连入了 Internet，可以在此进行登录设置。既可以用 Windows Messenger 进行像现在流行 OICQ 所能实现的网上文字交流或者语音聊天，也可以轻松地实现视频交流，还能够通过它进行远程控制。

（2）任务栏的常用操作

1）移动任务栏：用鼠标左键按住任务栏的空白区域不放，拖动鼠标，这时任务栏会跟着鼠标指针在屏幕上移动；当新的位置出现时，在屏幕的边上会出现一个阴影边框，松开鼠标，任务栏就会显示在新的位置（屏幕的左边、右边和顶部）。

2）改变任务栏大小：要改变任务栏的大小非常简单。只要把鼠标指针移动到任务栏的边沿，当鼠标指针变成双向箭头时，按下鼠标拖动就可以改变任务栏的大小了。

3）隐藏任务栏：在任务栏的空白区域右击，从弹出的快捷菜单中选择"属性"命令，弹出"任务栏和「开始」菜单属性"对话框。

注意 ZHU YI　如果选中"锁定任务栏"复选框，则任务栏不仅无法移动，也不能改变大小。

在"任务栏"选项卡中，选中"自动隐藏任务栏"复选框，如图 2.17 所示。

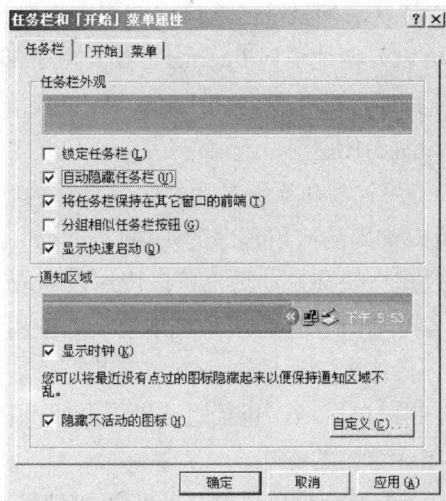

图 2.17　"任务栏"选项卡

　　单击"确定"按钮，即可实现对任务栏的隐藏。

　　隐藏任务栏之后，能够看到的任务栏就只有一个边线了，只有将鼠标指针指向这条线时，隐藏的任务栏才能够显示出来。

🗝️ 小知识

　　Windows XP 提供了几个非常贴心的小功能。①当打开多个相同或相似的程序或任务时，Windows XP 可以在任务栏上将这些相似的任务栏按钮放在一个组里。比如同时打开了多个 IE 浏览器窗口，它就会把这些窗口在任务栏上的按钮集中起来，不仅美观，而且易于管理。如果该功能影响了你在相似程序之间切换的话，在图 2.17 所示的对话框中取消选中"分组相似任务栏按钮"复选框，就可以关闭这项功能。②隐藏不活动的图标。可让处于暂停工作的程序图标在系统托盘中隐藏起来，以便快速找到正在运行的程序。

　　4）自定义系统托盘：在托盘上显示的图标也可以由自己控制是否显示或显示什么内容；如通过"任务栏和「开始」菜单属性"对话框可以选择不显示时间；通过"控制面板"中的"声音和音频设备"属性可以显示或关闭音量控制图标；通过"语言栏设置"对话框可以启动或隐藏输入法指示器；通过"控制面板"中的"电源选项"可以设置电源指示图标。对于其他许多软件有时也会添加相应的图标到任务托盘，如抓图软件、杀毒软件、翻译软件、系统检测软件等，通过设置也可以打开或隐藏这些图标。

　　3. "开始"菜单

　　（1）"开始"菜单的组成

　　1）默认"开始"菜单。Windows XP 默认的"开始"菜单充分考虑到用户的视觉需要，设计风格清新、明朗，打开后的显示区域比以往更大，而且布局结构也更利于用户使用。通过"开始"菜单可以方便地访问 Internet、收发电子邮件和启动常用的程序。

在桌面上单击"开始"按钮，或者按下 Ctrl+Esc 组合键，就可以打开"开始"菜单，它大体上可分为四部分（如图 2.18 所示）。

① 最上方标明了当前登录计算机系统的用户，其具体内容是可以更改的。

② 中间部分左侧是用户常用的应用程序的快捷启动项，根据其内容的不同，中间会有分组线进行分类。通过这些快捷启动项，可以快速启动应用程序。

③ 在"所有程序"子菜单中显示计算机系统中安装的应用程序，比如"我的电脑"、"我最近的文档"、"搜索"等选项，通过这些选项可以实现对计算机的操作与管理。

④ 最下方是计算机控制菜单区域，包括"注销"和"关闭计算机"两个按钮，可以在此进行注销用户或关闭计算机的操作。

2）经典"开始"菜单。在 Windows XP 中不但可以使用具有鲜明风格的"开始"菜单，考虑到 Windows 旧版本用户的需要，系统中还保留了经典"开始"菜单，如果不习惯新的"开始"菜单，可以改为经典"开始"菜单样式。

需要改变"开始"菜单样式时，在任务栏上的空白处或者在"开始"按钮上右击，在弹出的快捷菜单中选择"属性"命令，这时会打开"任务栏和「开始」菜单属性"对话框；在"「开始」菜单"选项卡中选择"经典「开始」菜单"单选按钮，单击"确定"按钮；当再次打开"开始"菜单时，将改为经典样式，如图 2.19 所示。

图 2.18　"开始"菜单

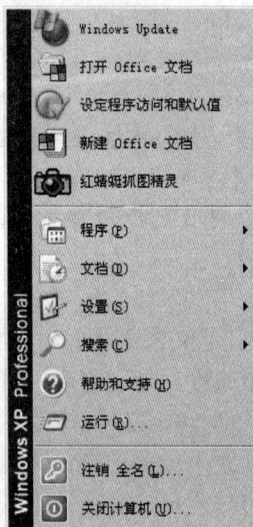

图 2.19　经典"开始"菜单

经典"开始"菜单由分组线分成三部分。

① 第一部分是系统启动某些常用程序的快捷命令。比如选择"新建 Office 文档"命令可以打开"新建 Office"对话框，在这个对话框中提供了新建 Office 文档、电子表

格、电子邮件等微软办公自动化系列软件的模板。可以利用这个命令直接打开相应的程序，而不用在"程序"下的子菜单中打开。

② 第二部分中包含控制和管理系统的命令。例如在"文档"命令下会自动存放用户最近打开的文档名称；"搜索"命令可以帮助用户查找所需要的文件或者文件夹、网络中的计算机等内容。

③ 最下边是注销当前登录系统的用户及关闭计算机的选项，可用来切换用户或者关机。

（2）使用"开始"菜单

1）启动应用程序。在启动某应用程序时，可以在桌面上创建快捷方式，直接从桌面上启动，也可以在任务栏上创建快速启动按钮启动。但是大多数人在使用计算机时，还是习惯使用"开始"菜单进行启动。

当启动应用程序时，可单击"开始"按钮；在打开的"开始"菜单中把鼠标指针指向"所有程序"命令，这时会出现"所有程序"的子菜单；在其子菜单中可能还会有下一级的菜单；当其选项旁边不再带有黑色的箭头时，单击该程序名，即可启动此应用程序。

现在以启动"画图"这个程序来说明此项操作的步骤。

① 在桌面上单击"开始"按钮，把鼠标指针指向"所有程序"命令。

② 在"所有程序"选项下的级联菜单中选择"附件"→"画图"命令，如图 2.20 所示，这时就可以打开画图的界面了。

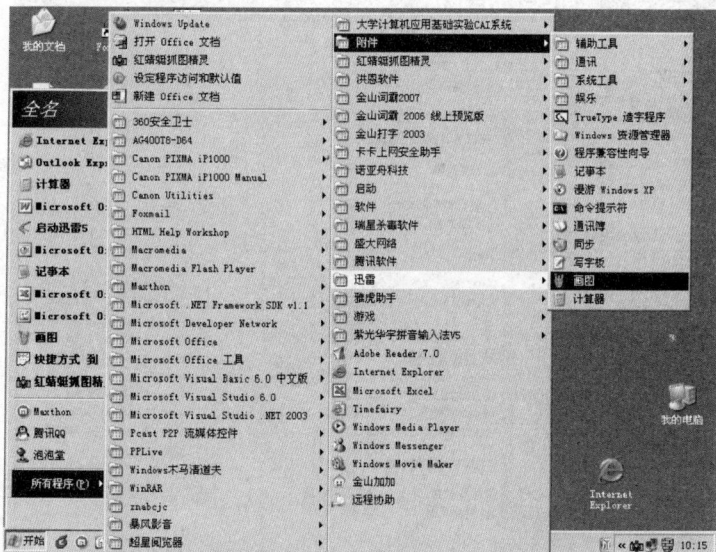

图 2.20　启动"画图"应用程序

2）运行命令。选择"开始"→"运行"命令，可以打开"运行"对话框，利用这个对话框能打开程序、文件夹、文档或者是网站。使用时需要在"打开"下拉列表框中输入完整的程序或文件路径以及相应的网站地址；当不清楚程序或文件路径时，也可以单击"浏览"按钮，在打开的"浏览"对话框中选择要运行的可执行程序文件，然后单击"确定"按钮，即可打开相应的窗口。

"运行"对话框具有记忆性输入的功能，它可以自动存储用户曾经输入过的程序或文件路径，当再次使用时，只要在"打开"下拉列表框中输入开头的一个字母，在其下拉列表中即可显示以这个字母开头的所有程序或文件的名称，可以从中进行选择，从而提高工作效率，如图 2.21 所示。

图 2.21 "运行"对话框

2.2.4 Windows XP 的窗口

窗口是屏幕上的一块矩形区域。当我们在做某些工作时，可以打开一个或多个对应的应用程序或一些文档，这时包含应用程序或文档的框架就是我们所说的窗口。窗口实际是应用程序或文档的存在空间。也就是说，窗口是用来运行程序或查看文档的。窗口是用户进行操作时的重要组成部分，熟练地对窗口进行操作，会提高工作效率。

1. 窗口的组成

在 Windows XP 中有许多种窗口，其中大部分都包括了相同的组件，如图 2.22 所示是一个标准的窗口，它由标题栏、菜单栏、工具栏等几部分组成。图 2.23 中标注了标准窗口屏幕元素。

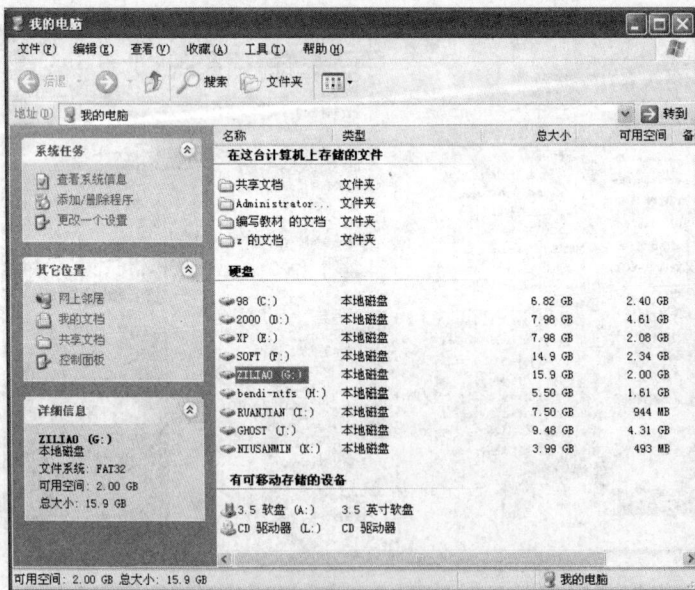

图 2.22 标准的窗口

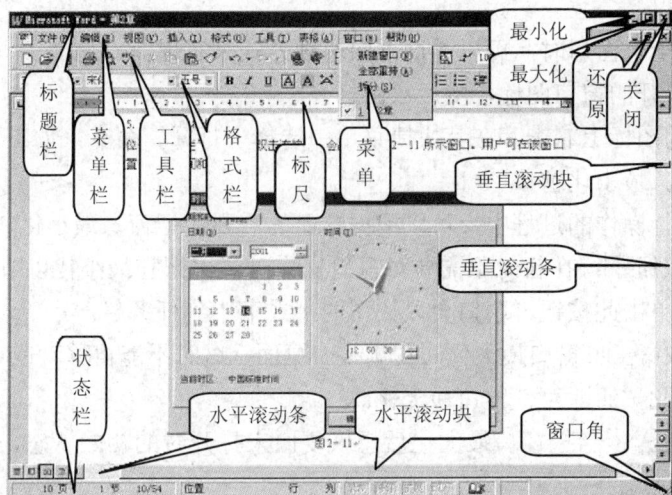

图 2.23　示例窗口

1）标题栏：位于窗口的最上部。它标明了当前窗口的名称，左侧有控制菜单按钮，右侧有"最小化"、"最大化"或"还原"以及"关闭"按钮。标题栏还有一个作用就是标识窗口是否处于活动状态。如果同时打开很多窗口，当前活动窗口（是指当前正在使用的窗口，同一时间内当前活动的窗口只有一个）标题栏的显示是高亮度的，而非活动窗口标题栏的显示是灰暗的。

控制菜单按钮位于窗口的左上角。单击该按钮可以打开控制菜单，其中的命令可以用来改变窗口大小，移动、放大、缩小、还原和关闭窗口。其作用与标题栏右侧的三个按钮基本相同。在使用键盘操作时，控制菜单非常有用。

2）菜单栏：在标题栏的下面。它提供了用户在操作过程中要用到的各种访问途径。随着应用程序窗口的不同，菜单栏的内容也会有所不同。

3）工具栏：位于菜单栏的下面。它以按钮的形式给出了用户最经常使用的一些命令，用户在使用时可以直接从上面选择各种工具。

4）状态栏：位于窗口的最下方，标明了当前有关操作对象的一些基本情况。

5）工作区域：它在窗口中所占的比例最大，显示了应用程序界面或文件中的全部内容。不同的应用程序，工作区域也不尽相同。

6）滚动条：当工作区域的内容太多而不能全部显示时，窗口将自动出现滚动条，可以通过拖动水平或者垂直滚动块来查看所有的内容。

7）窗口边框：是指窗口的四个外边框。拖动边框，可以改变窗口的大小。

8）窗口角：是指窗口的四个角落。拖动窗口角，可以同时在水平、垂直方向上改变窗口的大小。

2．窗口的操作

窗口操作在 Windows 中是很重要的，不但可以通过鼠标使用窗口上的各种命令来操作，而且可以通过键盘来使用快捷键操作。基本的操作包括打开、缩放、移动等。

（1）打开窗口

当需要打开一个窗口时，可以通过下面两种方式来实现。

1）选中要打开的窗口图标，然后双击打开。

2）在选中的图标上右击，在其快捷菜单中选择"打开"命令，如图2.24所示。

（2）最大化、最小化窗口

在对窗口进行操作的过程中，可以根据自己的需要，把窗口最小化、最大化等。

"最小化"按钮█：在暂时不需要对窗口操作时，可把它最小化以节省桌面空间。直接在标题栏上单击此按钮，窗口会以按钮的形式缩小到任务栏。

"最大化"按钮█：窗口最大化时铺满整个桌面，这时不能再移动或者是缩放窗口。在标题栏上单击此按钮即可使窗口最大化。

"还原"按钮█：当把窗口最大化后想恢复原来打开时的初始状态，单击此按钮即可实现对窗口的还原。

在标题栏上双击可以进行最大化与还原两种状态的切换。

每个窗口标题栏的左方都会有一个表示当前程序或者文件特征的控制菜单按钮，单击即可打开控制菜单，它和在标题栏上右击所弹出的快捷菜单的内容是一样的，如图2.25所示。

也可以通过快捷键来完成以上的操作。用"Alt+空格键"来打开控制菜单，然后根据菜单中的提示，输入相应的字母，比如最小化输入字母N，通过这种方式可以快速完成相应的操作。

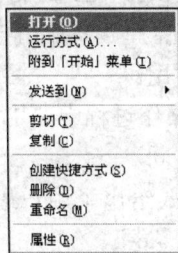

图2.24　快捷菜单　　　　　图2.25　控制菜单

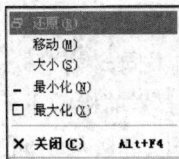

（3）缩放窗口

窗口还可以随意改变大小将其调整到合适的尺寸。

1）当只需要改变窗口的宽度时，可把鼠标指针放在窗口的垂直边框上，当指针变成双向的箭头时，任意拖动即可。如果只需要改变窗口的高度时，可以把鼠标指针放在水平边框上，当指针变成双向箭头时拖动即可。当需要对窗口进行等比缩放时，把鼠标指针放在边框的任意角上进行拖动。

2）也可以用鼠标和键盘的配合来完成。在标题栏上右击，在打开的快捷菜单中选择"大小"命令，通过键盘上的方向键来调整窗口的高度和宽度，调整至合适位置时，单击或者按Enter键结束。

（4）移动窗口

在打开一个窗口后，不但可以通过鼠标来移动窗口，而且可以通过鼠标和键盘的配合来完成。

移动窗口时只需要在标题栏上按下鼠标左键拖动，移动到合适的位置后再松开，即可完成移动的操作。

如果需要精确地移动窗口，可以在标题栏上右击，在打开的快捷菜单（图 2.26）中选择"移动"命令；当屏幕上出现✥标志时，再通过按键盘上的方向键来移动，到合适的位置后单击或者按回车键确认。

（5）关闭窗口

完成对窗口的操作后，在关闭窗口时有下面几种方式。

1）直接在标题栏上单击"关闭"按钮⊠。

2）双击控制菜单按钮。

3）单击控制菜单按钮，在弹出的控制菜单中选择"关闭"命令。

4）使用 Alt+F4 组合键。

如果打开的窗口是应用程序，可以在"文件"菜单中选择"退出"命令，同样也能关闭窗口。

如果所要关闭的窗口处于最小化状态，在任务栏上选择该窗口的按钮，然后右击，在弹出的快捷菜单中选择"关闭"命令即可。

在关闭窗口之前要保存所创建的文档或者所做的修改，如果忘记保存，当执行了"关闭"命令后，会弹出一个对话框，询问是否要保存所做的修改；选择"是"后保存关闭，选择"否"后不保存关闭，选择"取消"则不关闭窗口，可以继续使用该窗口。

（6）切换窗口

1）当打开的窗口数量在一个以上时，屏幕上始终只能有一个活动窗口。活动窗口和其他窗口相比有着突出的标题栏。为了激活一个窗口（从当前窗口切换到另一个窗口），最简单的方法是单击任务栏上的窗口图标；也可以在所需要的窗口没有被其他窗口完全挡住时，单击所需要的窗口的任务部分。当窗口处于最小化状态时，在任务栏上选择所要操作窗口的按钮，然后单击即可完成切换；当窗口处于非最小化状态时，可以在所选窗口的任意位置单击，当标题栏的颜色变深时，表明完成对窗口的切换。

2）用 Alt+Tab 组合键来完成切换，可以同时按下 Alt 和 Tab 两个键，屏幕上会出现切换任务栏（图 2.27），在其中列出了当前正在运行的窗口；这时可以按住 Alt 键，然后按 Tab 键选择所要打开的窗口，选中后再松开两个键，选择的窗口即成为当前窗口。

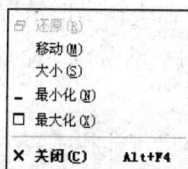

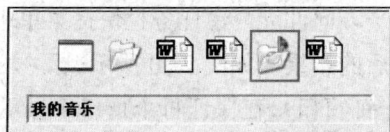

图 2.26 快捷菜单   图 2.27 切换任务栏

3）也可以使用 Alt+Esc 组合键。先按下 Alt 键，然后再通过按 Esc 键来选择所需要打开的窗口，但是它只能改变激活窗口的顺序，而不能使最小化窗口放大，所以，多用于切换已打开的多个窗口。

（7）滚动窗口内容

将鼠标指针移到滚动块上，按住鼠标左键拖动滚动块，即可滚动窗口中的内容。另外，单击滚动条上的上箭头或下箭头，可以上滚或下滚一行窗口中的内容。

3．窗口的排列

当打开了多个窗口，而且需要全部处于全显示状态时，就涉及排列的问题。Windows XP 提供了三种排列的方案。

在任务栏上的非按钮区右击，弹出一个快捷菜单，如图 2.28 所示。

1）层叠窗口：把窗口按先后的顺序依次排列在桌面上。当在任务栏快捷菜单中选择"层叠窗口"命令后，桌面上会出现排列的结果，其中每个窗口的标题栏和左侧边缘是可见的，如图 2.29 所示，可以任意切换各窗口的顺序。

图 2.28　任务栏　　　　　　　　　　图 2.29　层叠窗口
　　　　快捷菜单

2）横向平铺窗口：各窗口并排显示，在保证每个窗口大小相当的情况下，使得窗口尽可能往水平方向伸展。在任务栏快捷菜单中选择"横向平铺窗口"命令后，桌面上即可出现排列后的结果，如图 2.30 所示。

3）纵向平铺窗口：在保证每个窗口都显示的情况下，尽可能往垂直方向伸展，选择"纵向平铺窗口"命令即可完成对窗口的排列，如图 2.31 所示。

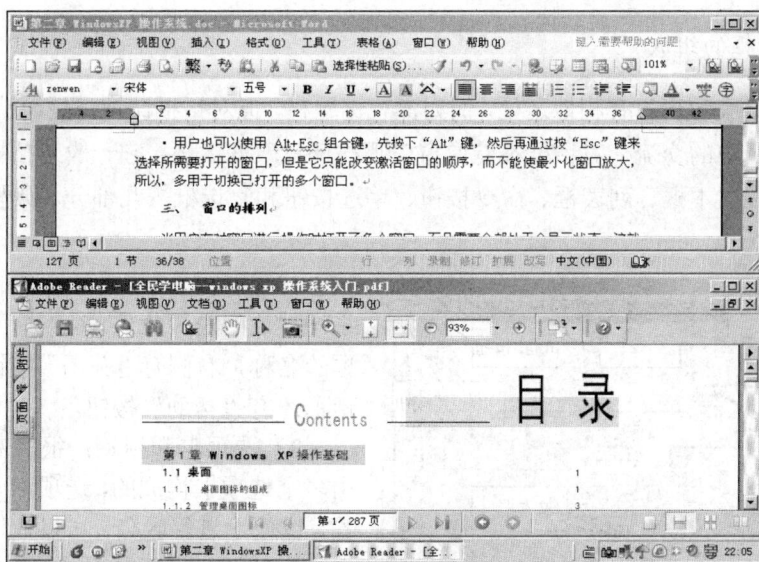

图 2.30　横向平铺窗口

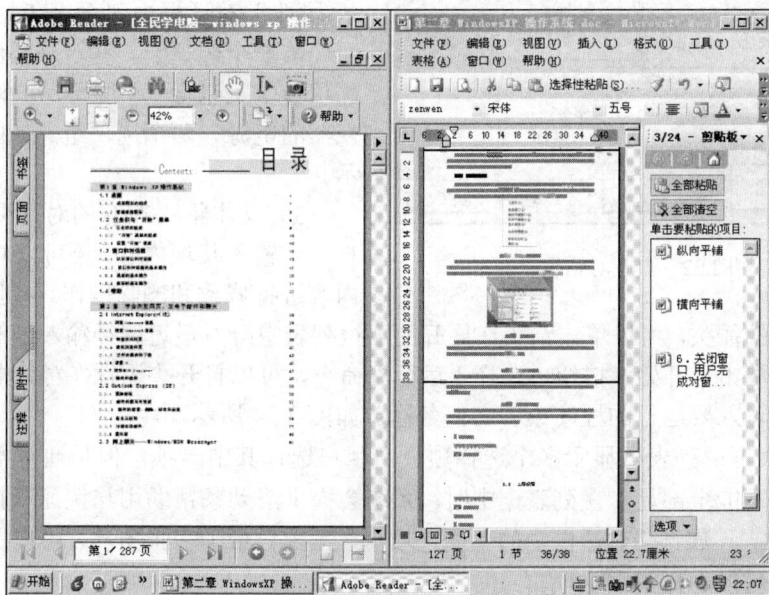

图 2.31　纵向平铺窗口

　　在选择了某个排列方式后，任务栏快捷菜单中会出现相应的撤消该选项的命令。例如，选择"层叠窗口"命令后，任务栏的快捷菜单会增加一项"撤消层叠"命令，当执行此命令后，窗口恢复原状。

2.2.5　对话框

　　对话框在 Windows XP 中占有重要的地位，是用户与计算机系统之间进行信息交流的窗口，在对话框中用户通过对选项的选择，对系统进行对象属性的修改或者设置。

1. 对话框的组成

对话框组成和窗口有相似之处，例如都有标题栏，但对话框比窗口更简洁、更直观，更侧重于与用户的交流。对话框不能像窗口那样任意改变大小，它一般包括标题栏、选项卡和标签、文本框、列表框、命令按钮、单选按钮和复选框等几部分。典型的对话框如图 2.32 所示。

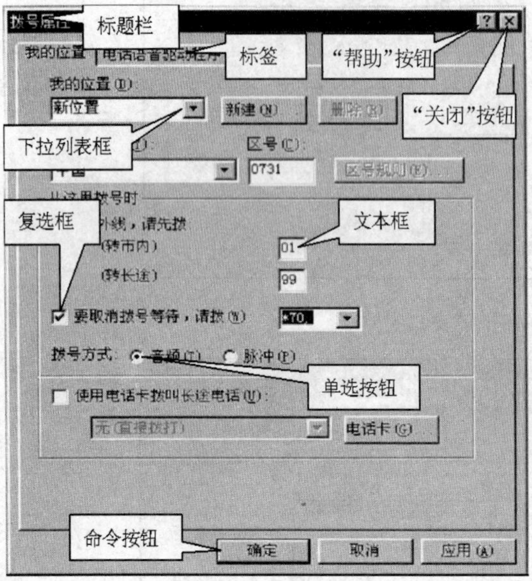

图 2.32 典型对话框

1）标题栏：位于对话框的最上方，系统默认的是深蓝色，左侧标明了该对话框的名称，右侧有"关闭"按钮，有的对话框还有"帮助"按钮。

2）选项卡和标签：很多对话框都是由多个选项卡构成的，选项卡上写明了标签，以便于进行区分。可以通过各个选项卡之间的切换来查看不同的内容。在选项卡中通常有不同的选项组。例如在"显示 属性"对话框中包含了"主题"、"桌面"等 5 个选项卡，在"屏幕保护程序"选项卡中又包含了"屏幕保护程序"、"监视器的电源"两个选项组，如图 2.33 所示。

3）文本框：在有的对话框中需要用户手动输入某项内容，还可以对各种输入内容进行修改和删除操作。一般在其右侧会带有向下的箭头，可以单击箭头在展开的下拉列表中查看最近曾经输入过的内容。比如在桌面上单击"开始"按钮，选择"运行"命令，可以打开"运行"对话框，这时系统要求用户输入要运行的程序或者文件名称，如图 2.34 所示。

4）列表框：列表框显示多个选择项，由用户选择其中一项，但是通常不能更改。当内容一次不能全部显示在列表框中时，系统会提供滚动条帮助用户快速查找。比如前面讲到的"显示 属性"对话框中的桌面选项卡，系统自带了多张图片，用户是不可以进行修改的，只能选择其中一项。

5）命令按钮：它是指在对话框中带有文字的按钮。如果命令按钮为灰色，则表示在当前状态下该按钮是不可选的；如果一个命令按钮上有省略号，表示将打开一个对话框。很多对话框都有"确定"、"取消"、"应用"按钮，单击"应用"按钮，则不关闭对话框使所做的操作有效；单击"确定"按钮，则关闭对话框使所做的操作有效。单击"取消"按钮，则关闭对话框使所做的操作无效。

6）单选按钮：它通常是一个小圆形，其后面有相关的文字说明，当选择后，在圆形中间会出现一个小圆点。对话框中通常是一个选项组中包含多个单选按钮，当选择其中一个后，别的选项是不可以选的，也就是说只能选择一个。

图 2.33　"显示 属性"对话框　　　　　　图 2.34　"运行"对话框

7）复选框：它通常是一个小正方形，在其后面也有相关的文字说明，当选择后，在正方形中间会出现一个"√"标志，它是可以任意选择的。

另外，在有的对话框中还有调节数字的按钮，它由向上和向下两个箭头组成，单击箭头即可增加或减少数字，如图 2.35 所示。

2．对话框的操作

对话框的操作包括对话框的移动、关闭、对话框中的切换及使用对话框中的帮助信息等。

（1）对话框的移动和关闭

要移动对话框时，可以在对话框的标题栏上按下鼠标左键拖动到目标位置再松开，也可以在标题栏上右击，选择"移动"命令，然后按方向键来改变对话框的位置，到目标位置时，单击或者按回车键确认，即可完成移动操作。

图 2.35　"日期和时间 属性"对话框

如果要取消所做的改动，可以单击"取消"按钮，或者直接在标题栏上单击"关闭"按钮，也可以按 Esc 键退出对话框。

（2）对话框中的切换

由于有的对话框包含多个选项卡，在每个选项卡中又有不同的选项组，在操作对话框时，可以利用鼠标来切换，也可以使用键盘来实现。

1）在不同的选项卡之间切换。可以直接用鼠标来进行切换，也可以先选择一个选项卡，即该选项卡出现一个虚线框时，然后按方向键来移动虚线框，这样就能在各选项

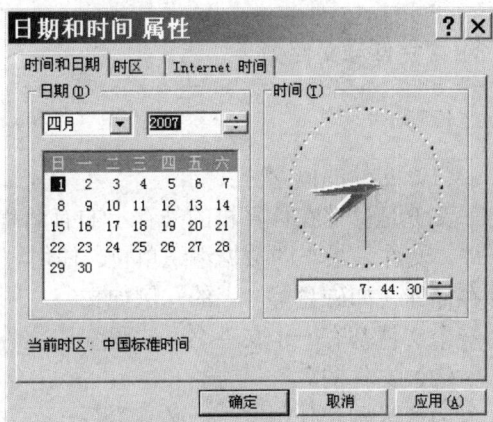

卡之间进行切换。

还可以利用 Ctrl+Tab 组合键从左到右切换各个选项卡，Ctrl+Tab+Shift 组合键为反向顺序切换。

2）在相同的选项卡中切换。在不同的选项组之间切换，可以按 Tab 键以从左到右或者从上到下的顺序进行切换，而 Shift+Tab 键则按相反的顺序切换。

在相同的选项组之间的切换，可以使用方向键来完成。

（3）使用对话框中的帮助

对话框不能像窗口那样任意改变大小，在标题栏上也没有"最小化"、"最大化"按钮，取而代之的是"帮助"按钮 ？ 。在操作对话框时，如果不清楚某选项组或者按钮的含义，可以单击"帮助"按钮，这时在鼠标指针旁边会出现一个问号，然后用户可以在自己不明白的对象上单击，就会出现一个对该对象进行详细说明的文本框；在对话框内任意位置或者在文本框内单击，说明文本框消失。

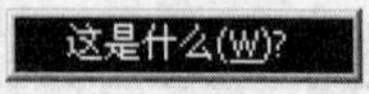

这是什么(W)?

图 2.36　"帮助"文本框

也可以直接在选项上右击，这时会弹出一个文本框，如图 2.36 所示，再次单击这个文本框，会出现与使用"帮助"按钮一样的效果。

2.3　文件系统管理

2.3.1　文件和文件夹

1．文件

（1）文件的概念

文件是存储在计算机的外存上的有名称的一组相关信息的集合。在计算机系统的外存中，文件是最小的数据组织单位。任何程序和数据都是以文件的形式存放在计算机的外存储器（如磁盘等）上的，例如文字、图片、声音、电影等。为了区分不同文件，任何一个文件都有一个文件名，它是存取文件的依据，即按名存取。

（2）文件的名称

为了区别和使用文件，必须给每一个文件起一个名字，叫文件名。文件名由主文件名和扩展名组成，主文件名和扩展名之间用字符"."分隔，其格式为：主名.扩展名（可以没有扩展名）。

通常，每一文件都有 1～3 个字符的文件扩展名，用于标识文件类型和用于创建、打开此文件的程序。根据文件类型（扩展名）的不同，文件一般会以不同的图标显示出来。一般来说相同类型的文件拥有相同的图标。

Windows 操作系统关于文件的命名规则如下：

1）可用字符：除\、/、|、&、<、>、?、* 等以外的所有字符和汉字。

2）文件名长度：最少 1 个最多 255 个字节。

3）不区别英文字符的大小写：例如 read.txt 和 READ.TXT 被看作是同样的文件名。

当查找文件时，可以使用通配符"？"和"＊"。这两种通配符的区别是："？"代表文件名中的任意单个字符，"＊"则代表文件名中任意长的一个字符串。

（3）文件的类型

在 Windows 中，系统可以支持多种类型的文件，文件类型是根据它们所包含信息类型的不同来分类的。不同文件类型的文件的扩展名和在屏幕上的显示图标一般是不同的。常见文件类型如下。

1）程序文件：程序文件是由可选择的代码组成的。它有特定的功能，有的还可以产生新的文件，其扩展名一般为.COM 或.EXE 或者.BAT。双击大多数的程序文件都可以启动或选择某一程序。

2）文本文件：文本文件通常由字符、字母和数字组成。一般情况下，文本文件的扩展名为.TXT。应用程序中的大多数 Readme 文件都是文本文件。

3）图像文件：图像文件是指存放图片信息的文件。图像文件的格式有很多。Windows 中的"画图"应用程序可以创建位图文件，并以扩展名.BMP 来命名所创建的位图文件。位图文件是一种图像文件。可以创建图片文件的还有 Photoshop、CorelDRAW 等图形处理软件。

4）多媒体文件：多媒体文件是指数字形式的图片、声音和影像文件。在 Windows 中，普通的多媒体文件有许多，如录音机生成的波形文件，其扩展名为.WAV。可以用媒体播放器和 CD 唱机来播放一些声音文件。目前较为流行的声音文件还有 MP3。

5）字体文件：Windows XP 中带有很多字体。这些字体都放在 Fonts 文件夹中。

6）数据文件：数据文件中一般包含数字、名字、地址和其他由数据库和电子表格等程序创建的信息。

在识别文件类型时，文件的扩展名和图标可以起很大的作用。文件的扩展名可以帮助判断文件类型、创建它的程序及存放的数据类型。在 Windows 环境中，文件的扩展名可以显示出来，也可以不显示出来，此时可以通过图标区分文件。一些常用的文件类型的文件扩展名如表 2.4 所示，大多数文件在存盘时，若不指定扩展名，应用程序都会自动为其添加扩展名。

表2.4　常用的文件扩展名

扩展名	文件类型
.COM、.EXE	MS-DOS 应用程序、应用程序
.BAT	MS-DOS 批处理文件
.DOC	Microsoft Word 文档
.TXT	文本文档（＊.TXT）
.XLS	Microsoft Excel 工作表
.BMP	Windows 2000 中文版中"画图"程序或其他程序创建的位图文件（BMP 文件）
.JPG	（图片）JPG 文件
.GIF	（图片）GIF 文件
.HLP、.CHM	帮助文件、已编译的 HTML 文件（＊.HLP 、＊.CHM ）
.SYS	系统文件
.AVI	影像文件
.SWF	SWF 文件
.DAT	VCD 文件

扩展名	文件类型
.RM	压缩影像文件
.MP3	MP3 音频
.MID	MIDI（乐器数字化接口）文件（MID 文件）
.WAV	由声音记录器或其他音频应用程序创建的波形文件（WAV 音频）
.HTM	用于 WWW（万维网）的一种数据文件（HTML document）
.ZIP 或.RAR	经过压缩的压缩文件（ZIP 压缩文件、WinRAR 压缩文件）

2. 文件夹

如果把成千上万个文件堆在一起，对操作系统和用户都很不方便。最好的办法是分门别类，将它们分别放入像书架那样的不同层的不同小格中。Windows XP 组织文件就是这么做的，即用文件夹来分门别类地存储信息。

文件夹，顾名思义，就是对计算机中文件进行管理的一个场所，或者说是一个容器。文件夹也叫目录，它用于保存各种文件和子文件夹。所谓子文件夹是指在文件夹中再创建的下一级文件夹。相应地将子文件夹的上一级文件夹称为该子文件夹的父文件夹。通俗地说，某一存储区域就是一个最大文件夹，即根文件夹（根目录）。文件夹在 Windows 中以一个窗口的形式出现，打开它时是一个窗口，其中包含着各种各样的文件和子文件夹，而关闭它时，它就成为一个图标。

通常一种类别的文件、文件夹被放置在同一个文件夹中，当然也可以不分青红皂白地将所有文件放置在一个文件夹中。只要存储空间允许，一个文件夹中可以存储任意多的内容。但是，对于一些特定的系统文件，它们必须放置在固定的文件夹中，并且不能改变，如果强行改变其位置，就会导致系统错误；而对于用户的数据文件，想怎么放就怎么放，只要心中有数就行。

由于可以在根目录下创建若干子目录，如果需要，还可以在子目录中再创建子目录。这样整个存储区域上的目录结构如果用图形表示出来就像一棵倒置的树，因此称为树型目录（文件夹）结构，如图 2.37 所示。树根是根文件夹，根文件夹下允许建立多个文件夹（即子文件夹），子文件夹下还可以建立再下一级的子文件夹。每一个文件夹中允许同时存在若干个子文件夹和若干文件，不同文件夹中允许存在相同文件名的文件，任何一个文件夹的上一级文件称为其父文件夹，填充的方框表示文件夹，没有填充的方框代表文件。图 2.37 中子文件夹 pwin98 的父文件夹是根目录 c:\，在文件夹 Program Files 和文件夹 Office 97 下面都有一个名为 Readme.txt 的文件，这两个文件的内容可能不同，也可能相同。

（1）盘符

现在的微机都可以存取多种类型的外部存储器，如硬盘、光盘、软盘、优盘等，一个硬盘还可以被划分成多个逻辑盘（逻辑盘完全可以视作一个真的硬盘使用，但不是真正的独立硬盘）。为了表示文件存放在哪个盘上，Windows 给某个盘或硬盘上的某个逻辑盘自动地赋予一个代表该盘的符号，简称为盘符。盘符用英文字母后加一个冒号表示，例如 A:、B:、C:等。

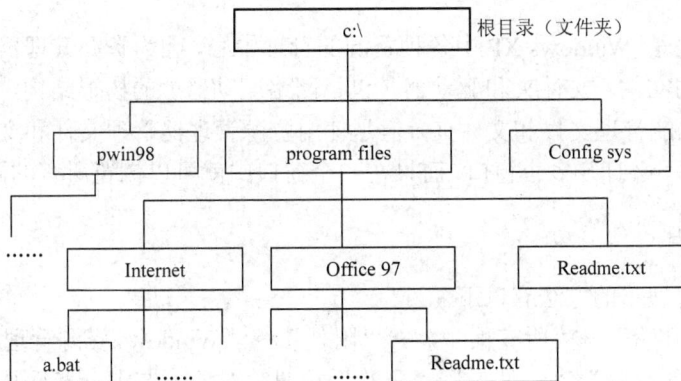

图 2.37　树型目录结构

Windows 一般将 A:、B:盘符分配给软盘驱动器，即 "A:"、"B:" 只能用于表示软盘；将其他的盘符分配给硬盘、光盘驱动器、优盘等，硬盘之后的盘符分配给光盘驱动器，光盘之后的盘符分配给优盘等。

（2）文件夹名

每个文件夹都必须有名字，称为文件夹名。文件夹名的命名规则与文件名类似，也可以有扩展名，但通常不定义扩展名。要注意以下几点。

1）某些系统文件夹不能被更改名称，如 Documents and Settings、Windows 或 System 32 等，因为它们是正确运行 Windows 操作系统所必需的。最好不要更改一些系统产生的文件、文件夹的名称，否则可能出问题。

2）不同文件夹中的文件及文件夹能够同名。

3）不同磁盘中的文件及文件夹能够同名。

4）同一文件夹中，文件与文件之间、文件夹与文件夹之间不能同名。

5）同一文件夹中，文件与文件夹之间可以同名。

（3）路径

路径是对文件存储位置的表示，即描述文件保存在哪一个盘的哪一个文件夹下等信息。例如某文件的存取路径为 C:\Windows\system\，表示该文件存储在 C:盘根文件夹下的 Windows 子文件夹下的 system 子文件夹中。

路径的完整描述是从盘符开始，后跟各级子文件夹，盘符以及各级子文件夹之间用反斜杠（\）分隔。

完整的路径加上文件的名称构成文件的完整描述。

例如 c:\windows\readme.txt 和 c:\program files\rising\readme.txt 描述了存在磁盘上的两个文件，这两个文件的文件名虽然相同，但是它们存储在磁盘上的不同位置，这两个文件的内容可能不同，也可能相同。

2.3.2　资源管理器

资源是指某计算机中所有可以利用的东西，如硬件资源、软件资源，功能资源、控制资源等。

资源管理器是 Windows XP 中各种资源的管理中心，因为资源管理器直观地显示了本地计算机上的文件、文件夹和驱动器（包括网络驱动器）的树形结构，所以虽然通过"我的电脑"也能管理文件和文件夹，但是使用资源管理器管理文件和文件夹却最为简捷和方便，可以不必打开多个窗口，而只在一个窗口中就可以浏览所有的磁盘和文件夹。

1. 资源管理器的启动

启动资源管理器的方法有以下 3 种。

1）选择"开始"→"所有程序"→"附件"→"Windows 资源管理器"命令。

2）在"我的电脑"、"文件夹"、"开始"按钮等对象上右击，然后从快捷菜单中选择"资源管理器"命令。

3）在"运行"对话框内执行 c:\windows\explorer.exe 命令。

2. 资源管理器窗口的组成

资源管理器窗口的结构会因为显示方式的设置不同而不同，它由以下几个部分组成。

1）标题栏：标题栏上显示当前文件夹的名字。

2）菜单栏：在菜单栏上提供了"文件"、"编辑"等菜单。

3）工具栏：工具栏提供了对常用菜单命令进行快捷访问的工具图标。

4）地址栏：地址栏是一种特殊的工具栏。通过地址栏可以显示磁盘中的文件或文件夹以及在网上漫游。例如，键入网页地址 http://www.sina.com.cn/并按回车键可以浏览新浪首页；键入"C:"并按回车键可以显示磁盘 C 中的所有文件或文件夹。

5）"文件夹"列表框："文件夹"列表框位于资源管理器窗口工作区的左半部分，用来显示文件夹的层次关系，形成倒树形结构，整个电脑以桌面为树根，当前打开（正在使用的）的文件夹呈反白（黑底白字）显示，称为活动文件夹或当前文件夹，单击"文件夹"列表框中的某文件夹图标可改变当前文件夹。

在左边的窗格中，若驱动器或文件夹前面有"＋"号，表明该驱动器或文件夹有下一级子文件夹并且子文件夹处于折叠状态，单击该"＋"号可展开其所包含的子文件夹，同时"＋"号会变成"－"号；若驱动器或文件夹前面有"－"号，表明该驱动器或文件夹已展开，单击"－"号，可折叠已展开的内容，同时"－"号会变成"＋"号。例如，单击左边窗格中"我的电脑"前面的"＋"号，将显示"我的电脑"中所有的磁盘信息，选择需要的磁盘前面的"＋"号，将显示该磁盘中所有的内容。

6）文件夹内容框：文件夹内容框位于资源管理器窗口工作区的右半部分，若要查看某一磁盘或文件夹中的内容，在"文件夹"列表框中单击相应的图标，这时图标将呈打开的夹子状态，在文件夹内容框中显示其中的文件和子文件夹。

7）分隔条是位于文件夹框和文件夹内容框之间的一条竖条，用鼠标拖动分隔条，可以调整文件夹框和文件夹内容框的大小。

8）状态栏：状态栏位于窗口的底端，用于显示选定对象的各种信息。

3. 资源管理器的基本操作

（1）工具栏的显示和隐藏

若资源管理器窗口没有显示工具栏，选择"查看"→"工具栏"→"标准按钮"命令即可显示工具栏。再选择"查看"→"工具栏"→"标准按钮"命令，将关闭工具栏。

提 示　右击工具栏、菜单栏也可以达到同样的效果。

（2）工具栏的使用

"标准按钮"工具栏上按钮的功能如表 2.5 所示。

表2.5　"标准按钮"工具栏上按钮的功能

按钮名称	功　能
后退	切换到当前文件夹之前的文件夹
前进	切换到当前文件夹之后的文件夹
向上	切换到当前文件夹上一级文件夹
搜索	在指定的驱动器中查找文件或文件夹
文件夹	是否在左侧打开一个文件夹列表框
查看	列出 5 种文件或文件夹的排列方法：大图标、小图标、列表、详细资料和缩略图方式

（3）设置文件夹内容框的显示方式

如何快速找到自己需要的文件是一个非常令人头疼的问题。其实，只要运用好视图显示方式，完全可以轻松快速地找到自己需要的东西。在 Windows XP 的资源管理器中选择"查看"菜单中的命令就可设置文件夹内容框的显示方式，在不同的场景下使用不同的查看方式可以大大提高查找文件（文件夹）的速度。

1）缩略图：将文件夹所包含的图像显示在文件夹图标上，因而可以快速识别该文件夹的内容。例如，如果将图片存储在几个不同的文件夹中，通过"缩略图"方式，可以迅速分别出哪个文件夹中包含所需的图片。

2）平铺：以图标的形式表示文件和文件夹，采用该方式比采用"图标"方式的视图要大。

3）图标：以图标显示文件和文件夹，文件名显示在图标之下。

4）列表：以文件或文件夹名列表显示文件夹内容，其内容前面为小图标。当文件夹中包含很多文件，并且想在列表中快速查找一个文件名时，这种视图非常有用。在这种视图中可以分类文件和文件夹，但是无法按组排列文件。

5）详细信息：Windows 列出已打开的文件夹的内容并提供有关文件的详细信息，包括名称、类型、大小和更改日期。在"详细信息"视图中，也可以按组排列文件。

提 示　使用工具栏上的"查看"工具或者右击文件夹内容框的空白处得到的快捷菜单，也可改变文件夹内容框的显示方法。

（4）排序

当文件和文件夹数量较多时，可以将其排序便于查找。打开"查看"菜单，然后将鼠标指针指向"排列图标"，打开"排列图标"子菜单，从中选择一项即可。

1）名称：按照文件夹和文件名首字母的先后顺序排列图标。

2）大小：按照所占存储空间大小排列图标（由小到大的顺序）。

3）类型：按照扩展名顺序排列图标。

4）修改时间：按照修改日期先后排列图标。

5）按组排序：按照先数字，再字母，再汉字的原则，分组排列文件夹（文件）图标。

6）自动排列：此项的作用是使图标保持从上到下、从左到右的整齐队列。"自动排列"被选中时，用鼠标把图标拖动到另外的地方，一旦松开左键，图标又重新回到原来的位置。

需要注意的是，如果一个文件夹中既有子文件夹又有文件，那么图标无论按名称、大小、类型或修改时间排序，文件夹将始终排在一起。而且，在某些视图显示方式下，上述排序功能将不可用。

在"详细信息"显示方式下，还可以通过单击列表的标题进行快速排序。例如，单击"大小"标题，该标题右侧出现一个正三角形符号，表示该文件夹中的内容按文件大小从小到大升序排列，再次单击标题，其右侧的符号变成倒三角形，表示该文件夹中的内容按文件大小从大到小降序排列。同理，快速排序也可以应用在其他标题上。

2.3.3　我的电脑

"我的电脑"和资源管理器的功能基本相同，但是各有侧重，"我的电脑"适合于执行一些常用任务，资源管理器更适合于文件系统的管理。

1."我的电脑"的启动

启动"我的电脑"的方法有以下 3 种：

1）选择"开始"→"我的电脑"命令。

2）在"我的电脑"、"文件夹"、"开始"按钮等对象上右击，然后从快捷菜单中选择"打开"命令，或者直接双击"我的电脑"、"文件夹"图标。

3）也可以由资源管理器切换而来，只需单击工具栏上的"文件夹"按钮，再次单击就可切换回资源管理器。

2."我的电脑"窗口的组成

"我的电脑"窗口与资源管理器窗口的组成基本相同，不同的是：在 Windows XP 中，"我的电脑"窗口左侧新增加了链接区域，这是以往版本的 Windows 所不具有的，它以超级链接的形式为用户提供了各种操作的便利途径。

一般情况下，链接区域包括几种选项，可以通过单击选项名称的方式来隐藏或显示其具体内容。

1）"任务"选项：为用户提供常用的操作命令，其名称和内容随打开窗口的内容而变化，当选择一个对象后，在该选项下会出现可能用到的各种操作命令，可以在此直接进行操作，而不必在菜单栏或工具栏中进行，这样会提高工作效率。

2）"其他位置"选项：以链接的形式为用户提供了计算机上其他的位置，在需要使用时，可以快速转到有用的位置，打开所需要的其他文件，例如"我的电脑"、"我的文档"等。

3）"详细信息"选项：在这个选项中显示了所选对象的大小、类型和其他信息。

3. "我的电脑"的基本操作

"我的电脑"的基本操作与资源管理器的基本操作相同。

2.3.4 管理文件和文件夹

文件和文件夹的管理是 Windows XP 最主要功能之一，熟练进行文件和文件夹的管理，是掌握 Windows XP 的基本前提之一。

1. 选定文件和文件夹

在对文件和文件夹等对象进行操作之前，首先要选定对象。一次可选定一个或多个对象，选定的对象会突出显示。有以下几种选定方法。

（1）选定一个文件或文件夹

相对于其他操作而言，选定单个文件的操作最为简单：单击欲选中的文件、文件夹即可。

（2）不相邻多个文件、文件夹的选定

在资源管理器或者"我的电脑"中，单击第一个文件，然后按住 Ctrl 键不放，逐个单击其他需要选定的文件，全部选定后释放 Ctrl 键即可；对于已选定的文件，如果发现有误选的，按住 Ctrl 键，单击要取消的文件即可。

（3）相邻多个文件、文件夹的选定

先单击第一个文件或者文件夹，然后按住 Shift 键不放，单击最后一个文件，即可选中这两个文件之间的全部文件。

也可以用鼠标拖动选定文件、文件夹，用鼠标拖动则出现一个虚线框，释放后即选定虚线框中的所有文件。

（4）全部文件、文件夹的选定

如果要将一个文件夹内的内容全部选定，首先打开该文件夹，然后选择"编辑"→"全部选择"命令即可。使用快捷键 Ctrl+A 也可以选定所打开文件夹内的全部内容。

（5）反向选定文件、文件夹

如果在一个文件夹（也可以是桌面、磁盘等对象）中，只有一个或少数几个文件不选定，其余文件都要选，这时可以使用反向选定操作，其方法有两种：

1）用前面介绍的方法将不要选定的文件选定，然后选择"编辑"→"反向选择"命令即可。

2）选定文件夹中全部内容，按住 Ctrl 键不放，单击不需要选定的文件即可。

（6）撤销选定

取消一项选定：按住 Ctrl 键，单击要取消的项。

取消所有选定：随意单击空白处即可。

2. 文件、文件夹操作的常用方法

1）利用命令。在选定了要操作的文件、文件夹之后，打开"文件"菜单，选择其中的某个命令即可对文件、文件夹进行相应的操作。

2）利用快捷命令。右击要操作的文件、文件夹，将会弹出相应的快捷菜单，选择其中的命令即可对文件、文件夹进行相应的操作。

3）利用"我的电脑"窗口左侧的链接区域中的有关命令。

4）按住左或者右键拖动对象可以实现移动、复制等操作。

注意 ZHU YI　菜单中的粗体命令为默认命令，即双击或者选定对象后按 Enter 键，便可执行该命令。

3. 文件、文件夹的打开

要使用某些文件，要更改文件夹中的内容，需要打开文件、文件夹。打开文件、文件夹的方法有以下几种。

1）在文件夹内容框双击该文件、文件夹图标。

2）选定要打开的文件、文件夹，再选择"文件"→"打开"命令。

3）右击要打开的文件名、文件夹名，在弹出的快捷菜单中选择"打开"命令。

4）选定要打开的文件、文件夹，然后按回车键。

4. 创建新的文件夹或文件

（1）创建新的文件夹

使用电脑时，最好建立一个自己的文件夹，用于存放自己创建或收藏的文件，这样既可避免与别人所用的文件产生冲突，也便于对自己的文件的管理。如果自己的文件很多，还可以在自己的文件夹下创建若干个子文件夹，用来对文件进行分类存放，例如创建"音乐"、"图片"等子文件夹。

可用以下步骤在桌面上或任一文件夹中创建新的文件夹。

1）打开要创建新文件夹的目的文件夹（若在桌面上创建新文件夹，则可省略这一步）。

2）右击，从弹出的快捷菜单中选择"新建"→"文件夹"命令，单击，立即会在桌面或目的文件夹中生成一个名为"新建文件夹"的新文件夹（如果是在某文件夹中创建一个新的文件夹，也可打开该文件夹窗口中的"文件"菜单，选择"新建"→"文件夹"命令并单击）。

3）将该"新建文件夹"重新命名为自己需要的名称。

注意 *ZHU YI* 文件夹不能与它们在同一位置的其他原已存在的文件、文件夹同名。

（2）创建新的文件

1）通过应用程序创建一个新的文件：启动一个特定应用程序（如"写字板"程序）后立即进入创建新文件的过程，或从应用程序的"文件"菜单中选择"新建"命令来新建一个文件，编辑完后进行保存（其中包括定义文件的名称）就创建了新的文件。

2）不通过应用程序创建一个新的文件：方法类似于新文件夹的创建。只是将选择"新建"下的"文件夹"选项改为选择"新建"下的希望创建的文档的类型，并且定义文件的名称即可。需要注意的是，此时建立的文件是一个空文件。如果要编辑，则还需用相应的应用程序打开它。

5．移动、复制文件或文件夹

移动和复制文件或文件夹都是将文件或文件夹从原位置放到目标（新的）位置。移动与复制的区别在于：移动时，文件或文件夹从原位置被删除并被放到目标位置；复制时，文件或文件夹在原位置仍然保留，仅仅是将副本放到目标位置。

知识库：了解剪贴板

剪贴板是 Windows 提供的信息传送和信息共享的方式之一。这种信息传送和信息共享方式可以用于不同的 Windows 应用程序之间，用于同一个应用程序的不同文档之间，也可以用于同一个文档的不同位置。传送或共享的信息可以是一段文字、数字或符号组合，还可以是图形、图像、声音等。

剪贴板实际上是 Windows 在存储器中开辟的一块临时存放交换信息的区域。只要 Windows 处于运行中，剪贴板便处于工作状态，即随时准备接收需要传送的信息。

需要在不同应用程序或文档间传送信息时，不必预先运行与剪贴板有关的任何程序项，只需要在信息源窗口中选定准备传送的信息，执行"剪切"或者"复制"命令，信息便自动传入剪贴板中；然后转到目标位置，执行"粘贴"命令，便可把剪贴板中的信息粘贴到特定的位置（即插入点位置）。

如果要将某个活动窗口的信息以位图形式复制到剪贴板中，可使用 Alt+PrintScreen 组合键；要将整个屏幕的画面以位图形式复制到剪贴板中，可直接按 PrintScreen 键。

（1）复制文件或文件夹

为了防止文件丢失和损坏，或为了将文件携带到另外的地方，经常需要将外存储器上的文件或文件夹复制到外存上另一个位置或另一个外存上。在 Windows XP 中，实现复制文件、文件夹的操作有多种方法，各种方法都有自己的特点，可应用于不同的场景。常用方法如下。

1）使用剪贴板复制文件、文件夹。

这是最主要的方法。操作步骤如下：

① 在资源管理器内选取要复制的文件、文件夹。

② 执行下面的操作之一，将选定内容送上剪贴板。

◆ 选择"编辑"→"复制"命令。

◆ 右击欲复制的文件、文件夹，从弹出的快捷菜单中选择"复制"命令。

◆ 单击工具栏上的"复制"按钮。

◆ 按快捷键 Ctrl+C。

③ 打开要存放文件、文件夹的目标驱动器或文件夹。

④ 执行下面的操作之一，将剪贴板上的内容粘贴到指定位置（注意：可多次执行）。

◆ 选择"编辑"→"粘贴"命令。

◆ 在目的位置的空白处右击，从弹出的快捷菜单中选择"粘贴"命令。

◆ 单击工具栏上的"粘贴"按钮。

◆ 按快捷键 Ctrl+V。

2）用拖放来复制文件、文件夹。

① 左键拖放法。

用左键拖放复制文件、文件夹的步骤如下。

◆ 打开要复制的文件、文件夹所在的文件夹窗口。

◆ 在文件夹窗口选择要复制的文件或文件夹。

◆ 在资源管理器左侧的文件夹区域使拖放的目的文件夹可见，或者在新的窗口中打开目的文件夹。

◆ 若复制文件或文件夹到另一驱动器的文件夹中，则直接用左键拖动选定的文件或文件夹图标，到目的文件夹的图标或目的文件夹的空白处，释放鼠标左键即可；若复制文件或文件夹到同一驱动器的不同文件夹中，则拖动过程中需按住 Ctrl 键。

② 右键拖放法。用右键拖放复制文件、文件夹的步骤与左键拖放法是相似的，直接用右键拖放后，在出现的快捷菜单中选择"复制到当前位置"命令便可。

③ 发送法。若复制文件或文件夹到特殊的文件夹中，还可以从文件菜单或快捷菜单中选择"发送到"命令，再从其下一级菜单中选择相应命令，例如"3.5 软盘"。

（2）移动文件或文件夹

1）使用剪贴板移动文件、文件夹。

这是最主要的方法。操作步骤如下：

① 在资源管理器内，选择要移动的文件、文件夹。

② 执行下面的操作之一，将选定内容送上剪切板。

◆ 选择"编辑"→"剪切"命令。

◆ 右击欲移动的文件、文件夹，从弹出的快捷菜单中选择"剪切"命令。

◆ 单击工具栏上的"剪切"按钮。

◆ 按快捷键 Ctrl+X。

③ 打开要存放文件、文件夹的目标驱动器或文件夹。

④ 执行下面的操作之一，将剪贴板上的内容粘贴到指定位置（注意：只能执行一次）。

◆ 选择"编辑"→"粘贴"命令。

◆　在目的位置的空白处右击，从弹出的快捷菜单中选择"粘贴"命令。

◆　单击工具栏上的"粘贴"按钮。

◆　按快捷键 Ctrl+V。

2）用拖放来移动文件、文件夹。

用左键拖放移动文件、文件夹的步骤如下：

① 打开要移动的文件、文件夹所在的文件夹窗口。

② 在文件夹窗口选择要移动的文件或文件夹。

③ 在资源管理器左侧的文件夹区域使拖放的目的文件夹可见，或者在新的窗口中打开目的文件夹。

④ 若在同一驱动器内移动文件或文件夹，则直接拖动选定的文件或文件夹图标，到目的文件夹的图标或目的文件夹的空白处，释放鼠标左键即可；若移动文件或文件夹到另一驱动器的文件夹中，则拖动过程需按住 Shift 键。

用右键拖放移动文件、文件夹的步骤与左键拖放法是相似的，直接用右键拖放后，在出现的快捷菜单中选择"移动到当前位置"命令便可。

6. 删除文件或文件夹

当文件或文件夹不再需要时，可将其删除，以利于对文件或文件夹进行管理。

Windows 为了防止由于误删除而造成的数据丢失，提供了回收站功能，默认情况下，会将从硬盘上删除的文件或文件夹先放到回收站中而不是真的删除掉，这样必要时可以从回收站中还原被删除的文件或文件夹，被还原后的文件、文件夹就可以继续使用了。从硬盘上删除后放入回收站的文件或文件夹仍然占有存储空间，如果它们真正没有用了，可以将其从硬盘上彻底删除掉，这样可以腾出硬盘空间。

当然也可以在删除文件或文件夹时明确告诉 Windows 不要将其放在回收站中，而是真的从硬盘上删除。

（1）将要删除的文件或文件夹放到回收站

1）选定要删除的文夹或文件夹；

2）执行下面的操作之一：

① 选择"文件"→"删除"命令。

② 右击被选对象，出现快捷菜单后，选择"删除"命令。

③ 按 Delete（Del）键。

④ 在工具栏上单击"删除"按钮。

⑤ 将文件或文件夹图标直接拖放到桌面"回收站"图标（注意：这样操作不会出现"确认删除"对话框。）。

3）弹出"确认删除"对话框。

4）若确认要删除该文件或文件夹，可单击"是"按钮；若不删除该文件或文件夹，可单击"否"按钮。

从网络位置删除的项目、从可移动媒体（例如 3.5 英寸磁盘）删除的项目或超过回收站存储容量的项目将不被放到回收站中，而被彻底删除，不能还原。

（2）将要删除的文件或文件夹真的从磁盘删除

1）选定要删除的文件或文件夹。

2）执行下面的操作之一。

① 按住 Shift 键不放，然后选择"文件"→"删除"命令。

② 右击被选对象，出现快捷菜单后，按住 Shift 键不放，单击"删除"命令。

③ 按 Shift +Delete（Shift +Del）快捷键。

④ 按住 Shift 键不放，然后在工具栏上单击"删除"按钮。

⑤ 按住 Shift 键不放，然后将文件或文件夹图标直接拖放到桌面"回收站"图标。（注意：这样操作不会出现"确认删除"对话框。）

3）弹出"确认删除"对话框。

4）若确认要删除该文件或文件夹，可单击"是"按钮；若不删除该文件或文件夹，可单击"否"按钮。

7. 重命名文件或文件夹

重命名文件或文件夹就是给文件或文件夹重新命名，使其可以更符合用户的要求。给文件或文件夹起一个有意义的名字，对以后的使用和维护都会带来很大的方便。

重命名文件或文件夹的具体操作步骤如下：

1）选择要重命名的文件或文件夹。

2）执行下面的操作之一。

① 选择"文件"→"重命名"命令。

② 右击，在弹出的快捷菜单中选择"重命名"命令。

③ 单击"文件和文件夹任务"窗格中的"重命名这个文件（文件夹）"命令。

④ 在文件或文件夹名称处直接单击两次（两次单击间隔时间应稍长一些，以免使其变为双击）。

3）这时文件或文件夹的名称将处于可编辑状态（蓝色反白显示），用户可直接键入新的名称进行重命名操作。

① 不要将系统文件（如*.sys等）改名，否则可能无法启动计算机或发生执行错误。

② 新更换的文件、文件夹的名称不能与它们在同一位置的其他原已存在的文件、文件夹的名称同名。

8. 查看及修改文件或文件夹的属性

在 Windows 系统中，每一个文件和文件夹都有其自身特有的信息，包括名称、类型、位置、大小等，这些信息统称为文件的属性。在 Windows 中，可以利用下面的方法来查看和设置文件和文件夹的属性。其操作步骤如下：

1）选定要查看或修改属性的文件或文件夹。

2）在"文件"菜单或快捷菜单中选择"属性"命令，打开"属性"对话框（注：对于不同类型的文件或文件夹，其"属性"对话框中的选项卡及内容也有所不同。一般皆有"常规"选项卡)。

3）在"常规"选项卡中，显示了以下信息：文件名、类型、位置、大小、创建及修改时间、最近一次访问过的时间、属性等。

4）在"属性"选项组中可看到现有的属性，也可通过复选框修改其属性。

如果选中"隐藏"复选框，则默认情况下文件、文件夹在资源管理器或"我的电脑"中不显示出来；如果选中"只读"复选框，则删除时需要一个附加的确认，从而减小了因误操作而将文件删除的可能性。

5）在修改了属性以后，单击"应用"、"确定"按钮。

2.4 常用附件工具

Windows XP 的"附件"程序为用户提供了许多使用方便而且功能强大的工具，当要处理一些要求不是很高的工作时，可以利用附件中的工具来完成，比如使用"画图"工具可以创建和编辑图片，以及显示和编辑扫描获得的图片；使用"计算器"来进行基本的算术运算；使用"写字板"进行文本文档的创建和编辑工作。进行以上工作虽然也可以使用专门的应用软件，但是运行程序要占用大量的系统资源，而附件中的工具都是非常小的程序，运行速度比较快，这样用户可以节省很多的时间和系统资源，有效地提高工作效率。在这一节中将介绍画图、写字板等工具的使用。

2.4.1 画图

"画图"程序是一个位图编辑器，可以对各种位图格式的图画进行编辑。可以自己绘制图画，也可以对扫描的图片进行编辑修改，在编辑完成后，可以以 BMP、JPG、GIF等格式存档，还可以发送到桌面和其他文本文档中。

1. 认识"画图"界面

当要使用画图工具时，选择"开始"→"所有程序"（或者"程序"）→"附件"→"画图"命令，这时可以进入"画图"界面，如图 2.38 所示为程序默认状态。

下面简单介绍程序界面的构成。

1）标题栏：在这里标明了用户正在使用的程序和正在编辑的文件。

2）菜单栏：此区域提供了用户在操作时要用到的各种命令。

3）工具箱：包含了 16 种常用的绘图工具和一个辅助选择框，为用户提供多种选择。

4）颜料盒：它由显示多种颜色的小色块组成，可以随意改变绘图颜色。

5）状态栏：其内容随鼠标指针的移动而改变，标明了当前指针所处位置的信息。

6）绘图区：处于整个界面的中间，为用户提供画布。

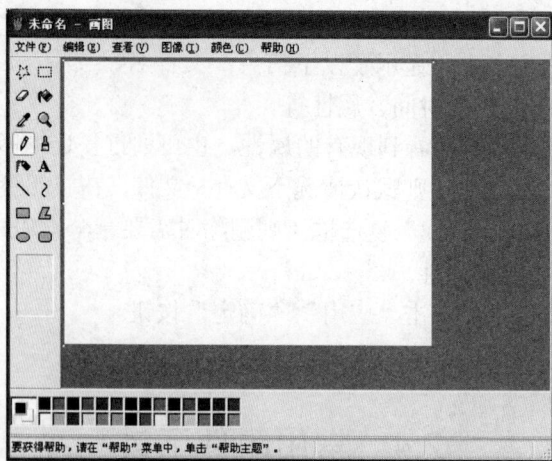

图 2.38　"画图"界面

2. 页面设置

在使用画图程序之前,首先要根据自己的实际需要进行画布的选择,也就是要进行页面设置,确定所要绘制的图画大小以及各种具体的格式。选择"文件"→"页面设置"命令,弹出如图 2.39 所示的"页面设置"对话框。

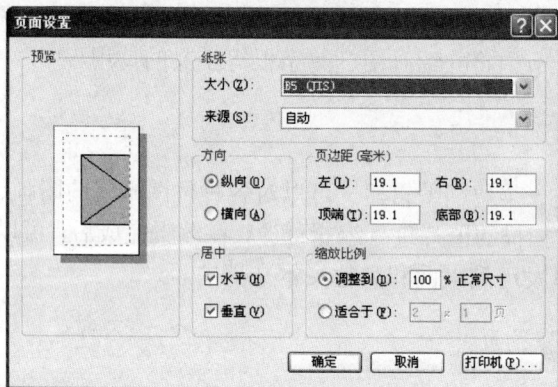

图 2.39　"页面设置"对话框

在"纸张"选项组中,可从"大小"和"来源"下拉列表中选择纸张的大小及来源,可从"方向"选项组中选择纸张的方向,还可进行页边距离及缩放比例的调整。当一切设置好之后,就可以进行绘画的工作了。

3. 使用工具箱

在"工具箱"中提供了 16 种常用的工具,每选择一种工具时,在下面的辅助选择框中可能会出现相应的信息。比如当选择"放大镜"工具时,会显示放大的比例;当选择"刷子"工具时,会出现刷子大小及显示方式的选项,用户可自行选择。

1)"裁剪"工具：利用此工具,可以对图片进行任意形状的裁切。单击此按钮,按下左键不松开，对所要进行的对象进行圈选后再松开手，此时出现虚框选区，拖动选区，即可看到效果。

2）"选定"工具 ▭：此工具用于选中对象，使用时单击此按钮，拖动鼠标左键，可以拉出一个矩形选区对所要操作的对象进行选择，可对选中范围内的对象进行复制、移动、剪切等操作。

3）"橡皮"工具 ▱：用于擦除绘图中不需要的部分。可根据要擦除的对象范围大小，来选择合适的橡皮擦，橡皮工具根据后背景而变化。当用户改变其背景色时，橡皮会转换为"绘图"工具，类似于刷子的功能。

4）"填充"工具 ：运用此工具可对一个选区内进行颜色的填充，来达到不同的表现效果。用户可以从颜料盒中进行颜色的选择。选定某种颜色后，单击改变前景色，右击改变背景色。在填充时，一定要在封闭的范围内进行，否则整个画布的颜色会发生改变，达不到预想的效果。在填充对象上单击填充前景色，右击填充背景色。

5）"取色"工具 ：此工具的功能等同于在颜料盒中进行颜色的选择。运用此工具时可单击该按钮，在要操作的对象上单击，颜料盒中的前景色随之改变；而对其右击，则背景色会发生相应的改变。当需要对两个对象进行相同颜色填充，而这时前、背景色的颜色已经调乱时，可采用此工具，能保证其颜色的绝对相同。

6）"放大镜"工具 ：当需要对某一区域进行详细观察时，可以使用放大镜进行放大。选择此按钮，绘图区会出现一个矩形选区，选择所要观察的对象，单击即可放大，再次单击回到原来的状态。可以在辅助选框中选择放大的比例。

7）"铅笔"工具 ：此工具用于不规则线条的绘制。直接选择该按钮即可使用，线条的颜色依前景色而改变，可通过改变前景色来改变线条的颜色。

8）"刷子"工具 ：使用此工具可绘制不规则的图形，使用时单击该按钮，在绘图区按下左键拖动即可绘制显示前景色的图画，按下右键拖动可绘制显示背景色的图画。可以根据需要选择不同的笔刷粗细及形状。

9）"喷枪"工具 ：使用此工具能产生喷绘的效果。选择好颜色后，单击此按钮，即可进行喷绘；在喷绘点上停留的时间越久，其浓度越大，反之，浓度越小。

10）"文字"工具 A：可采用此工具在图画中加入文字。单击此按钮，"查看"菜单中的"文字工具栏"便可以用了；执行此命令，就会弹出"字体"工具栏，在"文字"文本框内输完文字并且选择后，可以设置文字的字体、字号，给文字加粗、倾斜、加下划线，改变文字的显示方向等，如图 2.40 所示为给文字添加加粗、倾斜后的效果。

11）"直线"工具 ＼：此工具用于直线线条的绘制。先选择所需要的颜色以及在辅助选择框中选择合适的宽度，单击"直线"按钮，拖动鼠标至所需要的位置再松开，即可得到直线。在拖动的过程中同时按 Shift 键，可起到约束的作用，这样可以画出水平线、垂直线或与水平线成 45°的线条。

12）"曲线"工具 ：此工具用于曲线线条的绘制。先选择好线条的颜色及宽度，然后单击"曲线"按钮，拖动鼠标至所需要的位置再松开，然后在线条上选择一点，移动鼠标则线条会随之变化，调整至合适的弧度即可。

图 2.40　文字工具

13) "矩形"工具▭、"椭圆"工具◯、"圆角矩形"工具▢：这三种工具的应用基本相同。当单击工具按钮后，在绘图区直接拖动即可拉出相应的图形。在其辅助选择框中有三种选项，包括以前景色为边框的图形、以前景色为边框背景色填充的图形、以前景色填充没有边框的图形，在拖动鼠标的同时按 Shift 键，可以分别得到正方形、正圆、正圆角矩形。

14) "多边形"工具◪：利用此工具可以绘制多边形。选定颜色后，单击该工具按钮，在绘图区拖动鼠标，当需要弯曲时松开手，如此反复，到最后时双击，即可得到相应的多边形。

4. 图像及颜色的编辑

利用"图像"菜单中的命令可对图像进行简单的编辑。下面来学习相关的内容。

1) 在"翻转和旋转"对话框内，有三个单选按钮：水平翻转、垂直翻转、按一定角度旋转，可以根据需要进行选择，如图 2.41 所示。

2) 在"拉伸和扭曲"对话框内，有"拉伸"和"扭曲"两个选项组，可以选择水平和垂直方向拉伸的比例和扭曲的角度，如图 2.42 所示。

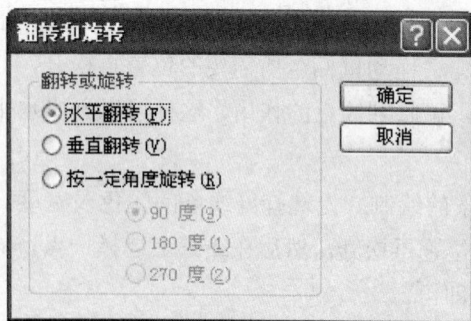

图 2.41　"翻转和旋转"对话框

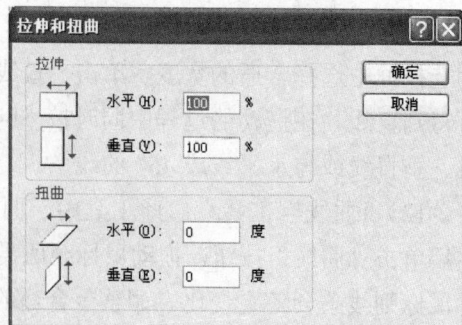

图 2.42　"拉伸和扭曲"对话框

　　3）选择"图像"下的"反色"命令，图形即可呈反色显示，图 2.43、图 2.44 是执行"反色"命令后的两幅对比图。

图 2.43　反色前

图 2.44　反色后

　　4）在"属性"对话框内，显示了保存过的文件属性，包括保存的时间、大小、分辨率以及图片的高度、宽度等，可在"单位"选项组中选择不同的单位进行查看，如图 2.45 所示。

　　生活中的颜色是多种多样的，颜料盒中提供的色彩也许远远不能满足用户的需要。"颜色"菜单为用户提供了选择的空间。选择"颜色"→"编辑颜色"命令，弹出"编辑颜色"对话框，可在"基本颜色"选项组中进行色彩的选择，也可以单击"规定自定义颜色"按钮自定义颜色然后再添加到"自定义颜色"选项组中，如图 2.46 所示。

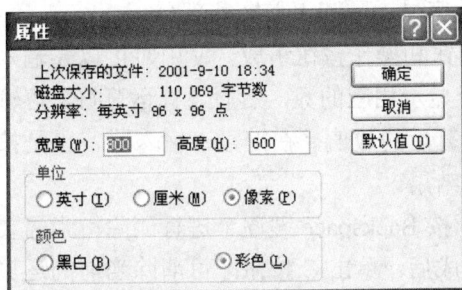

图 2.45　"属性"对话框

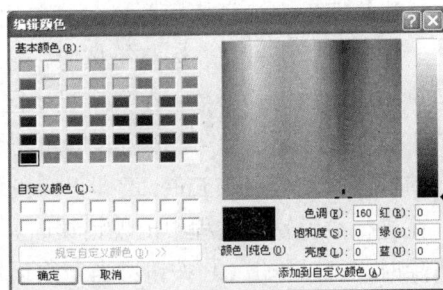

图 2.46　"编辑颜色"对话框

　　使用"文件"→"新建"命令，可以清空"画图"窗口的画图区，让用户开始画一幅新的图画。使用"文件"→"打开"命令，可以打开已有的图像文件。在"画图"中，一般使用扩展名为.bmp 的位图文件。使用"文件"→"保存"或"另存为"命令，可以保存当前的图画。画图文件可以保存为单色、16 色、256 色、24 位位图、JPEG 和 GIF。

2.4.2　记事本

　　记事本是一个纯文本文件的编辑器，可以用来查看或编辑文本（.txt）文件，或者创建网页源代码。它与写字板并无实质区别，但是其服务对象偏重于书写便条或简单的备忘录，因此其功能更加简单、容量更小。它提供的功能仅仅是写字板功能的一部分，而且每一个记事本文件的最大长度不能超过 50000 个字符或 25000 个汉字。关于记事本的一些操作几乎都和写字板一样，在这里不再过多讲述。

选择"开始"→"所有程序"→"附件"→"记事本"命令，即可打开记事本。

总的来说，记事本有运行速度快、占用空间小、小巧玲珑的优点，因此在许多场合下，记事本是一个很有用的应用程序。另外，在文本界面下编程的大多数文档，都可以用记事本打开、显示和修改，其中包括字符的删除，对象的剪切、复制和粘贴，查找文字等。

2.4.3 计算器

计算器可以帮助用户完成数据的运算。它可分为标准计算器和科学计算器两种：标准计算器可以完成日常工作中简单的算术运算；科学计算器可以完成较为复杂的科学运算，比如函数运算等。运算的结果不能直接保存，而是将结果存储在内存中，以供粘贴到别的应用程序和其他文档中。它的使用方法与日常生活中所使用的计算器一样，可以通过单击计算器上的按钮来取值，也可以通过从键盘上输入来操作。

1. 标准计算器

在处理一般的数据时，使用标准计算器就可以满足工作和生活的需要了。选择"开始"→"所有程序"→"附件"→"计算器"命令，即可打开"计算器"窗口，系统默认为标准计算器，如图 2.47 所示。

"计算器"窗口包括标题栏、菜单栏、数字显示区和工作区几部分。

工作区由数字按钮、运算符按钮、存储按钮和操作按钮组成。使用时可以先输入所要运算的算式的第一个数，在数字显示区内会显示相应的数，然后选择运算符，再输入第二个数，最后单击"="按钮，即可得到运算后的数值。在键盘上输入时，也是按照同样的方法，到最后按 Enter 键即可得到运算结果。

在进行数值输入过程中出现错误时，可以按 Backspace 键逐个进行删除；当需要全部清除时，可以单击 CE 按钮；当一次运算完成后，单击 C 按钮即可清除当前的运算结果，再次输入时可开始新的运算。

计算器的运算结果可以导入到别的应用程序中。可以选择"编辑"→"复制"命令把运算结果粘贴到别处，也可以从别的地方复制好运算算式后，选择"编辑"→"粘贴"命令，在计算器中进行运算。

2. 科学计算器

当从事非常专业的科研工作时，要经常进行较为复杂的科学运算，这时可以选择"查看"→"科学型"命令，弹出的"计算器"窗口为科学计算器，如图 2.48 所示。

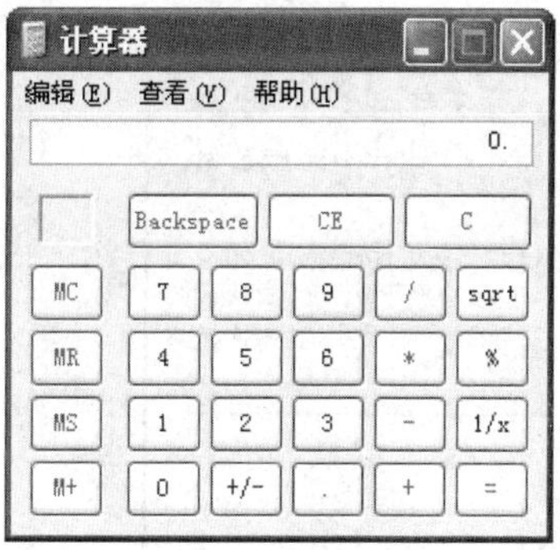

图 2.47　标准计算器

图 2.48　科学计算器

此窗口增加了数基数制选项、单位选项及一些函数运算符号。系统默认的是十进制，当改变其数制时，单位选项、数字区、运算符区的可选项将发生相应的改变。

在工作过程中，也许需要进行数制的转换，这时可以直接在数字显示区输入所要转换的数值，也可以利用运算结果进行转换，选择所需要的数制，在数字显示区会出现转换后的结果。

另外，科学计算器可以进行一些函数的运算，使用时要先确定运算的单位，在数字区输入数值，然后选择函数运算符，再单击"="按钮，即可得到结果。

2.5　控制面板与环境设置

控制面板是 Windows 的一个重要的系统文件夹，其中包含许多独立的工具或称程序项，可以用来管理用户账户，调整系统的环境参数默认值和各种属性，对设备进行设置与管理，添加新的硬件和软件等。打开控制面板的方法有以下两种。

1）选择"开始"→"控制面板"命令。

2）从"我的电脑"或资源管理器窗口中选择"控制面板"选项。

2.5.1　设置声音和音频设备

设置声音和音频设备的音频、语声、声音及硬件等可执行以下步骤。

1）选择"开始"→"控制面板"命令，打开"控制面板"窗口。

2）双击"声音和音频设备"图标，打开"声音和音频设备 属性"对话框，选择"音量"选项卡，如图 2.49 所示。

在该选项卡中，可在"设备音量"选项组中拖动滑块调整音频设备的音量。若选中"静音"复选框，则不输出声音；若选中"在任务栏通知区域放置音量图标"复选框，则在任务栏的通知区域中将出现"音量"图标 ，单击该图标可弹出音量调整框，拖动滑块可调整输出的音量。

3）选择"声音"选项卡，如图 2.50 所示。

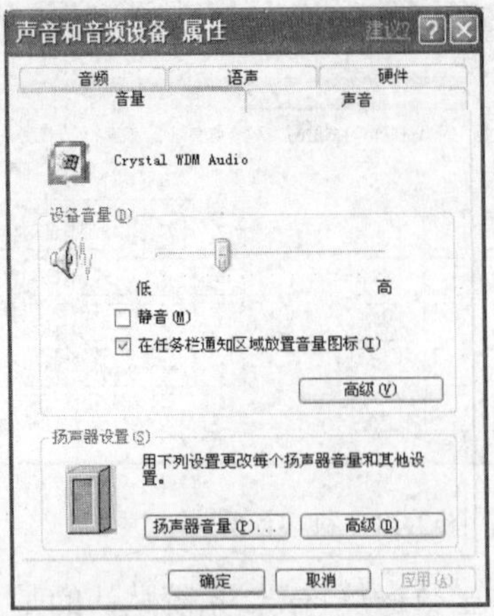

图 2.49　"音量"选项卡 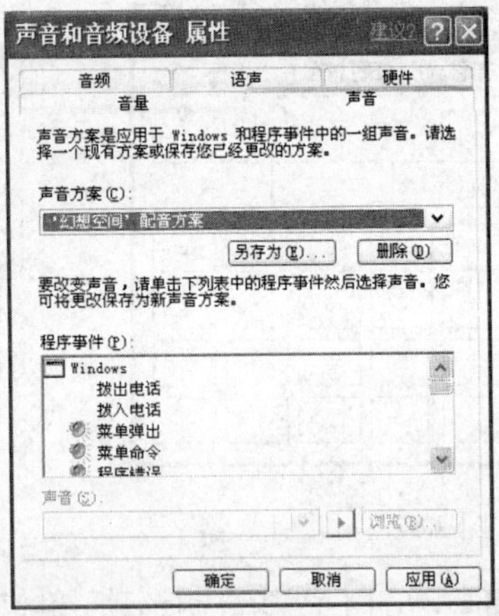　　　　　图 2.50　"声音"选项卡

"声音"选项卡，用于设置 Windows 系统和应用程序中的一组事件所发出的声音，可以选择一个现有的方案或者创建新的声音方案。

① 声音方案下拉列表中列出了系统预置的多种声音方案供用户选择，每种方案均包含一组事件以及与之相关的声音。

② 设置声音分配方案：在"程序事件"列表框中选择需要的声音文件并配置声音，再单击"另存为"按钮，即可打开"将方案存为"对话框；在"将此配音方案存为"文本框中输入名称后，单击"确定"按钮即可。如果对自己设置的配音方案不满意，可以在"声音方案"下拉列表中选定该方案，然后单击"删除"按钮，删除该方案。

③ 程序事件：列表框中显示了当前 Windows XP 中的所有声音事件。如果在声音事件的前面有一个小喇叭的标志，表示该声音事件有一个声音提示。要设置声音事件的声音提示，则在"程序事件"列表框中选择声音事件，然后从"声音"下拉列表中选择需要的声音文件作为声音提示。

如果对系统提供的声音文件不满意，可以单击"浏览"按钮，从弹出的声音文件中进行选择。

在"声音"下拉列表框的右侧有"播放声音"按钮，单击该按钮可以播放所选声音；播放声音时，此按钮更改为"停止"按钮，单击"停止"按钮则停止播放所选声音。

2.5.2　设置显示属性

安装好 Windows XP 之后，就应该设置计算机的"门面"了。通过对桌面外观、屏幕保护程序等进行设置不仅可以使"爱机"变"靓"，没准还会带给用户一个不错的心情呢！

1. 设置主题

在桌面空白处右击，从快捷菜单中选择"属性"命令，或选择"开始"→"控制面板"命令，在弹出的"控制面板"窗口中双击"显示"图标，即可打开"显示 属性"对话框。"主题"下拉列表框显示的是当前桌面主题，"示例"窗口则是对当前主题的一个预览。桌面主题通过预先定义一组图标字体、颜色、鼠标指针、声音、背景图片、屏幕保护程序以及其他窗口元素来定义桌面的整个外观。

在"主题"下拉列表中列出了 Windows XP 桌面主题方案，如果更改了预定主题，则该主题方案会用"更改"二字标明。

2. 设置桌面

安装并启动 Windows XP 后，出现在用户面前的是 Windows XP 的标准桌面（蓝天白云下的草原），可以根据自己的喜好改变桌面背景，步骤如下：

1）在桌面空白处右击，从快捷菜单中选择"属性"命令；或选择"开始"→"控制面板"命令，在弹出的"控制面板"窗口中双击"显示"图标。

2）单击"桌面"标签，切换到"桌面"选项卡；在"背景"列表框中选择系统内置的桌面背景，即可在预览窗口中查看背景图像。

3）如果不喜欢系统内置的桌面背景图像，可以选择自己喜欢的图片作为桌面背景。单击"浏览"按钮，可弹出"浏览"对话框。

4）选中合适的图片，单击"打开"按钮，即可返回"桌面"选项卡。

5）完成背景图片的选择后，可以在"位置"下拉列表中选择背景显示位置。"居中"将图像显示在屏幕的中心；"平铺"将图像重复显示在屏幕上；"拉伸"将图像拉伸以覆盖整个屏幕。

6）完成位置的选择后，可以在"颜色"下拉列表中选择背景显示颜色。从"颜色"下拉列表框中不仅可以选择用于桌面的颜色，而且可以自定义新的颜色。如果未选择背景，该颜色将覆盖整个桌面；如果选择了背景，并且在"位置"列表框中选择了"居中"，则会用该颜色填充背景周围的空间。

7）单击"确定"按钮，所做设置即可应用于桌面。

3. 设置屏幕保护

在实际使用中，若彩色屏幕的内容一直固定不变，间隔时间较长后可能会造成屏幕的损坏，因此若在一段时间内不用计算机，可设置屏幕保护程序自动启动，以动态的画面显示屏幕，以保护屏幕不受损坏。设置屏幕保护程序也可以一定程度地防止其他人"偷窥"计算机，操作步骤如下。

1）右击桌面任意空白处，在弹出的快捷菜单中选择"属性"命令；或选择"开始"→"控制面板"命令，在弹出的"控制面板"窗口中双击"显示"图标。

2）在"显示 属性"对话框中选择"屏幕保护程序"选项卡，如图 2.51 所示。

3）在"屏幕保护程序"选项组中的下拉列表中选择一种屏幕保护程序，在选项卡的显示器中即可看到该屏幕保护程序的显示效果。单击"设置"按钮，可对该屏幕保护程序进行一些设置；单击"预览"按钮，可预览该屏幕保护程序的效果，移动鼠标或操作键盘即可结束屏幕保护程序；在"等待"微调框中可输入或通过微调按钮设置，若计算机多长时间无人使用则启动该屏幕保护程序。

4）选中"密码保护"复选框，这样，指定的屏幕保护程序开始运行后，如果要恢复使用计算机时，只有输入密码才能恢复工作状态。该选项适用于保密性比较强的环境下，如果是多人共用一台计算机，最好不要选中此项。

4. 设置外观

更改显示外观就是更改桌面、消息框、活动窗口和非活动窗口等的颜色、大小、字体等。也可以根据自己的喜好设计自己的关于这些项目的颜色、大小和字体等显示方案。

更改显示外观的操作步骤如下。

1）右击桌面任意空白处，在弹出的快捷菜单中选择"属性"命令；或选择"开始"→"控制面板"命令，在弹出的"控制面板"对话框中双击"显示"图标。

2）打开"显示 属性"对话框，选择"外观"选项卡，如图 2.52 所示。

图 2.51 "屏幕保护程序"选项卡   图 2.52 "外观"选项卡

3）单击"窗口和按钮"下拉列表框，在打开的下拉列表中选择一种自己喜欢的预定外观方案，并在"色彩方案"和"字体大小"两个下拉列表框中设置屏幕外观色彩方案和字体大小。

单击"高级"按钮，将弹出"高级外观"对话框，如图 2.53 所示。

在该对话框中的"项目"下拉列表中提供了所有可进行更改设置的选项，可单击显示框中的想要更改的项目，也可以直接在"项目"下拉列表中进行选择，然后更改其大小和颜色等。若所选项目中包含字体，则"字体"下拉列表框变为可用状态，可对其进行设置。

4）设置完毕后，单击"确定"按钮回到"外观"选项卡中。

5）单击"效果"按钮，打开"效果"对话框，如图 2.54 所示。

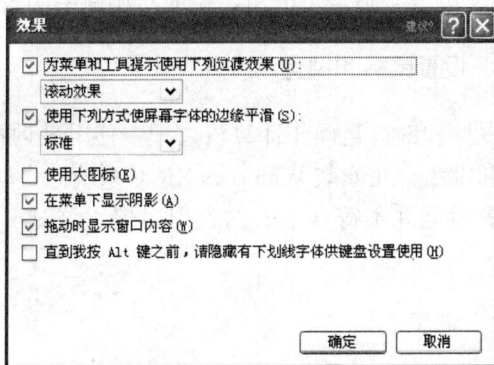

图 2.53　"高级外观"对话框　　　　　　　图 2.54　"效果"对话框

6）在该对话框中可进行显示效果的设置，单击"确定"按钮回到"外观"选项卡中。

7）单击"应用"和"确定"按钮即可应用所选设置。

5. 设置分辨率、颜色质量和刷新频率

（1）设置分辨率和颜色质量

1）在桌面空白处右击，从快捷菜单中选择"属性"命令。

2）在弹出的"显示 属性"对话框中，单击"设置"标签，切换到"设置"选项卡。

3）拖动"屏幕分辨率"的滑块，即可调整屏幕分辨率的大小。通常情况下，17 英寸显示器的分辨率应该为 1024×768，15 英寸显示器通常设为 800×600，14 英寸显示器通常可以将分辨率设为 640×480。

4）单击"颜色质量"下拉列表框，在打开的下拉列表中选择合适的颜色。

5）单击"确定"按钮，完成对屏幕分辨率和颜色质量的设置。

（2）设置刷新率

对于 CRT 显示器而言，存在着一个刷新率的问题。如果刷新率设置得过低，那么时间长了，眼睛会受到刺激，影响视力；而刷新率设置得过高，显示器将无法显示。所以应为刷新率设置一个适当的值。在作调整之前，应先参阅显示器和显卡的说明书，以确定合适的刷新率。一般来讲，显示器的刷新率为 85Hz，眼睛就会觉得没有闪烁，刷新率为 100Hz 比较合适。

由于 LCD 的设计原理与 CRT 显示器不同，所以可以认为它是"不闪烁"的，通常无须调整。

CRT 显示器刷新率调整步骤如下。

1）在"设置"选项卡中，单击"高级"按钮，弹出"即插即用监视器"对话框。

2）切换到"监视器"选项卡，从"屏幕刷新率"下拉列表选择一个合适的刷新频率。建议选中"隐藏该监视器无法显示的模式"复选框，否则"刷新频率"下面的列表将包含监视器不支持的模式，一旦选择与监视器不相称的模式可能导致严重的显示问题，并且可能损坏硬件。

3）单击"确定"按钮，完成对刷新率的设置。

2.5.3 设置鼠标和键盘

鼠标和键盘是操作计算机过程中使用最频繁的设备之一，几乎所有的操作都要用到鼠标和键盘。在安装 Windows XP 时系统已自动对鼠标和键盘进行过设置，但这种默认的设置可能并不符合个人的使用习惯，这时可以按个人的喜好对鼠标和键盘进行一些调整。

1．调整鼠标

调整鼠标的具体操作如下。

1）选择"开始"→"控制面板"命令，打开"控制面板"对话框。

2）双击"鼠标"图标，打开"鼠标 属性"对话框，选择"鼠标键"选项卡，如图 2.55 所示。

3）在"鼠标键配置"选项组中，系统默认左边的键为主要键，若选中"切换主要和次要的按钮"复选框，则设置右边的键为主要键；在"双击速度"选项组中拖动滑块可调整鼠标的双击速度，双击旁边的文件夹可检验设置的速度；在"单击锁定"选项组中，若选中"启用单击锁定"复选框，则可以在移动项目时不用一直按着鼠标键就可实现。

4）选择"指针"选项卡，如图 2.56 所示。

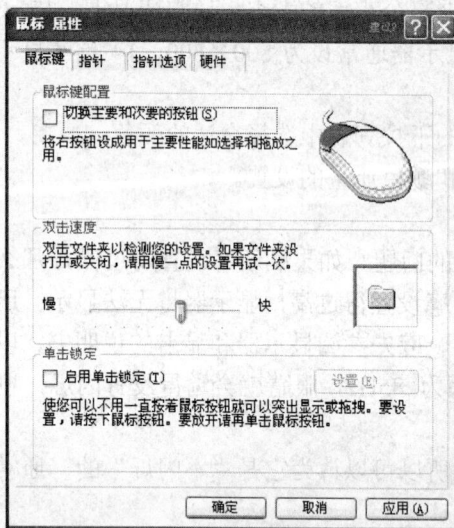

图 2.55　"鼠标键"选项卡　　　　　　　图 2.56　"指针"选项卡

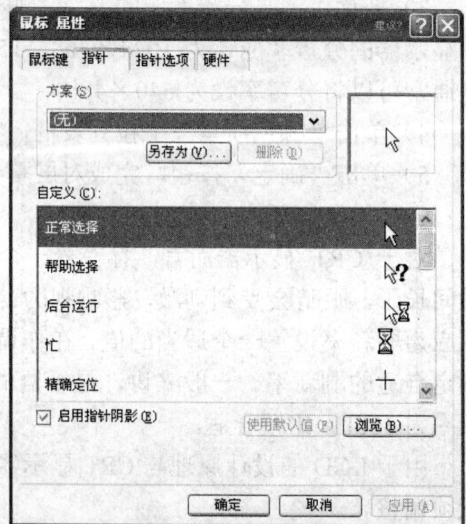

在该选项卡中，"方案"下拉列表中提供了多种鼠标指针的显示方案，可以选择一种喜欢的鼠标指针方案；在"自定义"列表框中显示了该方案中鼠标指针在各种状态下显示的样式，若对某种样式不满意，可选中它，单击"浏览"按钮，打开"浏览"对话框，如图 2.57 所示。

在该对话框中选择一种喜欢的鼠标指针样式，在预览框中可看到具体的样式；单击"打开"按钮，即可将所选样式应用到所选鼠标指针方案中。如果希望鼠标指针带阴影，可选中"启用指针阴影"复选框。

5）选择"指针选项"选项卡，如图 2.58 所示。

图 2.57　"浏览"对话框

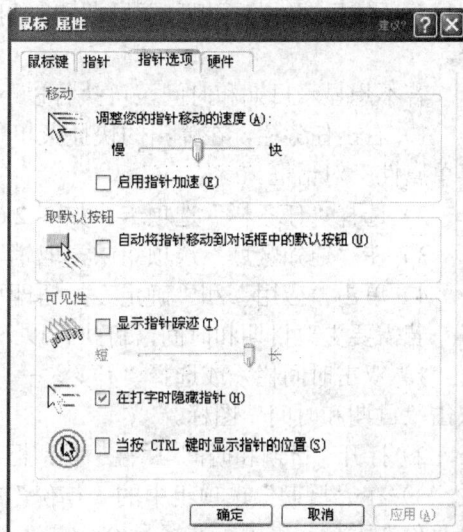

图 2.58　"指针选项"选项卡

在该选项卡中，在"移动"选项组中可拖动滑块调整鼠标指针的移动速度；在"取默认按钮"选项组中，选中"自动将指针移动到对话框中的默认按钮"复选框，则在打开对话框时，鼠标指针会自动放在默认按钮上；在"可见性"选项组中，若选中"显示指针踪迹"复选框，则在移动鼠标指针时会显示指针的移动轨迹，拖动滑块可调整轨迹的长短，若选中"在打字时隐藏指针"复选框，则在输入文字时将隐藏鼠标指针，若选中"当按 Ctrl 键时显示指针的位置"复选框，则按 Ctrl 键时会以同心圆的方式显示指针的位置。

6）设置完毕后，单击"确定"按钮即可。

2. 调整键盘

调整键盘的操作步骤如下。

1）选择"开始"→"控制面板"命令，打开"控制面板"对话框。

2）双击"键盘"图标，打开"键盘 属性"对话框。

3）选择"速度"选项卡，如图 2.59 所示。

4）在"字符重复"选项组中，拖动"重复延迟"滑块，可调整在键盘上按住一个键需要多长时间才开始重复输入该键，拖动"重复率"滑块，可调整输入重复字符的速率；在"光标闪烁频率"选项组中，拖动滑块，可调整光标的闪烁频率。

图 2.59　"速度"选项卡

5）单击"应用"按钮，即可应用所选设置。设置完毕后，单击"确定"按钮即可。

2.5.4 设置日期和时间

在任务栏的右端显示有系统提供的时间和星期，将鼠标指针指向时间栏稍有停顿即会显示系统日期。若不想显示日期和时间，或需要更改日期和时间可按以下步骤进行操作。

若不想显示日期和时间，可执行以下操作。

1）右击任务栏，在弹出的快捷菜单中选择"属性"命令，打开"任务栏和「开始」菜单属性"对话框。

2）选择"任务栏"选项卡，如图 2.60 所示。

3）在"通知区域"选项组中，取消选中"显示时钟"复选框。

4）单击"应用"和"确定"按钮即可。

若需要更改日期和时间，可执行以下步骤。

1）双击时间栏，或选择"开始"→"控制面板"命令，打开"控制面板"对话框，双击"日期和时间"图标。

2）打开"日期和时间 属性"对话框，选择"时间和日期"选项卡，如图 2.61 所示。

3）在"日期"选项组中的"年份"微调框中可单击微调按钮调节准确的年份，在"月份"下拉列表中可选择月份，在"日期"列表框中可选择日期和星期；在"时间"选项组中的"时间"微调框中可输入或调节准确的时间。

4）更改完毕后，单击"应用"和"确定"按钮即可。

图 2.60　"任务栏"选项卡　　　　　图 2.61　"时间和日期"选项卡

2.5.5 添加和删除程序

在 Windows XP 中，要想使用一个应用程序，除了某些不需要安装的"绿色"软件之外，必须事先进行安装，同样，如果不想使用某个应用软件了，也需要将其删除。安装和删除并不是简单地复制和删除应用程序的文件，必须按照特定的方法进行操作。

1. 添加新程序

一个新的应用程序一般必须安装到 Windows XP 中才能够使用，但是，很多应用程序的安装并不是简单地将应用程序复制到硬盘中，而是需要在安装的过程中进行一系列的设置，并注册，才能正常使用。

那么，应当如何将一个新的应用程序安装到操作系统中呢？就目前来说，安装应用程序的主要方法基本上有以下两种：相当一部分的商品化软件都配置了自动安装程序，只要将光盘放入光驱，系统会自动运行其安装程序，接下来只要按照提示操作就可以了；共享软件及某些工具软件，安装程序名称通常为 Setup.exe 或者 Install.exe（当然，也有一些例外），只要运行安装程序，接下来按照提示操作就可以了。

对于大部分共享软件、商业软件来说，安装应用程序时，系统都会要求用户作如下设置。

1）输入软件序列号：为了防止盗版，所有正版商品化软件都会在用户购买软件时提供一个软件序列号，必须输入该序列号才能正常安装或使用该软件。

2）选择安装方式：安装方式通常有三种，即完全安装、典型安装和自定义安装。各种安装方式的含义如下所示。

完全安装：安装软件的所有子程序和相关数据库。

典型安装：只安装一些常用的子程序和部分数据库。

自定义安装：用户可以自己定义安装哪些子程序和数据库。

3）选择安装路径：对于大部分软件，在安装时都可以选择安装软件的文件夹。缺省情况下，绝大部分软件被安装到 C:\Program Files 文件夹中。如果软件比较庞大，而系统所在硬盘的容量又太小，则可以将软件安装到其他硬盘。

4）选择是否在"开始"菜单中，建立运行、维护软件的快捷方式（即程序组），以及是否在"桌面"、"快速启动栏"中产生运行软件的快捷方式。

2. 删除程序

当某个程序不再使用时，可以把它从 Windows 中删除，以节省磁盘空间。在 Windows XP 中，卸载应用程序不仅要删除应用程序包含的所有文件，还要删除系统注册表中该应用程序的注册信息，以及该程序在"开始"菜单中的快捷方式。

通常情况下，在 Windows XP 中卸载应用程序的方法有两种：一是使用应用程序自身提供的卸载程序，二是使用 Windows XP 提供的"添加或删除程序"功能。

应用程序自带的卸载程序一般为 Uninstall.exe 或者 Remove×××（应用程序名），只需要单击它即可。一些软件会在"开始"菜单中建立卸载程序的快捷方式，快捷方式的名称中通常含有类似卸载的文字。通过快捷方式卸载会更加方便快捷。

对于某些不具备卸载程序的应用程序，要想将其彻底卸载，可以使用 Windows XP 自带的"添加或删除程序"，具体操作步骤如下。

1）选择"开始"→"控制面板"→"添加或删除程序"命令，打开如图2.62所示的"添加或删除程序"对话框。窗口右边列出了当前已经安装的应用程序，选中任一程序时都将显示该程序的大小、使用频率、上次使用时间等，可以把此信息作为删除程序的依据，删除一些不用的程序。

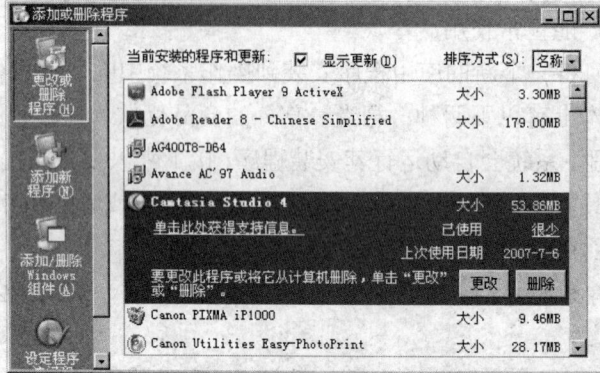

图2.62　"添加或删除程序"对话框

2）选中欲删除的程序，然后单击"删除"按钮，将弹出对话框。

3）单击"是"按钮，将启动删除进程；删除完毕之后将显示"提示信息"对话框，提示相关组件已经删除完毕。

4）单击"确定"按钮，完成删除程序。

删除不同的程序的过程可能略有不同，不过并无实质区别，希望大家灵活运用。

3．添加和删除Windows组件

在Windows XP中，系统会自动安装许多组件，像MSN Explorer、Internet信息服务、网络服务等组件，其中许多组件对一般用户来说用处不大。为了节省磁盘空间，可以把它们卸载，卸载步骤如下：

1）选择"开始"→"控制面板"→"添加或删除程序"→"添加/删除Windows组件"命令，即可打开"Windows组件向导"对话框。

2）在"组件"列表框中，列出了Windows XP中所安装的组件，取消选中不需要的组件，然后单击"下一步"按钮，"Windows组件向导"便开始对用户所选的组件进行配置更改。

3）等所有的更改完毕，即可显示"完成Windows组件向导"对话框。单击"完成"按钮，关闭"Windows组件向导"对话框，就完成了对已安装组件的卸载。

添加组件的操作方法与卸载组件类似，只要在"组件"列表框中选中想要安装的组件即可。

2.5.6　用户管理

用户是计算机的操作者，对计算机操作的所有指令都是由用户下达的，因此用户管理是计算机管理不可或缺的一部分。用户账户定义了该用户可以在 Windows 中执行的操作权限。

1. 添加新用户

向计算机添加新用户时，意味着允许新用户有权访问计算机上的文件和程序，应谨慎从事。添加新用户的步骤如下。

1）以管理员或 Administrators 组成员身份登录计算机，然后在"控制面板"中双击"用户账户"选项，即可打开"用户账户"对话框。

2）在"挑选一项任务"下，单击"创建一个新账户"链接，即可显示"为新账户起名"对话框。账户名就是出现在欢迎屏幕和"开始"菜单中的名称，不能包含/、[]、"、:、;、 | 、<、>、+、=、,、? 、*等字符，且不能超过 20 个字符（因版本的不同账户名的长度也有所不同），建议用户名的长度在 3~15 个字符之间。

3）键入用户名称，单击"下一步"按钮，显示"挑选一个账户类型"对话框。账户类型有两种：计算机管理员和受限用户。计算机管理员级别的用户拥有全部的管理权限，可以创建、更改和删除账户，可以进行系统范围的更改，安装程序并访问所有文件；受限用户可以更改或删除自己的密码，查看自己创建的文档，在共享文件夹中查看文件。用户的权限越大，可能对计算机造成的破坏也越大，因此应该慎重选择账户类型，但是如果需要安装程序，则必须选择"计算机管理员"。

注意 ZHU YI　　第一个添加到计算机中的账户必须是计算机管理员。

4）单击"创建账户"按钮，新的用户账户即可创建成功。

2. 修改用户密码

如果说用户账户是通向计算机的一扇门的话，那么用户密码无疑就是打开这扇门的钥匙，用户密码不仅能够保护计算机的重要数据不被窃取，而且一定程度上保证了计算机的安全。

（1）创建用户密码

1）以管理员或 Administrators 组成员身份登录计算机，然后在"控制面板"中单击"用户账户"选项，即可打开"用户账户"对话框。

2）在"或挑一个账户做更改"下，单击一个账户（欲创建密码的账户名称），即可显示"您想更改某某账户的什么？"对话框。在该对话框下，不仅可以为账户创建密码，还可以对该账户执行如下操作：更改名称、更改图片、更改账户类型、删除账户。

3）单击"创建密码"链接，即可显示"为某某的账户创建一个密码"对话框。Windows XP 支持最大密码长度为 127 个字符，不过，如果网络中存在 Windows 95/98 等操作系统的话，则密码长度不应超过 14 个字符，否则将无法登录到安装 Windows 95/98 操作系统的计算机上。而且随着密码破解工具的不断完善，密码可能已成为计算机安全中最薄弱的环节，因此笔者建议密码的长度不应少于 7 个字符，而且使用随机的大小写字母和数字的组合。

4）单击"创建密码"按钮，即可返回"你想更改某某的账户的什么？"对话框。至此，用户密码创建成功。

（2）修改用户密码

只有在为用户账户创建密码的前提下，才可以修改其用户密码。细心的读者可能会发现：为用户创建密码之后，在"你想更改 TYJ 账户的什么？"对话框中多出了一项"修改密码"的内容。单击此链接，按照提示即可修改用户密码。

3. 启用或禁用 Guest 用户

在 Windows XP 安装之后，会缺省创建两个用户账户，即 Administrator（系统管理员）和 Guest（来宾账户）。所有在本地计算机没有被创建账户的用户访问本地资源时都将使用 Guest 账户，该账户一般是没有密码的。如果想使得共享资源可以被任何用户使用，可以激活内置的 Guest 账户，步骤如下。

1）右击"我的电脑"，然后从快捷菜单中选择"管理"命令，即可弹出"计算机管理"窗口。

2）选择"系统工具"→"本地用户和组"→"用户"，即可显示"用户"窗口。

3）右击 Guest，并从快捷菜单中选择"属性"命令，即可显示"Guest 属性"对话框。从该对话框可以看出，缺省情况下 Guest 账户是被禁止的。

4）取消选中"账户已停用"复选项。

5）单击"确定"按钮，Guest 账户即被启用，退出"计算机管理"，完成启用 Guest 账户的设置。

启用 Guest 账户后，最大的好处是不需要为每一个访问本地计算机的用户设置账户和密码了。这种方法比较适合于用户不确定、访问量比较大的局域网。但是安全性并不能得到保证。如果嫌启用 Guest 账户后安全性低，则可禁用 Guest 账户，步骤如下：

1）以管理员或 Administrators 组成员身份登录计算机，然后在"控制面板"中双击"用户账户"选项，即可打开"用户账户"对话框。

2）在"或挑一个账户做更改"下，单击 Guest 账户，即可显示"您想更改来宾账户的什么？"对话框。

3）单击"禁用来宾账户"链接，即可禁用来宾账户。

如果启用来宾账户，没有账户的人可以用来宾账户登录到此计算机，受密码保护的文件、文件夹不能被来宾用户访问。以上启用和禁用来宾账户的操作分别使用了两种方法，读者可以在实际使用的过程中根据实际情况选择适合的方式。

本章小结

WindowsXP 是 Microsoft 公司推出的一种新型操作系统，是当今 PC 上使用最广泛、最便捷的操作系统。本章的重点内容包括：WindowsXP 桌面的基本元素及其操作，使用资源管理器和"我的电脑"管理计算机的文件和磁盘资源，合理进行 WindowsXP 的系统配置，WindowsXP 应用程序的管理及如何获取帮助。操作系统实质是管理计算机所有软硬件资源的系统软件。本章难点集中在如何管理 PC 的软硬件资源，具体表现在如何灵活使用资源管理器和"控制面板"。同时，WindowsXP 既是支撑应用软件的平台，又是典型的图形用户界面。许多应用软件具有和 WindowsXP 统一的操作界面，典型的如 Office 2000。掌握 WindowsXP 对将来学习其他应用软件具有深远的意义。加强上机操作是达到熟练掌握 WindowsXP 的必经途径。

思考与练习

一、填空题

1．正常退出 Windows XP 并关闭计算机，应首先保存在所有应用程序中处理的工作，退出这些程序，再从_____菜单中选择_____命令，再从弹出的对话框选择_____。

2．寻求 Windows 帮助的方法之一是，从"开始"菜单中选择_____；在对话框中获得帮助，可利用_____。

3．Windows 中应用程序窗口标题栏中显示的内容有_____。

4．在 Windows 中，欲整体移动一个窗口，可以利用鼠标_____。

5．单击在前台运行的应用程序窗口的"最小化"按钮，这个应用程序在任务栏仍有_____，这个程序_____（停止/没有停止）运行。

6．在 Windows 的菜单命令中：显示暗淡的命令表示_____；命令名后有符号"…"表示_____；命令名前有符号"√"表示_____；命令名后有顶点向右的实心三角符号，表示_____；命令名的右边若还有另一组合键，这种组合键称为_____，其作用是_____。

7．设某菜单栏中含有"编辑（E）"菜单，则按_____键可展开其下拉菜单，在下拉菜单中含有"复制（C）"项，则按_____键相当于用鼠标选择该命令。

8．在 Windows 中为提供信息或要求用户提供信息而临时出现的窗口称为_____。在这个窗口中，选择命令名后带省略号（…）的命令按钮后，将_____。

9．在资源管理器中，用鼠标法复制右窗口中的一个文件，到另一个驱动器中，要_____这个文件，然后拖动其图标到_____，释放鼠标按键；在同一驱动器中复制文件则拖动过程需按住_____键。

10．在资源管理器窗口中，为了使具有系统和隐藏属性的文件或文件夹不显示出来，首先应进行的操作是选择_____菜单中的"文件夹选项"命令。

二、单选题

1．Windows 中，可以打开"开始"菜单的组合键是____。
   A．Alt+Esc   B．Tab+Esc
   C．Ctrl+Esc   D．Shift+Esc

2．Windows 中，右击"开始"按钮，弹出的快捷菜单中有____。
   A．"新建"命令   B．"关闭"命令

　　C．"搜索"命令　　　　　　　　　D．"替换"命令

3．Windows 中，选择"开始"→"设置"→____命令，可用其中的项目进行设备管理或添加/删除程序。

　　A．控制面板　　　　　　　　　　B．文件夹选项

　　C．活动桌面　　　　　　　　　　D．任务栏

4．Windows 中，关于对话框不正确的描述是____。

　　A．对话框没有最大化按钮　　　　B．对话框没有最小化按钮

　　C．对话框不能改变形状大小　　　D．对话框不能移动

5．Windows 的附件中，有程序项____，供用户绘制图形；有程序项____，供用户编辑纯文本文件。

　　A．写字板　　　　　　　　　　　B．记事本

　　C．画图　　　　　　　　　　　　D．映象

6．Windows 中，通过"鼠标 属性"对话框，不能调整鼠标器的____。

　　A．单击速度　　　　　　　　　　B．双击速度

　　C．移动速度　　　　　　　　　　D．指针轨迹

7．在 Windows"显示 属性"对话框中，用于调整显示器分辨率功能的选项卡是____。

　　A．背景　　　　　　　　　　　　B．效果

　　C．外观　　　　　　　　　　　　D．设置

8．Windows 中，按 PrintScreen 键，则使整个桌面内容____。

　　A．打印到打印纸上　　　　　　　B．打印到指定文件

　　C．复制到指定文件　　　　　　　D．复制到剪贴板

9．使用____组合键可在不同的运行着的应用程序之间直接切换。

　　A．Alt+Tab　　　　　　　　　　B．Ctrl+Esc

　　C．Alt+Esc　　　　　　　　　　D．Ctrl+Tab

10．Windows 中，下列关于关闭窗口的叙述，错误的是____。

　　A．用窗口控制菜单中的"关闭"命令可关闭窗口

　　B．关闭应用程序窗口，将导致其对应的应用程序运行结束

　　C．关闭应用程序窗口，则任务栏上其对应的任务按钮将从凹变凸

　　D．按 Alt+F4 组合键，可关闭应用程序窗口

11．下面有关 Windows 应用程序窗口标题栏的描述中，不正确的是____。

　　A．通过操作标题栏可以改变当前应用程序窗口的位置和大小

　　B．标题栏中显示当前应用程序的名称以及正在处理的文档名称

　　C．处于活动状态的应用程序窗口，其标题栏的颜色是蓝色

　　D．标题栏中不包含窗口控制菜单

12．下面有关 Windows 菜单的描述中，不正确的是____。

　　A．显示灰白的命令或按钮，表示对应的命令不可操作

　　B．如果命令名后有"…"符号，表示单击该命令后会产生一个对话框

　　C．如果命令名前有"●"符号，表示该命令所在的命令组中，只能任选一个

D. 如果命令名前有"√"符号,表示该命令所在的命令组中,只能任选一个

13. 在 Windows 中,错误的新建文件夹的操作是____。

A. 在资源管理器窗口中,选择"文件"→"新建"→"文件夹"命令

B. 在"记事本"程序窗口中,选择"文件"→"新建"命令

C. 右击资源管理器的"文件夹内容"窗口的任意空白处,选择快捷菜单中的"新建"→"文件夹"命令

D. 在"我的电脑"的某驱动器或用户文件夹窗口中,选择"文件"→"新建"→"文件夹"命令

14. 在资源管理器中,单击文件夹左边的"+"符号,将____。

A. 在左窗口中展开该文件夹

B. 在左窗口中显示该文件夹中的子文件夹和文件

C. 在右窗口中显示该文件夹中的子文件夹

D. 在右窗口中显示该文件夹中的子文件夹和文件

15. 在资源管理器的左窗口中,单击文件夹,将____。

A. 在左窗口中展开该文件夹

B. 在左窗口中显示该文件夹中的子文件夹和文件

C. 在右窗口中显示该文件夹中的子文件夹

D. 在右窗口中显示该文件夹中的子文件夹和文件

16. 在资源管理器中,某个文件夹左边的"+"符号,表示____。

A. 该文件夹含有隐藏文件   B. 该文件夹含有子文件夹

C. 该文件夹含有系统文件   D. 该文件夹为空

17. 在"我的电脑"各级文件夹窗口中,如果需要选择多个不连续排列的文件,正确的操作是____。

A. 按 Alt 键+单击要选定的文件对象

B. 按 Ctrl 键+单击要选定的文件对象

C. 按 Shift 键+单击要选定的文件对象

D. 按 Ctrl 键+双击要选定的文件对象

18. 下列操作中,____直接删除文件而不把被删除文件送入回收站。

A. 选定文件后,按 Del 键

B. 选定文件后,按 Shift 键,再按 Del 键

C. 选定文件后,按 Shift+Del 键

D. 选定文件后,按 Ctrl+Del 键

19. 在资源管理器中,如果发生误操作,将某文件或文件夹删除,那么可以____。

A. 在回收站中对此文件执行"还原"命令。

B. 从回收站中将此文件拖回原位置

C. 在资源管理器中执行"撤销"命令

　　D．用以上三种方法

20．在"我的电脑"或资源管理器的右窗口中，若要按名称、类型、大小或日期排列内容可使用____。

　　A．"编辑"菜单　　　　　　　B．"窗口"菜单

　　C．"查看"菜单　　　　　　　D．"文件"菜单

21．Windows 中利用"查找"窗口不能按____。

　　A．文件中所包含的文字查找　B．文件属性查找

　　C．文件所属类型查找　　　　D．文件创建日期查找

22．在 Windows 中，在同一驱动器的不同文件夹间拖动某一对象，结果是____。

　　A．移动该对象　　　　　　　B．删除该对象

　　C．复制该对象　　　　　　　D．无任何结果

23．在 Windows 中，为了防止他人修改某一文件，应设置该文件属性为____。

　　A．存档　　　　　　　　　　B．只读

　　C．隐藏　　　　　　　　　　D．系统

24．非法的 Windows 文件夹名是____。

　　A．x+y　　　　　　　　　　B．X*Y

　　C．x—y　　　　　　　　　　D．x÷Y

25．下列哪一种方式表示第三个字母为 A 的所有文件？____。

　　A．??A*.*　　　　　　　　　B．*A.*

　　C．??A.*　　　　　　　　　D．*A*.*

三、判断题

1．启动一个应用程序的方法有多种，常用的一种方法是单击图标，再从其快捷菜单上选择"打开"命令。（　　）

2．删除了一个应用程序的快捷方式就删除了相应的应用程序文件。（　　）

3．在资源管理器中，将一个文件图标直接拖放到另一个驱动器图标上，则将这个文件移动到另一个磁盘上。（　　）

4．所有运行中的应用程序，在任务栏的活动任务区都有一个对应的按钮。（　　）

5．Windows XP 的特点是图形界面、即插即用和多任务。（　　）

6．Windows XP 从软件归类看，属于系统软件。（　　）

7．右击某对象可迅速获得快捷菜单。（　　）

8．在 Windows XP 中，所有删除掉的文件及文件夹将不予保留。（　　）

9．在英文及各种中文输入法之间进行切换，使用 Ctrl＋Shift 键与单击任务栏上的"输入法指示器"的操作是等价的。（　　）

10．"附件"菜单中的计算器有两种基本类型：标准计算器和科学计算器。（　　）

上机实验

实验一　Windows XP 基本操作

1. 实验目的

1）掌握鼠标的基本操作。
2）了解 Windows XP 的桌面组成。
3）掌握窗口的基本操作、掌握菜单操作方法。

2. 实验步骤

（1）鼠标的基本操作练习
1）手握鼠标，不要太紧，就像把手放在自己的膝盖上一样，使鼠标的后半部分恰好在掌下，食指和中指分别轻放在左右按键上，拇指和无名指轻夹两侧。
2）移动鼠标使桌面上的鼠标指针对准某一个对象，如桌面上的"我的电脑"图标。
3）快速按下并松开鼠标左键，"我的电脑"图标颜色变深，表明该图标已经被选中。
4）重新移动鼠标指针指向"我的电脑"图标，快速、连续按下并松开鼠标左键两次，就激活并打开了"我的电脑"窗口。
5）重新移动鼠标指针指向"我的电脑"图标，按住鼠标左键不放，然后在桌面上拖动，将鼠标指针移到目标位置，松开鼠标左键。
6）在桌面空白区域，快速按下并松开鼠标右键，这时会出现一个快捷菜单。
（2）窗口的基本操作
1）双击"我的电脑"图标，将显示"我的电脑"窗口。
2）关闭窗口的 5 种操作练习：单击窗口标题栏最右部的"关闭"按钮；选择"文件"→"关闭"命令；双击窗口标题栏最左端的控制菜单按钮；单击控制菜单按钮，选择"关闭"命令；同时按下 Alt+F4 键。
3）单击窗口标题栏上的"最小化"按钮，窗口会缩小成图标，排列在桌面的任务栏中。
4）单击标题栏上的"最大化"按钮，窗口会铺满整个桌面区域。
5）单击最大化后的窗口标题栏上的"恢复"按钮，可以使窗口恢复原状。
6）将鼠标指针指向窗口边框和四个角，鼠标指针会变成不同的形状（ $\updownarrow$ $\leftrightarrow$ $\nwarrow$ $\nearrow$ ），这时候拖动鼠标可以改变窗口的大小。
7）将鼠标指针移到窗口的标题上，按下鼠标左键并拖动窗口到一个新位置，松开鼠标即可。
（3）菜单操作
1）"文件"菜单。双击打开 "我的电脑"窗口，进行以下操作。
① 先用鼠标选定"本地磁盘（C:）"，然后选择"文件"→"打开"命令，就打开了该磁盘，这时候窗口中显示的就是该磁盘中的文件和文件夹。

② 将鼠标指针移到"文件"→"新建"命令上，会打开一个新的级联菜单，选择其中的"文件夹"命令，就可以在当前窗口所示的文件夹下面创建一个新的文件夹，这时候该文件夹的名字"新建文件夹"处于可编辑状态，可以修改它以重新命名该文件夹。

③ 先选定某个文件（夹），然后选择"文件"→"新建"→"快捷方式"命令，就为选定的文件（夹）创建了快捷方式；可以将此快捷方式拖到桌面上，这样就可以从桌面上方便快捷地打开原选定的文件（夹）。

④ 先选定某个文件（夹），然后选择"文件"→"删除"命令，会弹出"确认文件删除"对话框；单击对话框中的"是"按钮，系统将把选中的文件（夹）删除并放入回收站。

⑤ 先选定某个文件（夹），然后选择"文件"→"重命名"命令，则被选中的文件（夹）的名字部分就会处于可编辑状态，颜色变深，这时可以输入新的名称，然后按Enter 键，则重命名被确认。

⑥ 先选定某个文件（夹），然后选择"文件"→"属性"命令，会弹出"属性"对话框，可以查看该文件（夹）的属性信息，如文件的位置、大小、占用空间和创建时间等。

⑦ 选择"文件"→"关闭"命令，会关闭本窗口。

2)"编辑"菜单。

① 先选定某个文件（夹），然后选择"编辑"→"剪切"命令；打开"文件"菜单，在当前窗口中新建一个文件夹，双击该新建文件夹，窗口中将显示该文件夹内的内容（当前为空），然后选择"编辑"→"粘贴"命令，刚才选中的文件（夹）将被移动到此处；单击工具栏中的"后退"按钮，回到上一层目录窗口，刚才选中的文件（夹）已经没有了。

② 先选定某个文件（夹），然后选择"编辑"→"复制"命令；打开"文件"菜单，在当前窗口中新建一个文件夹，双击该新建文件夹，窗口中将显示该文件夹内的内容（当前为空），然后选择"编辑"→"粘贴"命令，刚才选中的文件（夹）将被复制到此处；单击工具栏中的"后退"按钮，回到上一层目录窗口，刚才选中的文件（夹）依然存在。

③ 先选定某个文件（夹），然后选择"编辑"→"复制到文件夹"命令，就会弹出"复制项目"对话框；在对话框的工作区选择"我的文档"，然后单击"复制"按钮后，该选中的文件（夹）就被复制到了"我的文档"中；在桌面上双击"我的文档"图标，在"我的文档"窗口中观察刚才选中的文件已经被复制到了此处。

④ 先选定某个文件（夹），然后选择"编辑"→"移动到文件夹"命令，就会弹出"移动项目"对话框；在对话框的工作区选择"我的文档"，然后单击"移动"按钮后，该选中的文件（夹）就被移动到了"我的文档"中；在桌面上双击"我的文档"图标，在"我的文档"窗口中观察，刚才选中的文件已经被移动到了此处；返回刚才的窗口，观察刚才被移动的文件（夹）已经没有了。

⑤ 选择"编辑"→"全部选定"命令，则整个窗口中的文件和文件夹都会被选中。

⑥ 先选定某个文件（夹），然后选择"编辑"→"反向选择"命令，则整个窗口中的文件和文件夹除了刚才选中的文件（夹）以外都会被选中。

3）"查看"菜单。

① 单击"查看"菜单，在"工具栏"的级联菜单中如果可以看到"标准按钮"和"地址栏"两项前有"√"标记，单击"标准按钮"，窗口上的工具栏将不显示；重新单击"工具栏"，可以看到级联菜单中的"标准按钮"前已经没有"√"标记，这时单击"标准按钮"，窗口上会重新显示工具栏。

② 如果"查看"菜单中"状态栏"一项前有"√"标记，若单击"状态栏"，窗口底部的状态栏将不显示。

③ 如果窗口工作区的文件（夹）显示方式为"缩略图"（"查看"菜单中"缩略图"命令前有"●"标记），分别单击"平铺"、"图标"、"列表"和"详细信息"等选项，窗口中的文件将呈现不同的显示方式。

④ 单击"查看"菜单，在"排列图标"命令下有："名称"、"类型"、"大小"、"自动排列"，分别单击这些选项，观察窗口工作区中文件的不同排列方式；其中"自动排列"是系统自动重新排列文件或文件夹图标。

⑤ 首先选择"缩略图"或"平铺"、"图标"显示方式，不选择"自动排列"一项，用鼠标可以在窗口中拖动文件图标到任意位置，然后选择"查看"→"对齐到网格"命令，窗口中的图标可以对齐并不以行列矩阵显示。

4）"工具"菜单。

① 选择"工具"→"文件夹选项"命令，将打开"文件夹选项"对话框。该对话框有 4 个选项卡："常规"、"查看"、"文件类型"和"脱机文件"。"常规"选项卡是用来设置 Windows XP 的桌面和窗口风格；"查看"选项卡用来设置显示或隐藏某些文件；"文件类型"选项卡用于设置或修改文件类型及其标识、操作等。

② 选择"查看"选项卡，选中"显示所有文件和文件夹"复选框，然后取消选中"隐藏已知文件类型的扩展名"复选框，则当前窗口中如果有隐藏文件将被显示出来，并且所有文件的扩展名将被显示出来，例如 Word 文档的扩展名为.doc。

实验二　文件系统管理

1. 实验目的

1）理解文件和文件夹的概念及文件系统的组织方式。
2）掌握 Windows XP 的资源浏览方法。
3）掌握文件或文件夹的命名。
4）掌握文件或文件夹的复制和删除方法。
5）掌握文件夹和文件属性的查看与设置方法。
6）掌握快捷方式的创建方法。

2. 实验步骤

（1）Windows XP 的资源浏览
1）用"我的电脑"浏览资源。
① 双击桌面上的"我的电脑"图标。

② 双击 C：图标即可打开另外一个窗口，窗口中显示了 C 驱动器中所有的文件和文件夹。

③ 双击不同的图标，可以查看不同的文件夹的内容或文件的信息。

2）用资源管理器浏览资源。

① 用以下几种方法来启动资源管理器。

选择"开始"→"程序"→"Windows 资源管理器"选项。

右击"开始"按钮，在弹出的快捷菜单中，选择"资源管理器"命令。

右击"我的电脑"图标，在弹出的快捷菜单中选择"资源管理器"命令。

② 在窗口左侧的目录树中，单击其中某个对象旁边的加号（+），就展开了这个文件夹并显示其子文件夹；这时刚才单击过的加号（+）已经自动变成了减号（-），单击这减号，刚打开的文件夹又重新收缩；单击目录树中某个对象或文件夹，在右侧窗口中就显示左侧指定的磁盘或文件夹包含的内容。

（2）文件或文件夹的命名

重命名文件（夹）。在文件夹中选定某个文件或文件夹，按以下四种不同方法重命名。

① 单击要重命名的文件或文件夹图标后，选择"文件"→"重命名"命令，其名称域就会出现插入光标，此时输入新的文件名，按 Enter 键即可。

② 单击要重命名的文件或文件夹将其选定，然后按 F2 键，即可对其名称进行编辑。

③ 右击要重命名的文件或文件夹，然后从弹出的快捷菜单中选择"重命名"命令，进行编辑修改即可。

④ 右击要重命名的文件或文件夹，然后从弹出的快捷菜单中选择"属性"命令，在弹出的"属性"对话框的"常规"选项卡中的文本框中可以重新输入文件或文件夹的名称。

（3）文件或文件夹的复制、移动和删除

1）"拖放法"复制、移动。

① 把文件复制到同一盘符下的其他文件夹中，应该按住 Ctrl 键，然后用鼠标选中该文件，按下左键不放，移动到目标文件夹图标上。

② 当图标变颜色后，松开左键，文件就被复制到了目标文件夹中。

注意
ZHU YI
若不按下 Ctrl 键，直接拖动时，执行的将是移动操作。它们的区别显示为：当复制时（拖放时按下 Ctrl 键），鼠标指针的箭头尾部带"+"号；而移动时不带。

③ 在不同目录下复制或移动文件：直接拖动文件，执行的是复制操作，这时鼠标光标的箭头尾部带"+"号。

④ 若在不同盘符间执行移动操作，先按住 Shift 键，然后拖动该文件图标到目标文件夹图标上，然后松开鼠标按键，这时可以看到鼠标指针的箭头尾部不显示"+"号。

2）"菜单法"复制、移动。即用"编辑"→"剪切"、"复制"、"粘贴"命令来复制或移动文件或文件夹，见实验一中的菜单操作。

3）键盘快捷键复制、移动。

① 选定文件或文件夹，同时按 Ctrl+C 键。

② 打开想要把文件复制到的目的文件夹。

③ 按 Ctrl+V 键，这时就执行了复制操作。

④ 若执行移动操作，首先按 Ctrl+X 键，然后打开目的文件夹，再按 Ctrl+V 键。

注意 ZHU YI　　　以上菜单操作和键盘快捷键操作也可以交叉使用。

4）文件或文件夹的删除。

① 先选定要删除的文件或文件夹，执行以下任一种操作可以完成删除操作。

按下 Delete 键，弹出"确认文件删除"对话框，单击"是"按钮。

选择"文件"→"删除"命令，在"确认文件删除"对话框中单击"是"按钮。

右击要删除的文件或文件夹，从弹出的快捷菜单中选择"删除"命令；在"确认文件删除"对话框中单击"是"按钮。

按住鼠标左键，把要删除的文件或文件夹拖放到回收站中。

注意 ZHU YI　　　①不做特殊设置的情况下，以上 4 种操作都把要删除的文件暂时放到了回收站中，这意味着被删除的文件还可以恢复。这样做的目的是为了防止不小心删除了重要文件而不能恢复。等确定该被删除文件确实没有保留的必要时，可以打开回收站彻底删除该文件。②若在删除操作前就已经确定该文件或文件夹确实没有保留的必要，可以同时按下 Shift+Delete 键，这时系统不做提示直接删除该文件，并且无法再恢复，所以使用这种操作时要慎重。

② 恢复删除的文件或文件夹。

删除一个文件或文件夹后，如果尚未执行其他操作，恢复的方法是：选择"编辑"→"撤销删除"命令，就可以恢复刚删除的文件或文件夹。

如果删除后做了其他操作，可以从回收站中恢复该文件或文件夹：双击桌面上的"回收站"图标，打开"回收站"窗口，从中选定要恢复的文件或文件夹，选择"文件"→"还原"命令，或单击窗口左侧的"还原此项目"链接，或右击该文件或文件夹图标，从弹出的快捷菜单中选择"还原"命令，完成删除文件的恢复。

（4）查看并设置文件夹的属性

1）右击要查看的文件夹。

2）在弹出的快捷菜单中选择"属性"命令就可以弹出该文件夹的属性对话框。

3）选中"常规"选项卡中的"属性"选项组中的"隐藏"复选框，然后单击"确定"按钮，就会弹出"确认属性更改"对话框。该对话框上有两个单选按钮，分别决定该属性修改操作只应用于这个文件夹或这个更改应用于这个文件夹下面的所以文件和子文件夹。做出选择，然后单击"确定"按钮，该属性更改就被确认。

（5）创建快捷方式

1）右击文件、文件夹等对象，在弹出的快捷菜单中选择"创建快捷方式"命令（或者选择"文件"→"创建快捷方式"命令），就可创建出所选对象的快捷方式，再用"剪切"和"粘贴"命令将其放到桌面上，或直接拖放至桌面。

2）如果要在桌面上创建快捷方式，步骤如下。

① 右击桌面的空白部分，在弹出的快捷菜单中选择"新建"命令，在其级联菜单中选择"快捷方式"命令，将弹出"创建快捷方式"对话框。

② 在对话框的命令行中直接输入要创建的程序等对象的完整路径，或单击"浏览"按钮，找到该文件等对象，单击"打开"按钮，该文件的完整路径就出现在命令行中；单击"下一步"按钮，输入快捷方式的名称，单击"完成"按钮即可在桌面上显示出相应的快捷方式。

3）右击要创建快捷方式的文件（夹），然后在弹出的快捷菜单中选择"发送到"→"桌面快捷方式"命令，系统会自动在桌面创建指定文件（夹）的快捷方式。

实验三　控制面板的使用

1. 实验目的

1）掌握通过控制面板进行系统配置的方法。
2）掌握通过控制面板进行软件安装的方法。

2. 实验步骤

（1）启动控制面板
1）选择"开始"→"设置"→"控制面板"选项。
2）启动资源管理器，在资源管理器窗口中选择"控制面板"即可。

（2）设置鼠标属性
1）双击"控制面板"窗口中的"鼠标"图标，弹出"鼠标 属性"对话框。
2）在"鼠标键配置"选项组中，可设置右手习惯（默认）或左手习惯。
3）拖动双击速度滚动块，可设置双击速度。
4）在"指针"选项卡中，可设置指针形状。

（3）显示属性设置
1）双击"控制面板"窗口中的"显示"图标（或在桌面空白处右击，在弹出的快捷菜单中选择"属性"命令），弹出"显示 属性"对话框。
2）选择"桌面"选项卡，按提示操作可以为屏幕选择一个图片作为背景。
3）选择"屏幕保护程序"选项卡，可以设置一个屏幕保护程序，也可以通过这种方法加密码保护，这样当你暂时离开电脑一段时间时，别人如果不强行启动电脑，就不能使用你的电脑了。
4）利用"外观"和"效果" 选项卡，可以设置一个更为个性化的外观界面。
5）选择"设置"选项卡，可以设置桌面的分辨率、颜色质量。利用其中的"高级"选项，可以进行更专业的调整，如设置"监视器"的"刷新频率"为 85Hz。

（4）设置日期/时间

1）按照以下两种方法打开"日期和时间 属性"对话框：双击桌面任务栏中最右侧时间图标，会弹出"日期和时间 属性"对话框；双击"控制面板"中的"日期和时间"图标，打开"日期和时间 属性"对话框。

2）在对话框中修改目前系统日期和时间，在"时区"选项卡中修改时区信息。

（5）添加/删除 Windows 程序

1）在控制面板中双击"添加或删除程序"图标，弹出"添加或删除程序"对话框，其中显示"目前安装的程序"列表，单击某一个程序名称可进行更改或删除。

2）单击"添加新程序"，再单击 "CD 或软盘"按钮，系统会弹出安装提示，把有程序安装文件的磁盘或光盘放入驱动器，按提示完成安装。

3）单击"添加/删除 Windows 组件"，弹出"Windows 组件向导"对话框；选择以后，单击"下一步"按钮将提示完成后续安装任务。

第 3 章

汉字输入法

学习目标

- ◆ 了解汉字输入法的分类
- ◆ 懂得拼音输入法、微软拼音输入法、智能 ABC 输入法的应用
- ◆ 熟练掌握五笔字型输入法

内容摘要

- ◆ 汉字输入法的发展
- ◆ 汉字输入法的分类
- ◆ 全拼输入法
- ◆ 微软拼音输入法
- ◆ 智能 ABC 输入法
- ◆ 五笔字型输入法

　　好的输入法不仅仅是个人使用方便的问题，最主要的是能降低用户时间成本，提高工作效率，带来无法估量的社会效益和经济效益。

　　本章主要介绍全拼输入法、微软拼音输入法、智能 ABC 输入法、五笔字型输入法这几种常见输入汉字的方法。

3.1　汉字输入法概述

　　计算机不仅可以应用于数值运算，而且在一些非数值应用领域，诸如情报信息的传输管理、文件资料的储存录检、报刊图书的排版印刷、办公事务的自动处理等方面，也发挥着越来越重要的作用。所以在我国推广计算机应用的前提下，首先必须解决汉字文字信息处理的问题。

3.1.1　汉字输入法的发展概况

　　利用计算机输入汉字始终是汉字电脑化的瓶颈，多年以来许多中外计算机工作者、汉语工作者致力于此项艰辛工作。早在 20 世纪 60 年代，美国 IBM 公司动员上百位计算机工作者、汉语工作者耗资上千万美元从事此项工作，费时数载，收效甚微。他们得出结论是："Or die out Chinese Words，Or die out computer"（"或者消灭汉字，或者消灭计算机"）。照他们看来汉字和计算机并不兼容。

　　在计算机工作者的艰苦努力下，终于解决了计算机的汉字输入的困难，并取得了突破性的进展。提出的汉字输入方法有五百多种，但在机器上实现并商品化的也不过几十种。

　　虽然汉字输入技术从无到有，由少到多，由粗到精，编码方案层出不穷，但是一些输入技术还远远不能被广大的人民群众所使用，还处于关键时期。到目前为止还没找到一个能让所有人满意的方案。人们都希望输入法具有如下几个特点。

　　1）编码规则要简易明确，易学易记，便于熟练掌握。

　　2）编码容量要大，至少覆盖 GB2312—80 基本集中全部汉字，且容易扩充。

　　3）编码要有唯一性，重码率要低，并且有简便的区分重码的方法。

　　4）避免编码方法的二义性，同一个汉字只能产生一个确定的编码。

　　5）尽可能使用标准字符键盘作为汉字输入的设备，键位的分布要合理。

　　6）平均每个汉字的输入击键次数要少，尽量缩短编码长度，以提高编码效率。

　　7）不同的汉字编码若是等长码，则有利于增加输入操作的规律性。

　　8）输入速度要快。

3.1.2　汉字输入法的分类

　　电脑使用者要将汉字输入到电脑，就要使用汉字输入法。目前，汉字输入方法可分为两大类：键盘输入法和非键盘输入法。

1. 键盘输入法

键盘输入法，就是利用键盘根据一定的编码规则来输入汉字的一种方法。英文字母只有 26 个，它们对应着键盘上的 26 个字母，所以，对于英文而言是不存在什么输入法的。汉字有几万个，它们和键盘是没有任何对应关系的，但为了向电脑中输入汉字，必须将汉字拆成更小的部件，并将这些部件与键盘上的键产生某种联系，才能使我们按照某种规律输入汉字，这就是汉字编码。

作为一种图形文字，汉字是由字的音、形、义来共同表达的，汉字输入的编码方法，基本上都是采用将音、形、义与特定的键相联系，再根据不同汉字进行组合来完成汉字的输入的。键盘输入法种类繁多，而且新的输入法不断涌现，各种输入法各有其特点和优势。随着各种输入法版本的更新，其功能越来越强。目前的中文输入法有以下几类。

（1）对应码（流水码）

这种输入方法以各种编码表作为输入依据，因为每个汉字只有一个编码，所以重码率几乎为零，效率高，可以高速盲打，但缺点是需要的记忆量极大，而且没什么规律可言。

常见的流水码有区位码、电报码、内码等，一个编码对应一个汉字。这种方法适用于某些专业人员，比如电报员、通信员等。但在电脑中输入汉字时，这类输入法已经基本淘汰，只是作为一种辅助输入法，主要用于输入某些特殊符号。

（2）音码

这类输入法，是按照拼音规定来进行汉字输入的，不需要特殊记忆，符合人的思维习惯，只要会拼音就可以输入汉字。但拼音输入法也有缺点：一是同音字太多，重码率高，输入效率低；二是对用户的发音要求较高；三是难于处理不认识的生字。音码输入法有全拼双音、双拼双音、新全拼、新双拼、智能 ABC、拼音王、拼音之星、微软拼音等。

这种输入方法不适于专业的打字员，非常适合普通的电脑操作者，尤其是随着一批智能产品和优秀软件的相继问世，中文输入跨进了"以词输入为主导"的境界，重码选择已不再成为音码的主要障碍。新的拼音输入法在模糊音处理、自动造词、兼容性等方面都有很大提高，微软拼音输入、黑马智能输入等输入法还支持整句输入，使拼音输入速度大幅度提高。

（3）形码

形码是按汉字的字形（笔画、部首）来进行编码的。汉字是由许多相对独立的基本部分组成的。例如，"和"字是由"禾"和"口"组成，"李"字是由"木"和"子"组成，这里的"禾"、"口"、"木"、"子"在汉字编码中称为字根或字元。

形码是一种将字根或笔画规定为基本的输入编码，再由这些编码组合成汉字的输入方法。最常用的形码有五笔字型、表形码等。形码最大的优点是重码少，不受方言干扰，只要经过一段时间的训练，输入中文字的效率会大大提高，因而这类输入法也是目前最受欢迎的一类。现在社会上，大多数打字员都是用形码进行汉字输入，而且对普通话发音不准的南方用户很有好处，因为形码中是不涉及拼音的。但形码的缺点就是需要记忆的东西较多，长时间不用会忘掉。

（4）音形码

音形码吸取了音码和形码的优点，将二者混合使用。常见的音形码有郑码、钱码、丁码等。自然码是目前比较常用的混合码。这种输入法以音码为主，以形码作为可选辅助编码，而且其形码采用"切音"法，解决了不认识的汉字输入问题。自然码 6.0 增强版，保持了原有的优秀功能，新增加的多环境、多内码、多方案、多词库等功能，大大提高了输入速度和输入性能。这种输入法的特点是速度较快，又不需要专门培训。适合于对打字速度有些要求的非专业打字人员使用，如记者、作家等。相对于音码和形码，音形码使用的人还比较少。

（5）混合输入法

为了提高输入效率，某些汉字系统结合了一些智能化的功能，同时采用音、形、义多途径输入。还有很多智能输入法把拼音输入法和某种形码输入法结合起来，使一种输入法中包含多种输入方法。

以万能五笔为例，它包含五笔、拼音、中译英、英译中等多种输入法。全部输入法只在一个输入法窗口里，不需要来回切换。你如果会拼音，就打拼音；会英语就打英语；如果不会拼音不会英语，还可以打笔画；还有拼音＋笔画，为用户考虑得很周到。随着网络的发展，很多输入法既可以输入简体字，又可以输入繁体字，适应性更强了。新的输入法还提供扩充 GBK 汉字库和 GBK 难字查询功能，便于难检字的输入。

2. 非键盘输入法

无论多好的键盘输入法，都需要使用者经过一段时间的练习才可能达到基本要求的速度，至少用户的指法必须很熟练才行，对于非专业电脑使用者来说，多少会有些困难。所以，现在有许多人想另辟蹊径，不通过键盘而通过其他途径，省却这个练习过程，让所有的人都能轻易地输入汉字。我们把这些输入法统称为非键盘输入法，其特点就是使用简单，但都需要特殊设备。

非键盘输入方式无非是手写、听、听写、读听写等方式。但由于组合不同、品牌不同，形成了林林总总的产品：手写笔、语音识别、手写加语音识别、手写语音识别加 OCR 扫描阅读器。

（1）手写输入法

手写输入法是一种笔式环境下的手写中文识别输入法，符合中国人用笔写字的习惯。只要在手写板上按平常的习惯写字，电脑就能将其识别显示出来。

手写输入法需要配套的硬件手写板，在配套的手写板上用笔（可以是任何类型的硬笔）来书写录入汉字，不仅方便、快捷，而且错字率也比较低。通过鼠标指针在指定区域内也可以写出字来，只是鼠标操作要求非常熟练。手写笔种类最多，有汉王笔、紫光笔、慧笔、文通笔、蒙恬笔、如意笔、中国超级笔等。

（2）语音输入法

语音输入法，顾名思义，是将声音通过话筒转换成文字的一种输入方法。语音识别以 IBM 推出的 Via Voice 为代表，国内则推出 Dutty++语音识别系统、天信语音识别系统等。以 IBM 语音输入法为例，虽然使用起来很方便，但错字率仍然比较高，特别是对一些未经训练的专业名词以及生僻字。

语音输入法在硬件方面要求电脑必须配备能进行正常录音的声卡，然后调试好麦克风，就可以对着麦克风用普通话语音进行文字录入。如果普通话不标准，你只要用它提供的语音训练程序，进行一段时间的训练，让它熟悉你的口音，也同样可以通过讲话来实现文字输入。

（3）OCR 简介

OCR 即光学字符识别技术，它要求首先把要输入的文稿通过扫描仪转化为图形才能识别，所以，扫描仪是必需的，而且原稿的印刷质量越高，识别的准确率就越高。一般最好是印刷体的文字，比如图书、杂志等。如果原稿的纸张较薄，那么有可能在扫描时纸张背面的图形、文字也透射过来，干扰识别效果。OCR 软件种类比较多，常用的比如清华 OCR，在系统对图形进行识别后，系统会把不能肯定的字符标记出来，让用户自行修改。

OCR 技术解决的是手写或印刷的重新输入的问题，它必须得配备一台扫描仪，而一般市面上的扫描仪基本都附带了 OCR 软件。

（4）混合输入法

手写加语音识别的输入法有汉王听写、蒙恬听写王系统等，慧笔、紫光笔等也添加了这种功能。微软拼音输入法 2.0，除了可以用键盘输入外，也支持鼠标手写输入，使用起来也很灵活。

在汉字输入界有句俗话，要想快，学五笔；要想易，学拼音。指的是五笔字型输入法打字速度快，但需要背字根，难学也易忘；拼音输入法学起来比较简单，但是速度比较慢，遇到不认识的字无法输入。

总之，无论哪种输入法，都有其优点和缺点，键盘输入、语音输入、手写输入也各有各的优缺点。但相对来说，键盘输入技术比较成熟，目前的发展方向是多环境、多内码和智能化语句输入。手写识别输入技术处于中期阶段，目前已经解决了连笔问题，还要进一步解决好词组的问题。语音输入技术还在初级阶段，因为其特殊性，除要求有相对安静的环境外，即使将来技术再提高很多，也需要对文字中所出现的人名、地名及偏僻字进行描述，因此，最终也只能作为辅助输入手段，要想完成工作必须配合手写或键盘输入。

3.2　各种常用的汉字输入法

3.2.1　全拼输入法

在 Windows 2000/XP 中按 Ctrl+空格键，屏幕下方会出现一个小小的提示条，提示现在已经是汉字输入状态了，如图 3.1 所示，如果再按 Ctrl+Shift 键，就可以切换输入法。选择输入法为全拼，如图 3.2 所示。

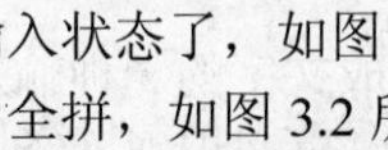

图 3.1　输入状态条 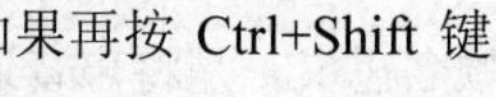　　　　图 3.2　全拼输入法的状态条

使用全拼双音汉字输入法，既可以输入单个汉字，也可以输入双字词汇。Windows 内置的全拼输入法完全符合《汉语拼音方案》规范。全拼输入法不但支持 GB2312 字符集的汉字及词语输入，而且支持汉字扩展内码规范 GBK 中规定的全部汉字。

1. 输入单个汉字

要输入单字，就需要输入该字拼音的全部字母。比如输入"成"字，那么就输入 cheng，提示条旁的汉字列表中出现了拼音是 cheng 的汉字，如图 3.3 所示。

按一下数字键 1，"成"就输入了。

2. 输入双字词汇

例如输入"丰收"这个双字词汇，可以连续输入拼音码 fengshou，提示条旁边会出现一个单词选择列表，如图 3.4 所示。

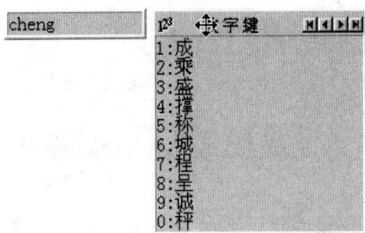

图 3.3　输入单字　　　　　　　　　　　图 3.4　输入词汇

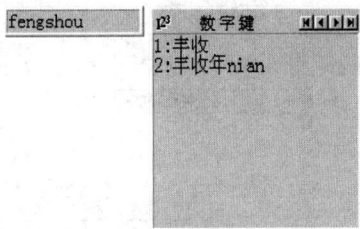

直接按空格键即可输入"丰收"这个词。

3.2.2　微软拼音输入法

微软拼音输入法是微软公司和哈尔滨工业大学联合开发的智能化拼音输入法，是一种以语句输入为特征的第三代输入法，许多对输入速度要求不太高，并且熟悉拼音的用户非常欢迎它。以前的 1.0 版和 1.5 版分别集成于 Windows 95 和 Windows 98 上，2.0 版也集成在 Office 2000 中。我们以微软拼音输入法 2003 为教学素材来学习。

1. 安装

微软拼音输入法 2003 采用了安装向导，使安装过程更加方便，并在向导中增加了卸载功能。可以根据向导的提示，将微软输入法设置为默认输入法。当电脑开机后，系统输入法就会由原来默认的"英语（美国）"，变为"微软拼音输入法 2003"，当运行英文软件时，再自动切换到英文输入状态。图 3.5 所示为"文字服务和输入语言"对话框，可进行相应的设置。

2. 设置

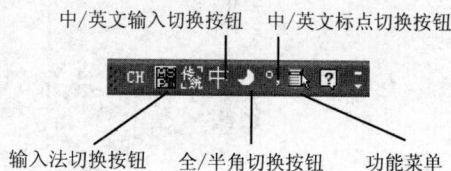

微软拼音输入法 2003 安装后状态条如图 3.6 所示。

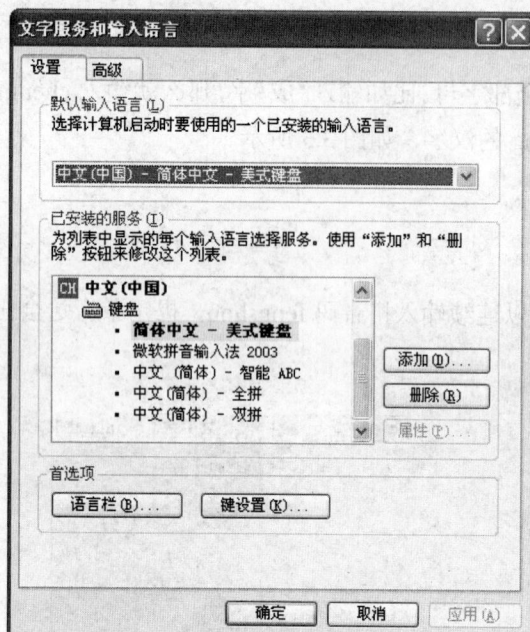

图 3.5　"文字服务和输入语言"对话框　　　　图 3.6　微软拼音输入法 2003 状态条

单击微软拼音输入法状态条上的"功能菜单"按钮，在快捷菜单中选择"输入选项"命令，打开的对话框如图 3.7 所示。

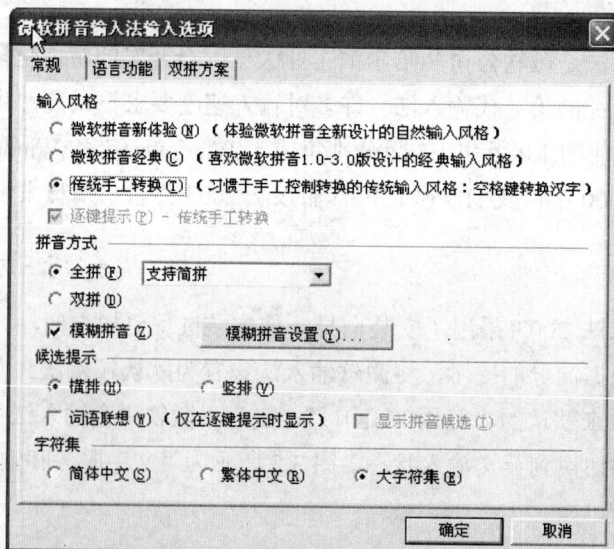

图 3.7　"微软拼音输入法选项"对话框

　　微软拼音输入法 2003 可以根据用户的习惯设置不同的输入风格，可选项有三类：微软拼音新体验、微软拼音经典、传统手工转换。拼音方式可选择全拼或双拼。微软拼音输入法 2003 可以设置"模糊拼音"的功能，口音不准确的人可选"模糊拼音"复选框，即可打开"模糊拼音设置"对话框，按自己的读音习惯对模糊拼音进行设置。

3.2.3　智能 ABC 输入法

　　智能 ABC 输入法（又称标准输入法）是 Windows 自带的一种汉字输入方法，由北京大学的朱守涛先生发明。它简单易学、快速灵活，受到广大用户的青睐。但是在日常使用中，许多用户并没有真正掌握这种输入法，而仅仅是将其作为拼音输入法的翻版来使用，使其强大的功能与便利远未能得到充分的发挥。智能 ABC 输入法 5.0 状态条如图 3.8 所示。

图 3.8　智能 ABC 输入法 5.0 状态条

　　智能 ABC 输入法具有以下特点。

　　（1）内容丰富的词库

　　智能 ABC 输入法的词库以《现代汉语词典》为蓝本，同时增加了一些新的词汇，共收集了大约 6 万词条，其中单音节词和词素占 13%；双音节词占着很大的比重，约有 66%；3 音节词占 11%；4 音节词占 9%；5～9 音节占 1%。词库不仅具有一般的词汇，也收入了一些常见的方言词语和专门术语，如国家名称、城市名称、地名、名人名字等约 2000 条，此外还有一些常用的口语和数词、序数词。

　　（2）允许输入长词或短句

　　智能 ABC 输入法允许输入 40 个字符以内的字符串。这样，在输入过程中，能输入很长的词语甚至短句，还可以使用光标移动键进行插入、删除、取消等操作。例如输入一个"我们要好好学习"短语，如图 3.9 所示。

　　（3）自动记忆功能

　　智能 ABC 输入法能够自动记忆词库中没有的新词，这些词都是标准的拼音词，可以和基本词汇库中的词条一样使用。智能 ABC 输入法允许记忆的标准拼音词最大长度为 9 个字。

　　（4）强制记忆

　　强制记忆一般用来定义那些非标准的汉语拼音词语和特殊符号。利用该功能，只需输入词条内容和编码两部分，就可以直接把新词加到用户库中。允许定义的非标准词最大长度为 15 个字，输入码最大长度为 9 个字符，最大词条容量为 400 条。

　　我们在有些时候经常要使用我国的全称"中华人民共和国"，为了能快速地输入这 7 个字可以采用强制记忆方法来完成。具体方法如下。

　　1）打开智能 ABC 输入法状态条，右击按钮 标准 ，这时弹出快捷菜单，选择"定义新词"命令，弹出"定义新词"对话框，如图 3.10 所示。

图 3.9　短语输入

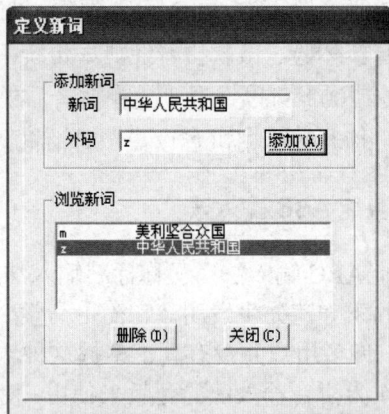

图 3.10　"定义新词"对话框

2）在"添加新词"选项组的"新词"文本框中输入"中华人民共和国"，在"外码"文本框中输入字母 Z。

3）单击"添加"按钮。

4）用强制记忆功能定义的词条，输入时应以字母 u 打头。本例中，要输入"中华人民共和国"时，只需按 uz 键即可。

3.2.4　五笔字型输入法

五笔字型汉字编码方案是采用字根拼形输入的方案，它使成千上万的汉字，只用 130 种字根像搭积木一样拼合而成。这种方法以其井然有序、易学好用、可拼合出全部汉字和词组等优点，在众多方案中独树一帜。无论多么复杂的汉字和词组，最多只需单击 4 个键，即可输入电脑，同时重码率也低于万分之二，而且可以盲打。

1.　五笔字型编码基础

五笔字型码是一种形码，它是按照汉字的字形（笔画、部首）进行编码的，在国内非常普及。下面先从几个方面介绍汉字的编码基本构成。

（1）汉字的三个层次

汉字起源于象形文字，直到后来，汉字楷化之后，才形成了笔画。由笔画交叉连接而形成的相对不变结构现通称为偏旁和部首，而在五笔字形码中把它们称为字根，就是组成汉字的最基本单位。这样，汉字可以划分为三个层次：笔画、字根、单字。五笔字型输入方法就是根据这一方案来编码的。

（2）汉字的基本笔画和书写顺序

汉字从书写形态上可分为的笔形有：点、横、竖、撇、捺、挑（提）、钩、（左右）折等八种。在五笔字型方法中，把汉字的笔画只归结为横、竖、撇、捺（点）、折五种。把"点"归结为"捺"类，是因为两者运笔方向基本一致；把挑（提）归结于"横"类；除竖能代替左钩以外，其他带转折的笔画都归结为"折"类。

汉字书写时，应按照如下规则：先左后右，先上后下，先横后竖，先撇后捺，先内后外，先中间后两边，先进门后关门等。

（3）汉字的三种字型

汉字的字型指的是字根在构成汉字时，字根之间在汉字中所处的位置关系。成千上万的方块汉字，可以分成三种类型：左右型、上下型、杂合型，并分别给以 1 型、2 型、3 型为代号来对应它们的类型。字型划分也有几点约定。

1）凡属于字根相连，一律视为杂合型。

2）凡是键面上有的字，另有单独编码方法，不必利用字型信息。

3）主要对属于散、交两类字根结合关系，要区分字型。

1 型：左右部位结构的汉字。例如：好、相、跟、谊等。虽然"谊"的右边是两个基本字根按上下型组合成的，但整字仍属于左右型。

2 型：部位结构是上下型的字。例如：华、莫、等、要、念、思等。

3 型：杂合型。包括部位结构的单字和内外型的汉字，即没有明显的上下和左右结构的汉字。例如：困、且、无、本、司、凶等。

（4）汉字的 130 个基本字根

在五笔字型编码输入方案中，经过优选后大约有 130 个部件作为组字的基本单元，并把此部件称为基本字根。按照其笔代号，并考虑到键位设计需要分别设置成五大区域，每个区域分成五个位，命名以区号区位（11~25 共 25 个代码表示）。它们均匀分布在键盘的 25 个键位上（除了 Z 键以外的 25 个字母键）。

（5）汉字字根间的结构关系

基本字根按一定的方式组成汉字，在组字时这些字根之间的位置关系可以分成四种类型，王永明把它们概括为单、散、连、交。

单：由基本字根独立组成的汉字，大约有八九十个。例如：白、马、女、火、山等。

散：构成汉字不止一个字根，且字根间保持一定距离，不相互连接。例如：朋、训、告、呈、盼等。

连：五笔字型中字根间相连并不能简单地理解为相互连接在一起，例如足、首、美、左、易等这样的字就不能简单地看成是相连。所以掌握相连关系要靠以下两种情形来定：a.单笔画与基本字根相连，如自、尺、产、且、主、入等；b.带点结构，认为相连，如勺、术、太、义、斗等。

交：指两个或两个以上的多个字根交叉套叠成的汉字。例如：农、里、必、专、果、申等。

2. 五笔字型字根的键盘布局

（1）五笔字型的字根的排列

在五笔字型编码输入法中，对选出的 130 个基本字根，按照其起笔笔画，分成五个区。以横起笔的为第一区，以竖起笔的为第二区，以撇起笔的为第三区，以捺（点）起笔的为第四区，以折起笔的为第五区。图 3.11 为五笔字型字根排列图。为了便于记忆基本字根在键盘上的位置，编写了字根口诀来帮助记忆。

1（横）区字根键位排列

11G 王旁青头戋（兼）五一 （借同音转义）

12F 土士二干十寸雨

13D 大犬三羊古石厂

14S 木丁西

15A 工戈草头右框七

2（竖）区字根键位排列

21H 目具上止卜虎皮 （"具上"指具字的上部"且"）

22J 日早两竖与虫依

23K 口与川，字根稀

24L 田甲方框四车力

25M 山由贝，下框几

3（撇）区字根键位排列

31T 禾竹一撇双人立 （"双人立"即"彳"），反文条头共三一（"条头"即"夂"）

32R 白手看头三二斤 （"三二"指键为32）

33E 月彡（衫）乃用家衣底 （"家衣底"即"豕"）

34W 人和八，三四里 （"三四"即34）

35Q 金勺缺点无尾鱼 （指"勹、鱼"）；犬旁留乂儿一点夕，氏无七（妻）

4（捺）区字根键位排列

41Y 言文方广在四一，高头一捺谁人去

42U 立辛两点六门疒

43I 水旁兴头小倒立

44O 火业头，四点米 （"火"、"业"、"灬"）

45P 之宝盖，摘礻 （示）（衣）

5（折）区字根键位排列

51N 已半巳满不出己，左框折尸心和羽

52B 子耳了也框向上 （"框向上" 指"凵"）

53V 女刀九臼山朝西 （"山朝西"为"彐"）

54C 又巴马，丢矢矣 （"矣"丢掉"矢"为"厶"）

55X 慈母无心弓和匕，幼无力 （"幼"去掉"力"为"幺"）

图 3.11　五笔字型字根排列图

从五笔字型的字根键位图可见，26 个英文字母键只用了 A～Y 共 25 个键，Z 键用于辅助学习。当对汉字的拆分一时难以确定用哪个字根时，不管它是第几个字根都可以用 Z 键来代替。借助于软件，把符合条件的汉字都显示在提示行中，再键入相应的数字，即可把相应的汉字选择到当前光标位置处。在提示行中还显示了汉字的五笔字型编码，可以作为学习编码规则之用。

（2）五笔字型输入的编码规则

精心地选择基本字根，由基本字根组成所有的汉字，然后有效地、科学地、严格地在键盘上实现汉字输入，这是输入法的基本思想。五笔字型输入法一般击 4 键完成一个汉字的输入，编码规则总表如图 3.12 所示。

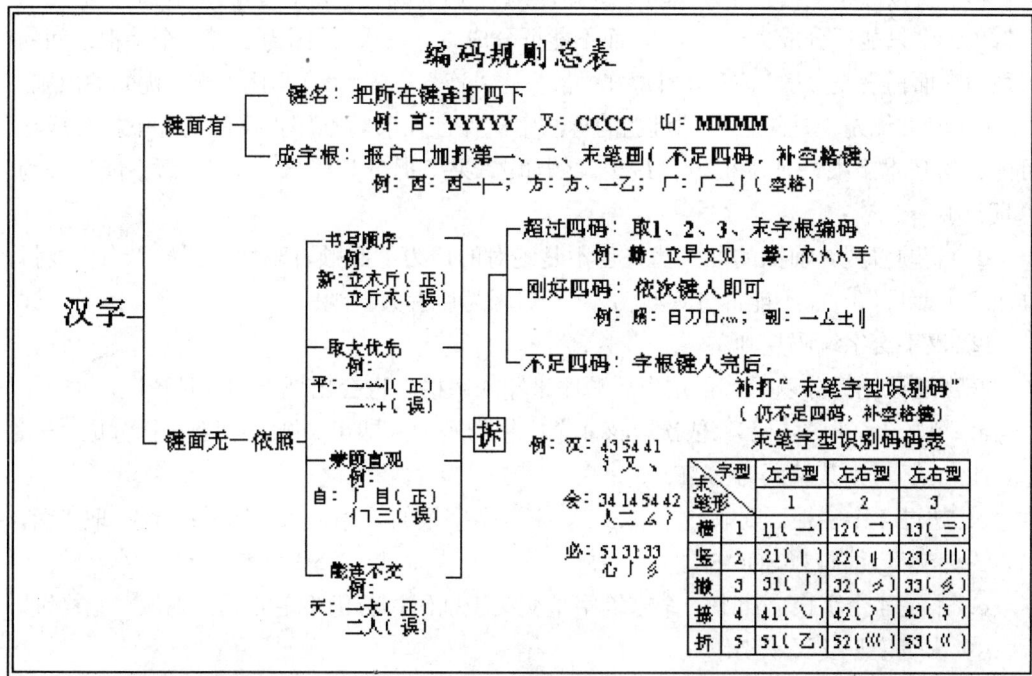

图 3.12　编码规则总表

编码规则分成两大类。

1）基本字根编码：这类汉字直接标在字根键盘上，其中包括键名汉字和一般成字字根汉字两种。

键名汉字指王、土、大、木、工、目、日、口、田、山、言、立、水、火、之、禾、白、月、人、金、子、女、又、纟共 25 个。它们采用把相应键连敲 4 次的方法输入。

一般成字字根的汉字输入采用先敲字根所在键一次（称为挂号），然后再敲该字字根的第一、第二以及最末一个单笔按键。例如：石，第一键为"石"字根所在的 D，第二键为首笔"横"G 键，第三键为次笔"撇"T 键，第四键为末笔"横"G 键。但对于用单笔画构成的字，如一、丨、丿、丶、乙等，第一、二键是相同的，规定后面增加两个英文 LL 键。这样一、丨、丿、丶、乙等的单独编码如下。

一：GGLL　　丨：HHLL　　丿：TTLL　　丶：YYLL　　乙：NNLL

2）复合汉字编码：凡是由基本字根（包括笔型字根）组合而成的汉字，都必须拆分成基本字根的一维数列，然后再依次键入计算机。例如：支要拆分成"十、又"；"戏"要拆分成："又"、"戈"等。拆分要有一定的规则，才能最大限度地保持其唯一性。

复合汉字编码拆分字的规则如下。

① 拆分字的基本规则。

a．按汉字的书写顺序拆分。例如："新"要拆分成"立、木、斤"，而不能拆分成"立、斤、木"；"想"拆分成"木、目、心"，而不是"木、心、目"等。

b．能散不连，能连不交。如果一个结构可以视为几个基本字根能按连接的关系拆分，就不要按照相交的关系去拆分。例如："干"拆分成"一、十"，而不能拆分为"二、丨"，"天"只能拆分成"一、大"，而不能拆分成"二、人"。因为后者两个字根之间的关系为交而前者是"散"。拆分时遵守"散"比"连"优先、"连"比"交"优先的原则。

c．取大优先。是指在各种可能的拆法中，保证在书写顺序正确的情况下拆分成尽可能大的基本字根，使字根数目最少。例如："果"拆分为"日、木"；而不能拆分为"旦、小"。

d．兼顾直观。前面的取大优先也不是绝对的，为了照顾直观性，例如"自"要拆分成"丿、目"；而不能拆分为"白、一"。因为后者欠直观。

② 汉字合字编码规则。

按上述原则拆分以后，再按先后顺序来输入字根。也会出现下列 3 种情况。

a．刚好 4 字根（4 码），依次取该 4 个字根的码输入即可。例如："到"拆分成"一、厶、土、刂"，则其编码为 GCFJ。

b．超过 4 个字根，则取一、二、三、末 4 个字根的编码输入。例如："酸"取"西、一、厶、夂"，编码为 SGCT。

c．不足 4 个字根，加上一个末笔字型交叉识别码；若仍不足 4 码，则加一空格键。

③ 末笔字型交叉识别码。

对于不足 4 码的汉字，例如："江"拆分成"氵、工"，只有 IA 两个码，因此要增加一个所谓末笔字型交叉识别码 G 。这里我们举个例子来说明其必需性。例如："汀"拆分成"氵、丁"，编码为 IS，"沐"拆分成"氵、木"，编码也为 IS；"酒"字拆分成"氵、西"，编码也为 IS。这是因为"木、丁、西"三个字根都是在 S 键上。就这样输入，计算机无法区分它们。这时就必须通过末笔字型交叉识别码来进一步区分这些汉字。末笔笔画只有 5 种，字型信息只有 3 类，因此末笔字型交叉识别码只有 15 种，如图 3.12 右下角所示。

从图 3.12 中可见，"汉"的交叉识别码为 Y，"字"的交叉识别码为 F，"沐、汀、酒"的交叉识别码分别为 Y、H、G。如果字根编码和末笔字型交叉识别码都一样，这些汉字称重码字。对重码字只有进行选择操作，才能获得需要的汉字。

3．提高输入速度的方法

五笔字型一般敲 4 次键就能输入一个汉字。为了提高速度，设计了简码输入和词语输入方法。

（1）简码输入

1）一级简码字（高频字码）。五笔字型中对一些常用的高频字，按一次键后再按一次空格键即能输入一个汉字。这样就得到高频字共 25 个，这些高频字即一级简码字，如图 3.13 所示。

```
一 11（G）地 12（F）在 13（D）要 14（S）工 15（A）
上 21（H）是 22（J）中 23（K）国 24（L）同 25（M）
和 31（T）的 32（R）有 33（E）人 34（W）我 35（Q）
主 41（Y）产 42（U）不 43（I）为 44（O）这 45（P）
民 51（N）了 52（B）发 53（V）以 54（C）经 55（X）
```

图 3.13 一级简码字

2）二级简码字。二级简码字的简码和全码的前两位相同，即只用前两个字根编码。最多能输入 25×25=625 个汉字。

3）三级简码字。三级简码字的字数多，一共约 4 400 个。输入三级简码也需要击键 4 次（含一个空格键）。三级简码字母与全码的前 3 个字母相同，用空格键代替了末笔字根和末笔识别码。虽敲键次数未减少，但仍有助于提高输入速度。

（2）词语输入

汉字以字作为基本单位，由字组成词。若把词作为输入的基本单位，则速度更快。五笔字型中的词和字一样，一词仍只需 4 码。用每个词中汉字的前一、二个字根组成一个新的字码，与单个汉字的代码一样，来代表一个词汇。词汇代码的取码规则如下。

1）两字词：分别取每个字的前两个字根作为编码。

例如："计算"取"言、十、竹、目"构成编码（YFIH）；"时间"取"日、寸、门、日"构成编码（JFUJ）

2）三字词：前两个字各取第一个字根，第三个字取前两个字根作为编码。

例如："操作员"取"扌、亻、口、贝"构成编码（RWKM）；"解放军"取"ク、方、冖、车"作为编码（QYPL）。

3）四字词：每字各取第一个字根作为编码。

例如："程序设计"取"禾、广、言、言"构成编码（TYYY）。

4）多字词：取一、二、三、末 4 个字的第一个字根作为编码。

例如："中华人民共和国"取"口、亻、人、口"（KWWK），"电子计算机"取"日、子、言、木"（JBYS）。

五笔字型中的字和词都是 4 码，对词汇编码而言，由于词和字的字根组合分布规律不同，它们在汉字编码空间中各占据着基本上互不相交的一部分，因此词和字的输入完全一样。

（3）重码与容错

从打字的要求来看，键位要尽量少。如果一个编码对应着几个汉字，这几个字称为重码字。在五笔字型输入法中，当输入重码字时，重码字显示在提示行中，较常用的字排在第一个位置上，并用数字指示重码字的序号，你要的是哪个字，就按相应的数字键把所需要的汉字输入。例如："嘉"和"喜"，编码都为 FKUK，因"喜"较常用，它排在第一位，"嘉"排在第二位。若需要"嘉"字则要用数字键 2 来选择。

几个编码对应一个汉字，这几个编码称为汉字的容错码。在汉字中有些字的书写顺序往往因人而异，为了能适应这种情况，允许一个字有多种输入码，这些字就称为容错字。在五笔字型编码输入方案中，容错字有 500 多种。

本章小结

要将汉字输入到计算机中，就要使用汉字输入法。目前，汉字输入法可分为两大类：键盘输入法和非键盘输入法。

拼音输入法是一个比较简单的输入方法，只需将要输入汉字的拼音字母全部打出来，按回车键即可完成一个汉字的输入，但输入效率不是很高。

微软拼音输入法是在拼音输入法的基础上发展而来的，对输入者的拼音要求有所降低，适合对拼音读写能力掌握有限的使用者。它的一个最大特点就是，能对使用频率较高的字有一定记忆，在下次输入时就能自动优先显示，方便选取。

智能 ABC 输入法是一种简单易学、快速灵活而且非常实用的输入法。在输入词语时，只需输入词语各个字的声母即可，这样极大地方便了输入者。

五笔字型输入法是这几种常用汉字输入方法中应用范围最广泛的。其最大优点是重码数量大大减少，基本达到了想打某字即出某字的理想效果。但相对而言，学习的难度也是较大的。对汉字的拆分原则、字根的分布、特别是末笔识别码的应用要着重学习。为了提高输入速度，要熟练运用简码输入和词语输入。

思考与练习

一、填空题

1. 在文字输入时要改变输入方法，要按_____和_____两个键来切换。

2. 目前的中文输入法有_____、_____、_____和_____、_____五种。

3. 常用的非键盘输入方式有_____、_____、_____。

4. 拆分汉字的基本规则是_____、_____、_____、_____。

5. 五笔字型输入法一般敲_____次键就能输入一个汉字。

二、判断题

1. 输入法的发展方向是告别键盘输入方式。　　　　　　　　　　　（　　）

2. 输入法的切换顺序是不能重新排列的。　　　　　　　　　　　（　　）

3. 在五笔字型输入法中使用了末笔字型交叉识别码后，就一定不会再有重码了。
　　　　　　　　　　　　　　　　　　　　　　　　　　　　　　（　　）

4. 凡是成字字根的汉字输入时，都只按一次键位字母后再按一次空格键即可输入。

（　　）

上机实验

实验一　全拼输入法的训练

1. 实验目的

掌握全拼输入法的输入。

2. 实验步骤

1）启动 Windows XP。
2）按 Shift+Ctrl 键切换到全拼输入法。
3）打开 Word 或写字板。
4）对下列词语和段落进行输入。

对称　不可思议 奔跑　内容　能力　势力　　金属　　私访 片刻　和谐
草案　公布　影响　技术　匀称　宇宙　心脏　束缚 拒绝　起草

五月过了，太阳增加了它的威力，树木都把各自的伞盖伸张了起来，不想再争妍斗艳的时候，有少数的树木却在这时开起了花来。石榴树是这少数树木中的最可爱的一种。石榴树有梅树的枝干，杨柳的叶片，崎岖而不干枯，清秀而不柔媚，这风度着实兼备了梅柳之长，而舍去了梅柳之短。最可爱的是它的花，那对于炎阳直射毫不逃避的深红色的花。单瓣的已够陆离，双瓣的更为华贵，那可不是夏季的心脏吗？

单那小茄子形的骨朵已经就是一种奇迹了。你看它逐渐泛红，逐渐从顶端整裂为四瓣，任你用怎样犀利的劈刀也劈不出那样。可是谁用红玛瑙琢成了那样的花瓶儿，而且还精巧地插上了花？单瓣的花虽没有双瓣者豪华，但它却更有一段奇妙的演艺，红玛瑙的花瓶儿由希腊式的安普剌变为中国式的金罍（殷、周时古味盎然的一种青铜器）。博古家所命名的各种绣彩，它都是具备着的。

实验二　微软拼音输入法的训练

1. 实验目的

掌握微软拼音输入法的输入。

2. 实验步骤

1）启动 Windows XP。
2）按 Shift+Ctrl 键切换到微软拼音输入法。
3）打开 Word 或写字板。

4）对下列词语和段落进行输入。

航天员　　发射　　询问　　观察　　长城　　感受　　物体　　捕获　　分辨率　　文物
铁　路　　尽快　　实施　　投入　　介绍　　前景　　药材　　打算　　考　证　　嫌疑

　　每个人因为爱获得了生的希望，血淋淋的雏形，开始渐渐变成一个有感情的小生命。一生啼哭赢得了所有爱他的人的笑，他开始贪婪地吮吸母亲的乳汁，接受人生中的又一次给予。爬、走、蹦、跳、跑。春、秋、冬、夏，花谢花开。他开始识字、读书、升学、离乡、工作、结婚、生子。父母无声的爱也从风雨无阻地接送、为试卷上的成绩辗转难眠、四处奔波选重点、找老师；到千里忧心为身处他乡之子而落泪；再到儿孙绕膝为家庭和睦而劳心；秒秒分分，时时刻刻。父母放不下的那块心头肉永远都是自己的儿！

实验三　智能 ABC 输入法的训练

1．实验目的

掌握智能 ABC 输入法的输入。

2．实验步骤

1）启动 Windows XP。
2）按 Shift+Ctrl 键切换到智能 ABC 输入法。
3）打开 Word 或写字板。
4）对下列词语和段落进行输入。

变化　　首先　　能源　　炒作　　关心　　股票　　抛售　　美元　　传闻　　通常　　现金
互补　　制造　　团队　　表率　　海洋　　乐观　　明确　　优势　　克服　　打扫　　周末

　　春节有朋友来家做客，给 6 岁的女儿买了一套《少儿百科丛书》，不但女儿喜欢，我也非常喜欢，因为这套丛书里讲了很多知识。晚上陪女儿睡觉，孩子让我给她讲新书里的故事。于是我选择了一本讲动物奇趣的书给孩子讲。

　　第一个故事，讲了公鸡为什么会报晓，母鸡为什么会下软壳的蛋。女儿似乎在我通俗易懂的讲解中听明白了，还学着电视里公鸡叫的模样给我叫了几声。

　　第二个故事，讲了蜜蜂的家族，以及蜜蜂是如何酿蜂蜜的，还有蜜蜂蛰人后会死去。女儿对蜜蜂蛰人后会死去的故事非常感兴趣，似乎蜜蜂的死去引发了女儿弱小心灵强大的同情心，我耐心地给女儿讲：蜜蜂蛰人以后，因为它的刺是倒刺，这样蜜蜂在拼命挣脱的过程中会扯断留在人体内的刺飞走，在挣扎的过程中，蜜蜂的内脏也会被带出来，所以蜜蜂在蛰人以后基本都会死去。女儿思考很久，忽然问了我这样一个问题："妈妈，那人把蜜蜂的刺从胳膊里拔出来以后再给蜜蜂安上去，蜜蜂不就好了吗？"女儿忽然这么说，我亲了女儿一口，女儿的心太柔软了，太善良了。我继续给女儿答疑，告诉女儿，壁虎的尾巴断了可以再生，可蜜蜂的刺断了以后就接不上了，人不可能抓到脱逃的蜜蜂给它接上毒刺。女儿似乎接受了我这个道理。

实验四　五笔字型输入法的训练

1. 实验目的

掌握五笔字型输入法的输入。

2. 实验步骤

1）启动 Windows XP。
2）按 Shift+Ctrl 键切换到五笔字型输入法。
3）打开 Word 或写字板。
4）对下列词语和段落进行输入。

罕见　暴风雪　值班　资料　评估　明星　吃惊　丰富　宣布　创意
统一　时期　国务院　究竟　交易　市场　分析　导火索　金融　强调

这要从六月末的一趟旅行说起。偶然的机会我出差到湖南、湖北，临出门前不能确定到底是去湖南还是湖北。知道若蓝是湖北的，我非常希望此行能去湖北。那一阵子，我痴迷若蓝的音乐。就是那痴迷，才让我明白为什么这世间会有那么多的"粉丝"和"玉米"。办公室电脑的背景音乐，我选用了若蓝唱的"寂寞沙洲冷"。新来的小同事，听出不是原唱，好心地要给我换原唱，我郑重其事地告诉他们，我就喜欢听这个人唱，亲切而不遥远。因我是办公室的师姐，他们默认了。我不厌其烦，百遍千遍地放着。最终大家反倒是都听习惯了，每次不管是谁先开电脑，都自动播放若蓝版的"寂寞沙洲冷"。我自己的 MP3 里全部都下载了若蓝的歌曲，因为空间不是很大，只能放下 20 首歌曲，就是那 20 首若蓝的歌曲，每夜陪我入眠。我以前有很严重的失眠症，但听着若蓝的歌曲不知不觉就睡着了。

第4章

Word 2003 教程

学习目标

- ◆ 掌握创建文档的方法
- ◆ 掌握字符和段落排版的方法
- ◆ 掌握页面设置的基本操作
- ◆ 掌握设置边框和底纹
- ◆ 掌握创建表格的方法，学会设置表格格式及编辑和调整表格结构
- ◆ 掌握在文档中插入图片和艺术字的方法，掌握图片的基本编辑操作
- ◆ 了解绘图功能的使用
- ◆ 了解样式和模板的使用
- ◆ 了解与 Word 有关的保存选项、自动功能设置

内容摘要

- ◆ 创建、保存、查看、管理和打印 Word 文档
- ◆ 输入文本，并进行编辑和排版
- ◆ 创建、编辑表格，设置表格的格式
- ◆ 绘制及编辑图形，插入图片和剪贴画
- ◆ 艺术字、文本框等图形对象的操作

随着计算机软、硬件技术的不断发展，计算机的应用已经渗透到社会的各个领域，文字处理是计算机应用中一个很重要的方面。文字处理软件 Word 2003 是办公自动化套件 Office 2003 的重要组成部分，是目前最流行的文字处理软件。

Office 2003 中文专业版包括：字处理软件 Word 2003、数据电子表格软件 Excel 2003、演示文稿制作软件 PowerPoint 2003、数据库软件 Access 2003、网页制作软件 FrontPage 2003、图形处理软件 PhotoDraw 2003、信息管理软件 Outlook 2003 等。

4.1　中文 Word 2003 简介

Word 是 Microsoft 公司推出的 Windows 环境下的字处理软件，经过不断地改进和完善，Word 版本已经发展到 Word 2000、 Word XP、Word 2003。中文版的 Word 2003 针对中国用户，增加了许多实用的适合中国人习惯和要求的功能。Word 2003 具有较强的文字处理功能，其主要功能如下：①编辑修改功能；②格式设置功能；③自动化功能；④表格处理功能；⑤图文混排功能；⑥边框和底纹；⑦Web 工具；⑧与他人合作功能等。

4.1.1　Word 2003 的启动和退出

由于 Office 2003 是一个组件族，因此 Office 2003 中所有组件的启动和退出方法都是一样的，并且能以多种方法启动和退出。

1. Word 2003 的启动

从"开始"菜单启动：选择"开始"→"所有程序"→Microsoft Office→Microsoft Office Word 2003，即可启动 Word 2003 选项，如图 4.1 所示。

利用已有的 Word 文档启动：双击一个已有的 Word 文档时，就启动了该应用程序。

利用快捷方式启动：将"开始"菜单中的 Microsoft Office Word 2003 复制到桌面上，形成快捷方式。双击桌面上的快捷图标，即可启动 Word 2003。

2. Word 2003 的退出

1）选择"文件"→"退出"命令。

2）单击窗口右上方的"关闭"按钮。

3）双击程序窗口左上角的"控制菜单"图标。

4）按 Alt+F4 组合键。

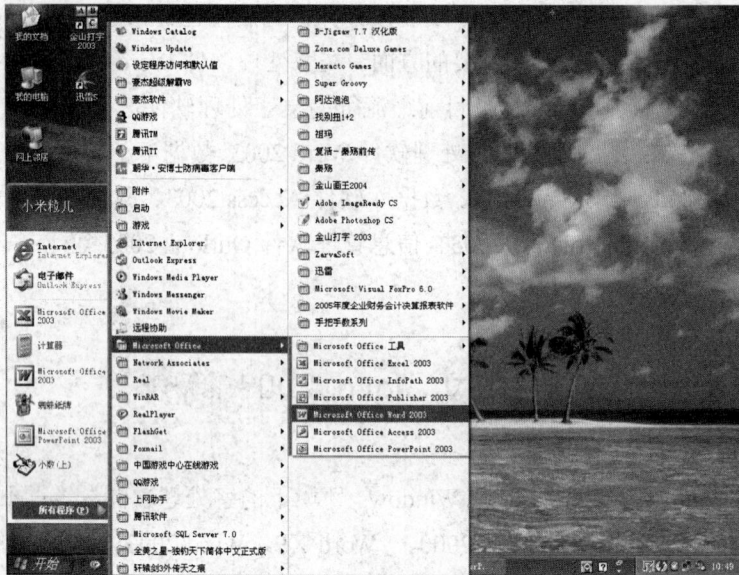

图 4.1 从"开始"菜单启动 Word

4.1.2 Word 2003 的窗口组成

启动 Word 2003 后，在屏幕上会出现如图 4.2 所示的窗口。作为 Windows 的应用程序，Windows 中对窗口操作的各种方法同样适用于 Word 2003。下面仅对 Word 2003 所特有的窗口元素进行介绍。

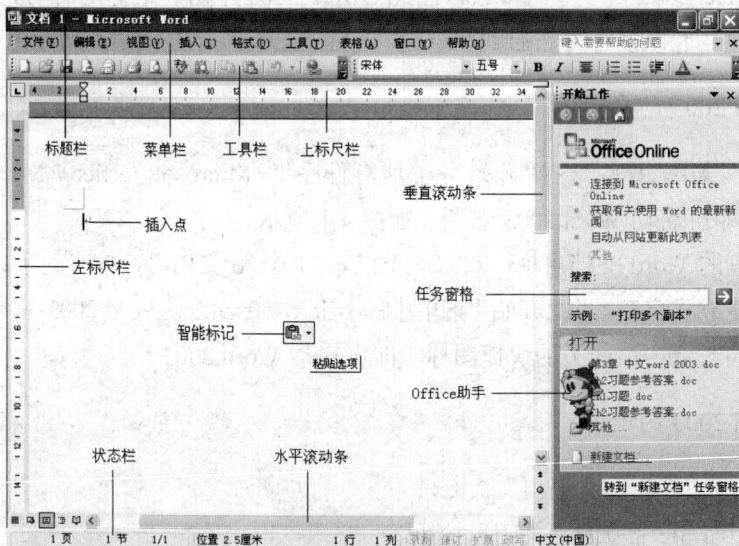

图 4.2 Word 2003 的窗口组成

1. 标题栏

标题栏位于屏幕的顶端，其中包含了控制菜单按钮、所编辑的文档名（如文档 1）、应用程序名（如 Microsoft Word）、"最小化"按钮、"最大化/还原"按钮以及"关闭"按钮。

2. 菜单栏

菜单栏位于标题栏的下方，是 Word 2003 的核心部分，包含 Word 2003 的所有操作命令，按功能分为"文件"、"编辑"、"视图"、"插入"、"格式"、"工具"、"表格"、"窗口"、"帮助"等 9 个菜单。

3. 工具栏

工具栏位于菜单栏的下方，它将一些常用的命令以图标的形式分门别类地集中在一起，每个图标按钮对应一条命令。单击工具栏上的某个按钮，即可执行所对应的命令，从而方便用户的操作。

4. 标尺

标尺分为上标尺栏（即水平标尺栏）和左标尺栏（即垂直标尺栏）。可以查看正文的高度和宽度，控制版边和段落缩进的情况。

5. 文本区

又称编辑区，是位于标尺下的最大空白区。可以在文本区中输入文字、插入图片、设置格式等。文本区中有一个闪烁的竖条，称为插入点，标示着要插入文字或对象出现的位置，是各种编辑修改命令生效的位置，同时也确定拼写、语法检查、查找等操作的起始位置。另外，文本区中有时会出现一个智能标记，它可以识别文档中特定类型的文本，并根据不同的类型提供与之相关的操作选择项目。

文本区域的左边还有一个专门用于快速选定文本块的区域，称为"选定区"，它隐藏在文本区的左边。

6. 滚动条

滚动条包括垂直滚动条和水平滚动条。拖动滚动块或单击滚动箭头，可以垂直或水平滚动文档到不同的位置。

水平滚动条的左侧有 5 个显示方式按钮，分别是"普通视图"按钮、"Web 版式视图"按钮、"页面视图"按钮、"大纲视图"按钮和"阅读版式"按钮，用来改变文档视图的方式。

7. 状态栏

状态栏位于水平滚动条的下方，显示帮助工作的信息，提供插入点位置的统计数字以及一些重要的状态信息。如果鼠标指针在某项上稍作停留，即可以在状态栏上看到该项的屏幕提示。

在状态栏的右侧有 4 个按钮：录制、修订、扩展和改写，每个按钮表示了一种工作方式。刚刚打开 Word 时它们都呈现灰色，双击按钮即可进入或退出某种工作方式。当进入时，该按钮呈现为黑色。

8. 任务窗格

任务窗格位于 Word 2003 的窗口右侧。如果没有的话，可以通过选择"视图"→"任务窗格"命令打开。

9. Office 助手

Office 助手可以帮助用户查找帮助主题、显示提示并针对用户正在使用的程序的各种特定功能提供帮助信息。

10. 智能标记

智能标记能自动识别文档中的特殊数据，并在这些数据的下面标记紫色下划线，并且携带相应的操作命令，是改变计算机操作方式的新思路。

4.2　文档的操作

通常将由 Word 生成的文件称为 Word 文档，简称文档。默认的 Word 文档后缀名是.doc。

使用 Word 处理文档的过程大致分为三个步骤：首先，将文档的内容输入到计算机中；然后对所输入的内容进行格式编排，即所谓的排版；最后要将其保存在计算机中，以便以后查看和编辑。

4.2.1　创建新文档

创建一个新 Word 文档一般有以下几种方法。

1）启动 Word 2003 后，会自动新建一个名为"文档 1"的新文档。

2）可以直接单击"常用"工具栏中的"新建"按钮来新建一个 Word 文档。

3）当选择"文件"→"新建"命令时，需要在右边的任务窗格中选择需要新建的文档类型。

4.2.2　打开文档

编辑一篇已存在的文档，必须先打开文档。Word 提供了多种打开文档的方法。

如果知道文件的保存位置，可以直接在 Windows 中打开 Word 文档，也可以直接在 Word 中打开文档。可以选择下列操作之一。

1）按快捷键 Ctrl+O。

2）单击"常用"工具栏中的"打开"按钮。

3）选择"文件"→"打开"命令，在"打开"对话框中选择要打开的文件位置、文件名等内容。

4）默认状态下，Word 会将最近使用的 4 个文件在"文件"菜单中列出，单击其中的某个文件名，可以快速打开该文档。

> **注意 ZHU YI**　在"打开"对话框的文件列表中，用 Shift 或 Ctrl 键配合可选中多个文件；单击"打开"按钮时，选中的文件都将被打开。

4.2.3　文档视图

Word 2003 提供了多种在屏幕上显示 Word 文档的方式，每一种显示方式称为一种视图。应根据工作状态选择恰当的视图。

1. 在不同的视图之间切换

要在不同的视图之间切换，有以下两种方法。

1）选择"视图"菜单中的"普通"、"Web 版式"、"页面"、"阅读版式"、"大纲"、"文档结构图"或"缩略图"命令，其中普通视图和页面视图是最常用的两种视图方式。

2）在水平滚动条左侧的视图按钮区单击相应的按钮。

2. 各种视图的作用

普通视图：以简化格式宽频显示文档，即不显示注释、分栏和页眉页脚等附加元素，适用于输入文本、修改文本和设置段落格式。文字宽度有时会超出屏幕，需要拖动水平滚动条才能阅读右侧的文字。

Web 版式：以网页形式显示文档，文本格式、图片和注释都会显示，适用于修改和预览将要转换成网页的文档。

页面视图：是 Word 2003 的缺省视图，是一种"所见即所得"的显示方式。此时在屏幕上看到的就是所要打印出来的页面布局，显示包括文本、文本格式、图片、页眉页脚和分栏等在内的所有元素，适用于排版和打印。

大纲视图：分级显示文档中的标题和文字，用于建立文档结构、分级显示文字和创建子文档等操作。跟普通视图一样，文字宽度有时也会超出屏幕，需拖动水平滚动条来阅读右侧的文字。

文档结构图：以导航栏的方式显示文件，单击左侧的标题，相应的内容就会显示在右侧窗口，用于快速浏览和修改文字。使用该种视图的先决条件是文档中的标题为内置标题样式。要退出该视图，需再次选择"文档结构图"命令，或双击"分隔线"。文档结构图如图 4.3 所示。

阅读版式：是新增的视图方式。它是以最适合屏幕阅读的方式显示文档，隐藏除"阅读版式"和"审阅"之外的所有工具栏。

缩略图：同时显示文档的所有元素和缩略图，用于修改文本和概览页面布局。

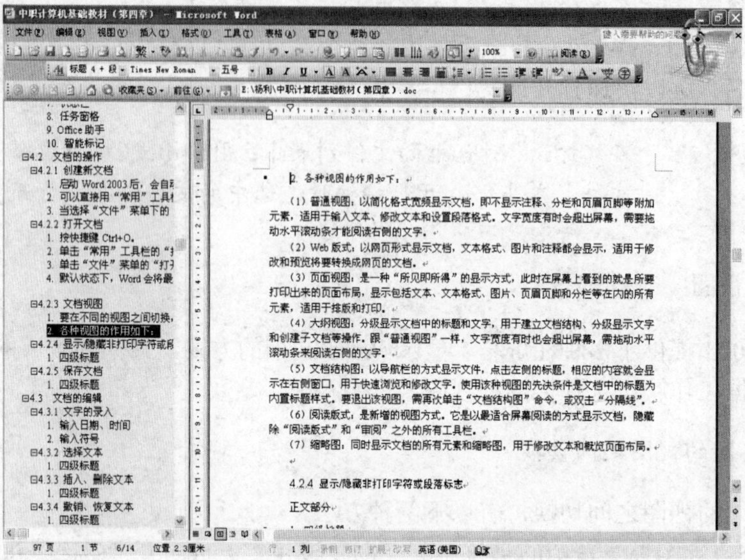

图 4.3　文档结构图

4.2.4　显示/隐藏非打印字符或段落标志

选择"工具"→"选项"→"视图"选项卡，然后选中或取消选中"格式标记"选项组中的复选框，可显示或隐藏相应的格式标记。

也可单击"常用"工具栏上的"显示/隐藏编辑标记"按钮来操作。

4.2.5　保存文档

新建文档后，需立即保存文档。同时，为防止断电或系统故障造成信息丢失，需在工作过程中经常进行保存操作。

1．首次保存文档

首次保存文档，可选择下列操作之一。

1）按快捷键 Ctrl+S。

2）单击"常用"工具栏中的"保存"按钮。

3）选择"文件"→"保存"命令。

4）选择"文件"→"另存为"命令，弹出"另存为"对话框（图 4.4）；在"保存位置"、"文件名"、"保存类型"下拉列表框中按自己的需要进行设置后，单击"保存"按钮。如果不指定保存类型，Word 将以.doc 的默认格式保存文档。

把鼠标指针移到该插入点（没有单击），这时并没有进行完插入点的移动操作。必须分清鼠标指针和插入点光标。

在哪里双击，就可以在哪里输入文本，这是 Word 支持的"即点即输"功能。

注意 如果没有打开"即点即输"功能，可选择"工具"→"选项"命令；在"编辑"选项卡中选中"启用'即点即输'"复选框，再单击"确定"按钮。

2. 删除文本

1）删除插入点右边的字符，按 Delete 键。
2）删除插入点左边的字符，按 Backspace 键。
3）删除任意数量的文本时，需要先选定这些文本，然后按 Delete 键或选择"编辑"→"清除"→"内容"命令。

4.3.4　撤销、恢复操作

1. 撤销操作

可通过下列三种方法进行。
1）单击"常用"工具栏中的"撤销"按钮。
2）选择"编辑"→"撤销"命令。
3）使用快捷键 Ctrl+Z。

2. 恢复操作

可通过下列三种方法进行。
1）单击"常用"工具栏中的"恢复"按钮。
2）选择"编辑"→"恢复"命令。
3）使用快捷键 Ctrl+Y。

注意 单击工具栏中的"撤销"或"恢复"按钮上的箭头，将看到已经完成的操作列表；单击列表中的某次操作，可以撤销或恢复此前的所有操作。

4.3.5　移动、复制文本

1. 移动文本

要移动所选对象，需执行下列操作步骤。
1）选中要移动的对象，例如文字、图形、表格等。
2）选择下列操作之一。
① 按 Ctrl+X 键。

② 单击工具栏中的"剪切"按钮。

③ 在所选对象上右击，在快捷菜单中选择"剪切"命令。

④ 选择"编辑"→"剪切"命令。

3）定位新的插入点。新的插入点可以在本文档中，也可以在其他文档中。

4）选择下列操作之一。

① 按 Ctrl+V 键。

② 单击工具栏中的"粘贴"按钮。

③ 在新插入点处右击，在快捷菜单中选择"粘贴"命令。

④ 选择"编辑"→"粘贴"命令。

注意 ZHU YI 在选定要移动的文本后，直接按住左键拖动文本到插入点，也可实现文本的移动。如按住Ctrl键的同时拖动左键，文本将被复制到新地点。

2. 复制文本

要复制所选对象，需执行下列操作步骤。

1）选中要复制的对象，例如文字、图形、表格等。

2）选择下列操作之一。

① 按 Ctrl+C 键。

② 单击工具栏中的"复制"按钮。

③ 在所选对象上右击，在快捷菜单中选择"复制"命令。

④ 选择"编辑"→"复制"命令。

3）定位新的插入点。新的插入点可以在本文档中，也可以在其他文档中。

4）选择下列操作之一。

① 按 Ctrl+V 键。

② 单击工具栏中的"粘贴"按钮。

③ 在新插入点处右击，在快捷菜单中选择"粘贴"命令。

④ 选择"编辑"→"粘贴"命令。

4.3.6　查找、替换文本

使用 Word 可查找和替换文字、文字格式、段落格式、段落样式、段落标记等许多项目，还可以使用通配符和代码扩展搜索。

1. 查找文本

1）选择"编辑"→"查找"命令或按 Ctrl+F 键，弹出"查找和替换"对话框，如图 4.6 所示。

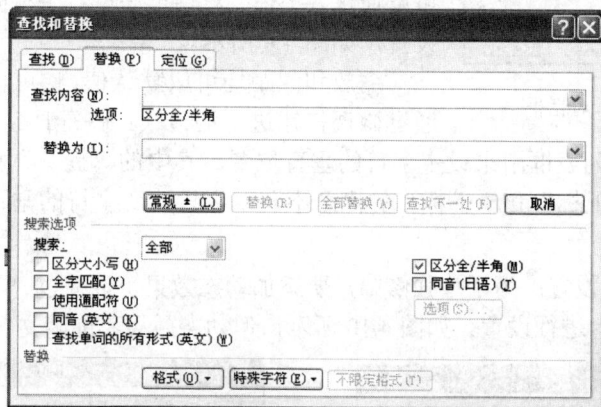

图 4.6　"查找"和替换对话框

2）在"查找内容"下拉列表框中输入要查找的内容。

3）若需要，则单击"高级"按钮，进行进一步的选择。

4）单击"查找下一处"按钮。

找到相关内容后，进行相应的操作即可。

2. 替换文本

1）选择"编辑"→"替换"命令或按 Ctrl+H 键，弹出"替换"选项卡，如图 4.7 所示。

图 4.7　"替换"选项卡

2）在"查找内容"下拉列表框中输入要被替换的内容。

3）在"替换为"下拉列表框中输入要替换的新内容。

4）若需要，则单击"高级"按钮，进行进一步的选择（"高级"按钮则转变为"常规"按钮）。

5）根据需要单击"查找下一处"、"替换"或"全部替换"按钮之一。

注意 ZHU YI　　　按Esc键可取消正在执行的查找或替换操作。

4.4 文档的格式设置

4.4.1 字符的格式设置

在进行字符排版之前，首先要选定文本，因为对字符所作的设置只对选定的文本有效。字符的格式设置有通过菜单设置和通过"格式"工具栏设置两种方法。

图 4.8 "字体"对话框

1. 通过菜单设置

1）字体的设置：选择"格式"→"字体"命令；在"字体"对话框中的"字体"选项卡（图 4.8）中进行相应的设置。可对字符格式进行多样式的设置，其效果显示在"预览"列表框中，满意后单击"确定"按钮即可。

2）字符间距的设置：是指修改字与字之间的间距，可以通过"字体"对话框中的"字符间距"选项卡进行设置，如图 4.9 所示。

缩放和间距均可取默认值，也可输入需要的数值或通过微调按钮进行调节（1 磅等于 1/72 英寸①）。

"位置"下拉列表框用来设定字符的垂直位置。其中的"提升"和"降低"与"字体"选项卡中的"上标"和"下标"的概念不同，它只改变字符的垂直位置，不改变字号大小。

3）文字效果的设置：为了增强修饰，要添加动态效果可以通过"字体"对话框中的"文字效果"选项卡进行设置，如图 4.10 所示，但动态效果不能随文字一起打印出来。

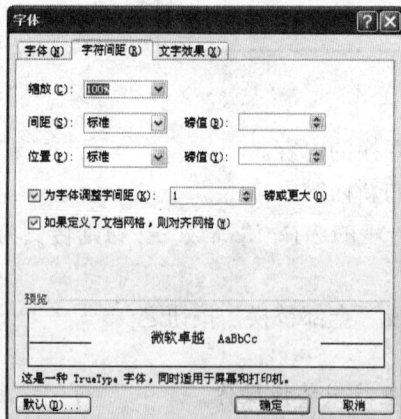

图 4.9 "字符间距"选项卡　　　　图 4.10 "文字效果"选项卡

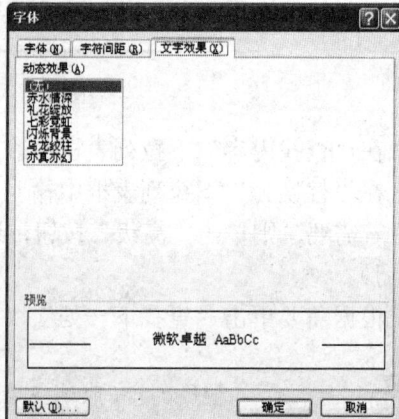

---

① 1 英寸=2.54 厘米。

2. 通过"格式"工具栏设置

通过"格式"工具栏（如图 4.11 所示）可快速设置有关格式。

图 4.11　"格式"工具栏

4.4.2　段落的格式设置

Word 中的段落是文本、图形、对象或其他项目的集合，后面跟着一个段落标记，即回车符。段落标记不仅标识一个段落的结束，还储存了该段落的格式信息。段落格式设置通常包括：对齐方式（左对齐、右对齐、居中、两端对齐和分散对齐）、行间距和段间距、缩进方式（首行缩进、左缩进、右缩进及整个段落缩进）及制表位的设置等。

段落格式的设置方法主要有三种：使用菜单进行精确设置、使用"格式"工具栏中的工具按钮和使用"标尺"进行粗略设置。

1. 使用菜单进行精确设置

若要更精确地设置段落格式，可以选择"格式"→"段落"命令，在"段落"对话框的几个选项卡中进行精确的段落格式设置即可。

（1）"缩进和间距"选项卡

图 4.12 所示为"缩进和间距"选项卡。

"对齐方式"下拉列表框：相对于任何缩进格式设置段落位置。若要相对于文档的左边距和右边距对齐段落，需要取消任何缩进格式。有五种选项设置。

1）左对齐：使正文沿页的左边距对齐，它不调整一行内文字的间距，所以右边界处可能产生锯齿。

2）两端对齐：使正文沿页的左、右边距对齐，但最后一行是靠左边距对齐。

3）居中：段落中的每一行文字都居中显示，包括最后一行。常用于标题或表格内容的设置。

4）右对齐：使正文的每行文字沿右页边距对齐，包括最后一行。

5）分散对齐：正文沿页面的左、右边距在一行中均匀分布，最后一行也分散充满一行。

图 4.12　"缩进和间距"选项卡

在"缩进"选项组中的"左"微调框中可输入需要段落从左边距缩进的量。如果要文本在左边距中显示，需输入一个负数。在"右"微调框中可输入需要段落从右边距缩

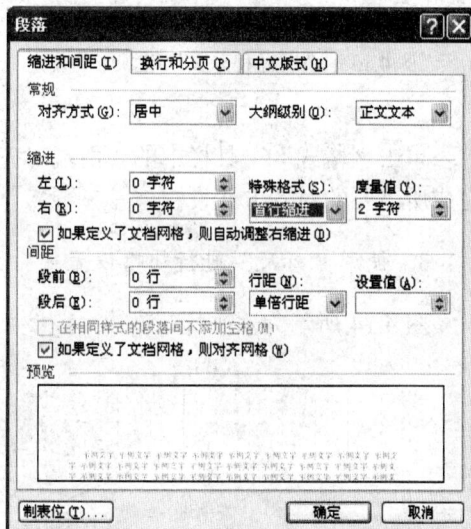

进的量。如果要文本在右边距中显示，需输入一个负数。

通过"特殊格式"下拉列表框可指定缩进的类型。选择"首行缩进"可仅缩进段落首行，选择"悬挂缩进"可缩进段落除首行外的所有行，选择"（无）"可取消特殊缩进格式。

在"间距"选项组中的"段前"微调框中可设置所选中各段落上方的间距量。在"段后"微调框中可设置所选中各段落下方的间距量。

在"行距"下拉列表框中设置文本行之间的垂直间距。

（2）"换行和分页"选项卡

图 4.13 所示为"换行和分页"选项卡。

孤行控制：防止在页面顶端出现段落末行，或在页面底端出现段落首行。

段中不分页：防止在所选段落中出现分页符。

与下段同页：防止光标所在段落与下一段间出现分页符。

段前分页：可以在所选段落前插入一个人工分页符来强制分页。

取消行号：防止所选段落旁出现行号。该选项对未设行号的文档或节无效。

取消断字：防止段落自动断字。

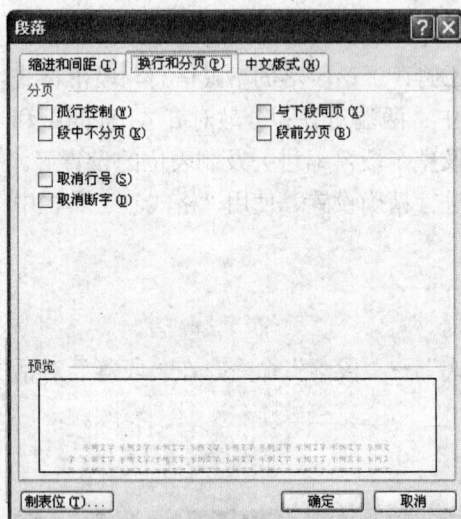

图 4.13　"换行和分页"选项卡

2. 使用"格式"工具栏中的工具按钮进行设置

单击"格式"工具栏中的"两端对齐"、"居中"、"右对齐"、"分散对齐"等按钮，完成所需要的对齐方式设置。

3. 使用"标尺"进行粗略设置

图 4.14 所示为水平标尺。

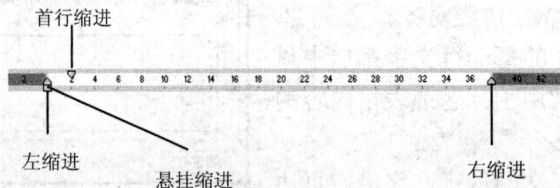

图 4.14　水平标尺

选择"视图"→"标尺"命令即可显示标尺。可通过拖动标尺上的 4 个标记来调整段落的缩进值。在拖动有关标记时，如果按住 Alt 键可以看到精确的标尺读数。

可以使用格式刷来快速复制字符或段落的格式。首先选择被复制格式的文本（源），再单击"常用"工具栏中的"格式刷"按钮，待鼠标指针改变形状后，选择要应用此格式的文本（目标），这样，源文本的格式就应用到目标文本上。如果要将选定的格式分别复制到多处不同的地方，可以双击"格式刷"按钮，选择要应用此格式的文本即可，在此过程中鼠标指针始终保持刷子形状。若要退出复制格式状态，可按Esc键或再次单击"格式刷"按钮。

注意 *ZHU YI*

4.4.3 页面的格式设置

要想使打印出的文稿外表美观，还要对页面的格式进行相关的设置。

1. 边框和底纹

1）添加边框：在 Word 中可以给选定文本添加四周或任意一边的边框。选择需要添加边框的文本，选择"格式"→"边框和底纹"命令；在"边框"选项卡（如图 4.15 所示）中选择所需选项即可。可对边框进行多样式的设置，其效果显示在"预览"列表框中，满意后单击"确定"按钮即可。在"页面边框"选项卡中，可对页面进行边框设置，方法与设置文本边框相同。

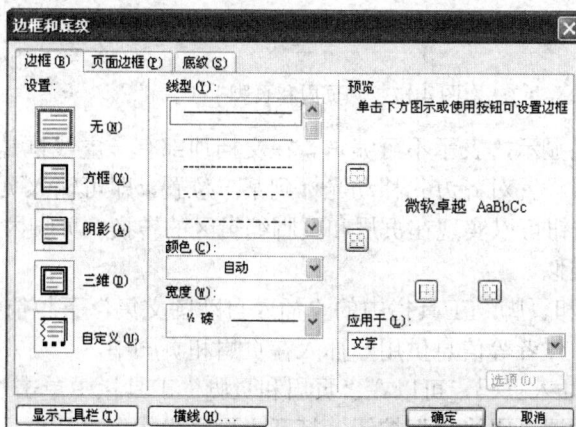

图 4.15 "边框"选项卡

2）添加底纹：选定要添加底纹的文字，选择"格式"→"边框和底纹"；在"底纹"选项卡（如图 4.16 所示）中选择所需选项。其效果显示在"预览"列表框中，满意后单击"确定"按钮即可。

2. 页眉和页脚

页眉和页脚分别位于文档页面的顶部和底部。在页眉和页脚中，可以插入页码、日期、图片、文档标题和文件名等，也可以插入其他信息。双击已有的页眉和页脚，可激活页眉和页脚。

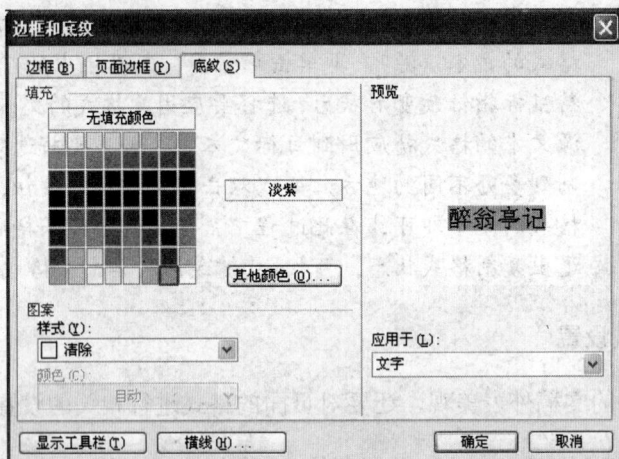

图 4.16　"底纹"选项卡

　　编辑页眉/页脚应在页面视图下,可以进行创建页眉或页脚、创建文档不同部分的不同页眉或页脚、设置页码等操作。创建页眉和页脚的步骤如下:

　　1)选择"视图"→"页眉和页脚"命令,出现如图 4.17 所示的"页眉和页脚"工具栏。

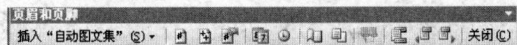

图 4.17　"页眉和页脚"工具栏

　　这时文档以灰色显示,表示不可编辑。在文档顶部有一虚线框是页眉的输入区域,在页眉区按空格键或设置对齐方式移动光标到某一位置,即可输入页眉内容。用"在页眉和页脚间切换"按钮可以实现在页眉和页脚编辑区的转换。页脚内容的编辑方法和页眉内容的编辑方法类似。

　　2)单击"页眉和页脚"工具栏中的"插入自动图文集"下拉箭头,会显示创建日期、文件名、页码、作者等信息供用户插入在页眉和页脚中。

　　3)要在页眉中插入页码,可以在"页眉和页脚"工具栏中单击"插入页码"按钮。还可以通过单击"设置页码格式"按钮,打开"页码格式"对话框,设置页码的格式。如果只需要插入页码,也可以直接选择"插入"→"页码"命令,从弹出的对话框中选择所需的页码样式即可。

　　4)如果要在页眉中插入日期和时间,可以在"页眉和页脚"工具栏中单击"插入日期"和"插入时间"按钮。

　　奇偶页不同的页眉是指在整个文档中,奇数页的页眉相同,偶数页的页眉相同。但是奇数页和偶数页的页眉不同。

　　3. 背景和水印

　　(1)背景

　　背景色就是"纸"的颜色。要为页面添加背景,需选择"格式"→"背景"命令,如图 4.18 所示。

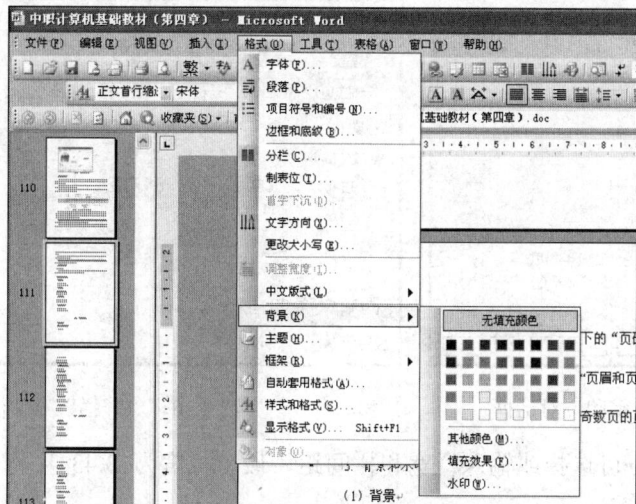

图 4.18 "背景"子菜单

单击"无填充颜色":取消以前填充的背景色。
单击所选颜色图标:为整个页面填充背景色。
单击"其他颜色":选择更多的背景色。
单击"填充效果":添加色彩丰富的页面背景色。

注意 ZHU YI

默认状态下,背景色或背景图像不会被打印。要打印背景,需选择"工具"→"选项"命令;选择"打印"选项卡,选中"背景色和图像"复选框。

(2)水印

水印是嵌在页面背景中的半透明图案或文字。要为页面添加水印,需选择"格式"→"背景"→"水印"命令,弹出的对话框如图 4.19 所示。

有"无水印"、"图片水印"和"文字水印"三个单选按钮可供选择。当选择某一项时,下面的灰色选项变成黑色,这时,可根据需要自行设置水印效果。

4. 分栏

某些文档常需要分栏,分栏需要在页面视图方式下操作。设置分栏有以下两种方法。

1)用"常用"工具栏中的"分栏"按钮来进行简单的分栏操作:选中要分栏的文本,单击"分栏"按钮,拖动鼠标到所需要的栏数即可。

2)用"格式"菜单下的"分栏"命令来设置分栏格式:选中要进行分栏的文本,选择"格式"→"分栏"命令,弹出"分栏"对话框,如图 4.20 所示。

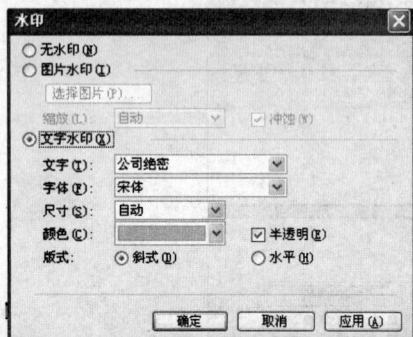

图 4.19　"水印"对话框　　　　　　　　图 4.20　"分栏"对话框

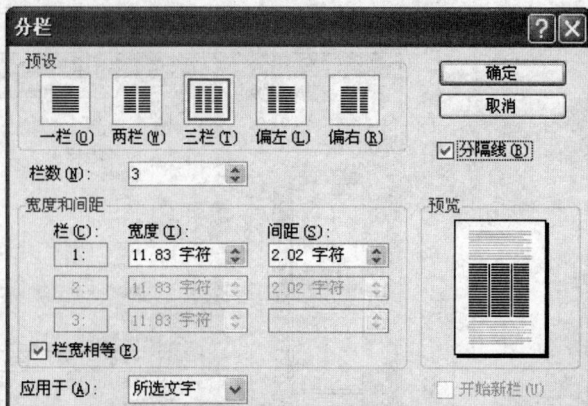

宽度和间距：可选择或输入栏宽和栏间距，最小栏宽为 3.43 字符，最小栏间距为 0.19 字符。

应用于：若选择 "插入点之后"，再选中"开始新栏"复选框，Word 将另起一页对插入点后的文字分栏，同时在新栏开始的位置插入分节符。

注意
ZHU YI
Word自动在分栏文本的前后插入分节符（连续），若删除该分隔符，分栏将被取消。

5. 竖排

若需竖排文字，可直接单击"常用"工具栏中的"更改文字方向"按钮。可在横排和竖排文字两种方式之间切换。

6. 分隔符

分页符、分节符、换行符和分栏符统称为分隔符。分隔符与制表符、大纲符号、段落标记等统称为编辑标记。分页符始终在普通视图和页面视图中显示，若看不到编辑标记，可单击"常用"工具栏中的"显示/隐藏编辑标记"按钮。

1）分页符：每当内容超过一页，Word 会自动分页。在普通视图中，分页符显示为一条虚线；在页面视图中，单击分页符可以减少分页符所占的空间。

要插入人工分页符，先要切换到普通视图或页面视图；单击要分页的位置，选择"插入"→"分隔符"命令，选择"分页符"后单击"确定"按钮或按 Enter 键即可。

2）分节符：它包含纸张大小或方向、页面边框、垂直对齐方式、页眉和页脚、分栏、页码、行号以及脚注和尾注。可以将一篇文档分为若干节，对每一节分别进行页面格式设置。

要对文档分节，先要切换到普通视图或页面视图；单击要分节的位置，选择"插入"→"分隔符"命令，在"分节符类型"下选择所需选项后单击"确定"按钮或按 Enter 键即可。

注意 ZHU YI
> 一个节中至少应包含一个段落，也可以包含整篇文档。如果删除某个分节符，其前面的节将与后面的节合并，并自动采用后面的版面格式。

3）换行符：用于在段落中结束当前行，用换行符分开的两行仍属于同一段落。在图片、表格或其他项目的下方插入换行符或保持文字继续。

要插入换行符，需按 Shift+Enter 键。

4）分栏符：插入分栏符后，其后的内容被推到下一页。通常很少使用。

要删除分隔符时，单击要删除的分隔符，按 Delete 键即可。也可选择"编辑"→"清除"→"内容"命令。

7. 页面设置

一篇文档在准备打印之前应进行页面设置。页面设置主要包括设置纸张、设置页边距等。建议在对字符、段落等格式进行设置前，先进行页面设置，以便在编辑、排版过程中随时根据页面视图调整版面。选择"文件"→"页面设置"，打开"页面设置"对话框，在"页边距"和"纸张"选项卡中进行设置即可。

1）"页边距"选项卡："页边距"选项卡如图 4.21 所示，用来设置上、下、左、右的页边距，装订线的位置以及页眉、页脚的位置。页边距是页面四周的空白区，默认页边距符合标准文档的要求。通常，插入的文字和图形在页边距内，某些项目可以伸出页边距，如文本框、表格、页眉和页脚等。

2）"纸张"选项卡："纸张"选项卡如图 4.22 所示，用来改变纸型和页面方向。

图 4.21　"页边距"选项卡　　　　　图 4.22　"纸张"选项卡

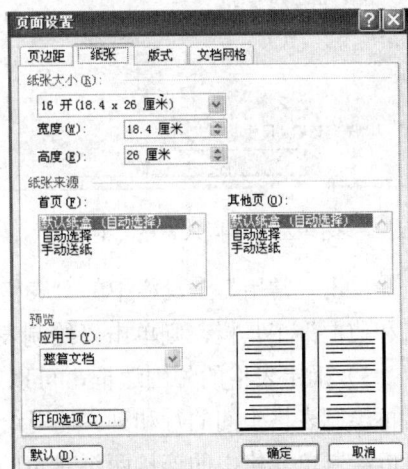

4.5　表　格　制　作

制表是文字处理软件的主要功能之一。利用 Word 提供的制表功能，可以创建、编辑、格式化复杂表格，包括带有斜线的表格和任意单元格的表格；也可以对表格内数据进行排序、统计等操作；还可以将表格转换成各类统计图表。在 Word 中，不论表格的形式如何，都是以行和列来排列信息，行、列交叉处称为"单元格"，是输入信息的地方。

4.5.1　表格的创建

在文档中要创建表格有以下三种方法。

1.　使用工具栏创建表格

1）单击要创建表格的位置。

2）在"常用"工具栏上单击"插入表格"按钮。

3）拖动鼠标，选定所需的行、列数，例如 4 行 5 列，再松开鼠标即可得到一张 4 行 5 列的空表。

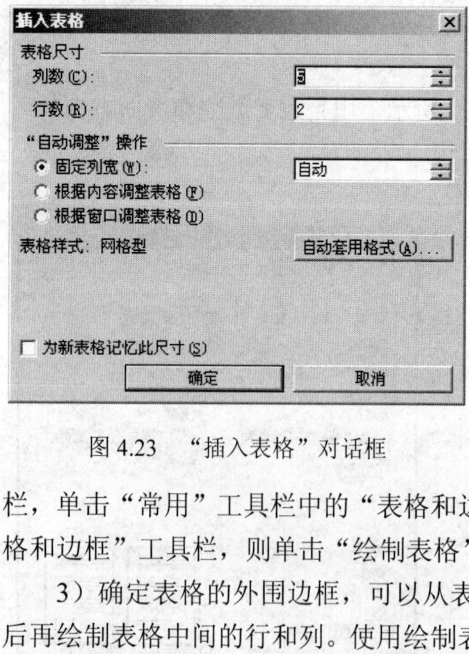

2.　使用"表格"→"插入表格"命令创建表格

选择"表格"→"插入表格"命令后，将弹出"插入表格"对话框，（如图 4.23 所示），从中可进行相应的设置。

3.　通过手工绘制创建不规则的表格

对一些较复杂的表格可以采用手工绘制。

1）先单击要创建表格的位置。

2）如果屏幕上没有"表格和边框"工具栏，单击"常用"工具栏中的"表格和边框"按钮，将显示该工具栏。如果已显示"表格和边框"工具栏，则单击"绘制表格"按钮，鼠标指针变为笔形。

3）确定表格的外围边框，可以从表格的一角拖动至其对角，画出表格的外框，然后再绘制表格中间的行和列。使用绘制表格功能可以在已有的表格中增加表格单元，还可以绘制单元格中的连接两个对角的斜线。如果要擦除框线，单击"擦除"按钮，指针变为橡皮擦形，将其移到要擦除的框线上单击即可将其擦除。

图 4.23　"插入表格"对话框

4.5.2　表格的编辑

在 Word 文档中插入一个空表格后,将插入点定位在某单元格,即可进行文本输入。若想将光标移动到相邻的右边单元格按 Tab 键,移动光标到相邻的左边单元格则按 Shift＋Tab 键。对单元格中已输入的文本内容进行移动、复制或删除操作,与一般文本的操作是一样的。

1. 选定表格内容

选定一个单元格:移动鼠标指针到单元格的左下角,指针变成指向右上方的黑色箭头,单击。

选定一行:移动鼠标指针到行的左边,指针变成指向右上方的空心箭头,单击。

选定一列:移动鼠标指针到列的上边,指针变成指向下方的黑色箭头,单击。

选定连续的几个单元格、几行或几列:在要选择的单元格、行或列上拖动鼠标。

选定多个不连续的单元格、行或列:单击所需要的第一个单元格、行或列,按住 Ctrl 键,再单击所需的下一个单元格、行或列。

选定整个表格:单击表格左上角的十字箭头。

2. 插入和删除行、列或单元格

插入行、列或单元格:移动光标到需要插入的位置,选择"表格"→"插入"子菜单(如图 4.24 所示)中的相关命令即可。

删除行、列或单元格:移动光标到需要删除的位置,选择"表格"→"删除"子菜单中的相关命令即可。

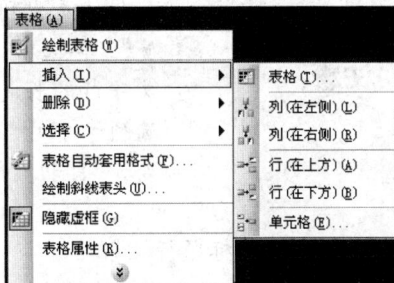

图 4.24　"插入"级联菜单

3. 合并和拆分单元格、拆分表格

合并单元格:可以将同一行或同一列中的两个或多个单元格合并为一个单元格。方法为先选择要合并的单元格,然后选择"表格"→"合并单元格"命令。也可以在选择好要合并的单元格后,右击,在弹出的快捷菜单中选择"合并单元格"命令。

拆分单元格:选中要拆分的单元格,选择"表格"→"拆分单元格"命令;在弹出的"拆分单元格"对话框中,选择要将选定的单元格拆分成的列数或行数。

拆分表格:要把一个表格一分为二,首先选中要成为第二个表格首行的那一行,然后选择"表格"→"拆分表格"命令,原先的一个表格就变成了两个,两表格之间多了一个空行。

4. 调整表格尺寸大小

(1)调整整个表格的尺寸

在页面视图上,当鼠标指针指向某个表格时,表格的右下方会出现一个空心的小方格，称为尺寸控点；将鼠标指针停留在尺寸控点上，当出现一个双向箭头时再将表格的边框拖动到所需的尺寸即可。

（2）调整行高和列宽

调整行高和列宽有两种方法。

1）用鼠标拖动直接调整行高与列宽：将鼠标指针停留在要更改的行边线或列边线上，当指针变成双向箭头时，按住鼠标左键拖动行边线或列边线到所需的位置，松开鼠标即可。

2）使用菜单命令来精确调整行高与列宽：先选中要调整的单元格，再选择"表格"→"表格属性"命令，弹出"表格属性"对话框（如图 4.25 所示），在其中的"行"、"列"选项卡中输入新的行高和列宽值，单击"确定"按钮即可。

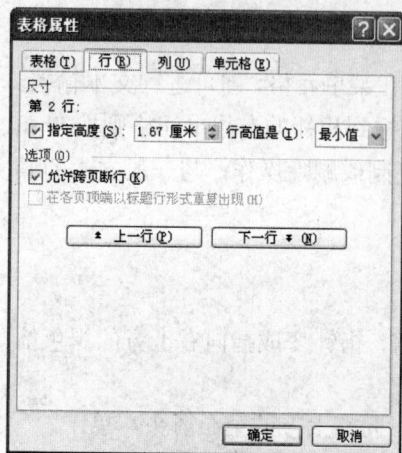

图 4.25　"表格属性"对话框

注意 ZHU YI

要想使走出列宽的文字在单元格内自动换行，需先设置"固定列宽"，再选中"单元格"选项卡中的"自动换行"复选框；要想使文字行的长度适应列宽，需在"固定列宽"条件下选中"单元格"选项卡中的"适应文字"复选框，超宽的文字将被压缩，列宽不变，"自动换行"无效。

5. 表格的标题行

标题行又称为表头，一般比表中的其他内容醒目。表头占用表格的首行或紧跟首行的几行。

（1）标题行重复

当表格长度超过一页时，会被自动分页符分割，后续页中没有表头。这会影响我们阅读后面的内容。要将表格首页的标题行重复到所有后续页，可执行下列操作。

1）切换到页面视图。

2）选中首页的表头（必须包括表格的第一行）。

3）选择"表格"→"标题行重复"命令。

（2）绘制斜线表头

要在表头中绘制斜线，可执行下列操作。

1）在要绘制斜线表头的表格内单击。

2）选择"表格"→"绘制斜线表头"命令。

3）在打开的对话框（如图 4.26 所示）中选择表头样式、字体大小，输入行、列标题等。

4）单击"确定"按钮。

图 4.26　"插入斜线表头"对话框

6. 更改文字方向

选中要更改文字方向的单元格，右击，在弹出的快捷菜单中选择"文字方向"命令；在弹出的"文字方向-表格单元格"对话框（如图 4.27 所示）中选择一种方向，观察预览效果后，单击"确定"按钮。

7. 表格内容的排序

要对表格列中的文字或数值排序，可执行下列操作。

1）选定要排序的一列或多列。要选中整个表格，需将插入点放入表格。

2）选择"表格"→"排序"命令，在打开的"排序"对话框（如图 4.28 所示）中进行选择。

3）单击"确定"按钮或按 Enter 键。

图 4.27　"文字方向-表格单元格"对话框

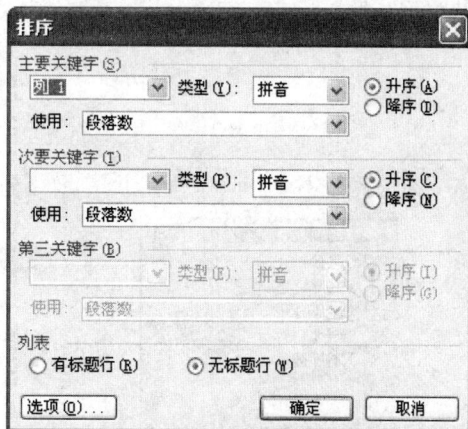

图 4.28　"排序"对话框

注意 ZHU YI　要对可转换成表格的多行文字排序，先选中它们，再选择"表格"→"排序"命令；在"排序"对话框中单击"选项"按钮；在"排序选项"对话框中设置需要的选项即可。

注意 ZHU YI

选择"表格"→"公式"命令，可以对表格中的数据进行运算或统计。Word表格的数学计算功能无法与Excel相比，如果要对表格数据进行大量计算，可先将表格整理成标准表格，再复制到Excel中进行处理。

8. 表格和文本的互相转换

表格转换在文本编辑中经常使用。有时需要将文本转换成表格，以便说明一些问题；或将表格转换成文本，以增加文档的可读性及条理性。Word2003 可以将文档中的表格转换为普通的文本，也可以将将有一定规律的文本转换为表格。

（1）将表格转换成文本

将表格转换成文本，可以指定逗号、制表符、段落标记或其他字符作为转换后分隔文本的字符。

选定要转换成段落的行或整个表格，选择"表格"→"转换"→"表格转换成文本"命令，打开"表格转换成文本"对话框，如图4.29所示；单击"文字分隔符"选项组中所需的单选按钮，单击"确定"按钮即可完成转换。转换后用段落标记分隔各行，用所选的文字分隔符分隔各单元格内容。

（2）将文本换成表格

Word 2003 可将已具有某种排列规则的文本转换成表格，转换时必须指定文本中的逗号、制表符、段落标记或其他字符作为文本的分隔符。

选定要转换的文本，选择"表格"→"转换"→"文本转换成表格"命令，弹出"将文字转换成表格"对话框，如图4.30所示；在"文字分隔位置"选项组中选定分隔符，用分隔符分开的各部分内容分别成为相邻的各个单元格的内容，单击"确定"按钮即可完成转换。

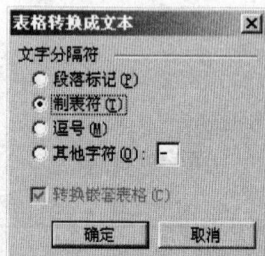

图 4.29 "表格转换成文本"对话框

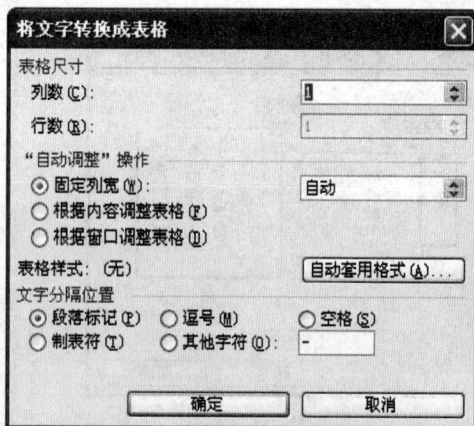

图 4.30 "将文字转换成表格"对话框

4.5.3　表格的格式设置

为使表格更加美观，需要对表格的格式进行一些设置。

1．为表格添加边框和底纹

为表格添加边框和底纹有两种方法。

1）选定要添加边框或底纹的表格区域，选择"格式"→"边框和底纹"命令，在弹出的"边框和底纹"对话框中进行边框和底纹的设置即可。

2）通过"表格和边框"工具栏来设置表格边框和底纹。

2．表格属性的设置

表格属性包括表格在页面上的位置、表格与周边文字的关系、单元格内容与边框的间距以及行高列宽等选项。

选定需要进行设置的表格，选择"表格"→"表格属性"命令，打开"表格属性"对话框，如图 4.31 所示，从中进行相应设置即可。

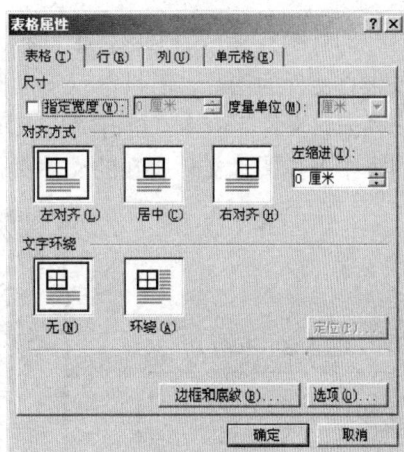

图 4.31　"表格属性"对话框

4.6　图 文 对 象

Word 虽然是一个文字处理软件，但它同样具有强大的图形处理功能。用户可以在文档的任意位置插入图片、图形、文本框或艺术字等，从而编辑出图文并茂的文档。

4.6.1　插入图片

图片是以文件方式保存的图形对象，包括数码照片、扫描图片和剪贴画。使用"图片"工具栏或"绘图"工具栏可以更改图片效果。图形文件有两类，一类是用像素点组成的图，叫做位图，扩展名有.bmp、.jpg、.gif 等；另一类是矢量图或称线条图，扩展名有.png、.wmf、.mix 等，位图文件一般比矢量图文件大得多。

在 Word 中插入图片的方法很多，主要分为以下三类。

1．插入剪贴画

剪贴画是 Microsoft 提供的矢量格式的图片，图片在文档中任意放大、缩小而不失真。插入剪贴画的步骤如下。

1）将插入点定位于想插入图片的位置。选择"插入"→"图片"→"剪贴画"命令，弹出"剪贴画"任务窗格，如图 4.32 所示。

2）单击"搜索范围"下拉列表框，选择"Office 收藏集"，然后单击"搜索"，则出现图像列表。

3）单击一张剪贴画，所选剪贴画即可插入到文档中。

2. 插入图片文件

大量图片来自图形格式的文件，这些文件通常保存在硬盘或光盘上。要在文档中插入来自文件的图片，需执行以下操作：单击要插入图片的位置，选择"插入"→"图片"→"来自文件"命令，打开"插入图片"对话框，如图 4.33 所示；在"查找范围"下拉列表中查找图片文件所在的文件夹，找到后单击图片文件，再单击"插入"按钮即可。

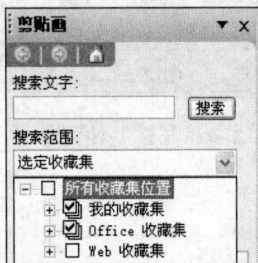

图 4.32 "剪贴画"任务窗格   图 4.33 "插入图片"对话框

注意 ZHU YI

如果要直接从扫描仪或数码相机插入图片，可选择"图片"→"图片"→"来自扫描仪或照相机"命令，在弹出的对话框中进行选择后单击"插入"按钮即可。

3. 使用剪贴板插入图片

也可以将 Windows 其他软件制作的图片用"复制"或"剪切"命令放入剪贴板，然后用"粘贴"命令将剪贴板中的内容粘贴到当前文档中。

4.6.2 插入艺术字

艺术字不同于普通的文字，它具有很多特殊的效果，例如阴影、斜体、旋转、延伸等。艺术字用来设计标牌、广告或特殊标题，起到醒目和点缀文档的作用。艺术字本质上也是图像，它与用"绘图"工具画出来的图像在本质上是一致的，所以，可以用"绘图"工具栏来改变其效果。

插入艺术字的步骤如下。

1）将插入点定位于想插入艺术字的位置，选择"插入"→"图片"→"艺术字"

命令，打开"艺术字库"对话框，如图 4.34
所示。

2）单击其中一种样式，单击"确定"按
钮，弹出"编辑艺术字文字"对话框；在"文
字"文本框中输入要显示为艺术字的文字内
容，单击"确定"按钮，艺术字即可插入到文
档中。

图 4.34　"艺术字库"对话框

4.6.3　绘制图形

除了在文档中添加图片对象外，还可以通
过 Word 提供的"绘图"工具栏（图 4.35），
手工绘制一些较简单的图形。"绘图"工具栏
一般位于 Word 窗口的下方。如果没有，可以
通过选择"视图"→"工具栏"→"绘图"命令调出"绘图"工具栏。

图 4.35　"绘图"工具栏

1. 绘制基本图形

单击"绘图"工具栏中的"直线"、"箭头"、"矩形"、"椭圆"工具，鼠标指针变成
"＋"形，按住鼠标左键并拖动，就可以画出相应的基本图形。松开鼠标后，还可以通
过拖动图形来调整图形的位置及大小。

2. 绘制自选图形

自选图形包括矩形、圆等基本形状，以及各种线条、连接符、箭头总汇、流程图符
号、星与旗帜和标注等。

单击"绘图"工具栏中的"自选图形"按钮，弹出的下拉列表中包含各种类型；单
击所需的一种类型，在弹出的该类型的所有相关图形中选择所需的图形按钮，将鼠标指
针移到要插入自选图形的地方，按下左键并拖动，可绘制出需要的图形。松开鼠标后，
还可以通过拖动图形来调整图形的位置及大小。

3. 设置图形的旋转

选取要旋转的图形，向所需的方向拖动对象上的旋转控点。单击图形以外的地方以
将旋转确定下来。要将对象的旋转角度限制为 15° 的整数倍，需在拖动旋转控点时按住
Shift 键；如果要向左旋转 90° 或向右旋转 90°，在"绘图"工具栏中单击"绘图"按
钮，指向"旋转或翻转"，再选择旋转的方式。

4. 设置图形的填充颜色

选中要填充颜色的图形，单击"绘图"工具栏中的"填充颜色"按钮旁的箭头，在颜色列表中选择一种颜色。

5. 设置图形的阴影样式和三维效果样式

选中要设置阴影样式或三维效果样式的图形，单击"绘图"工具栏中的"阴影样式"按钮或"三维效果样式"按钮，在列表中选取一种阴影样式或三维效果样式。

6. 设置图形的叠放次序

添加对象时，每个对象占用一个单独的层，可以将这些层看作是叠放在一起的透明薄膜，普通文字位于文字层。图形对象将按照添加的先后顺序，从低层到高层叠放。当对象重叠时，读者能看出叠放次序，即使将对象组合，它们仍处在各自的层中。调整对象的叠放次序，可以创建不同的效果。

要改变对象的叠放次序，需执行以下操作：选择图形，单击"绘图"工具栏中的"绘图"按钮，指向"叠放次序"，再单击需要叠放的次序。其中"置于底层"是将所选对象置于文字层的上一层。

注意 *如果用鼠标无法选中衬于文字下方的图形对象，需先选中任何一个能够选中的对象，再反复按Tab键直到选中所需的对象即可。*

7. 设置图形的组合与取消组合

当在文档中有多个图形对象时，为了页面整齐，也为了使图文混排变得更加容易方便，需要对多个图形对象进行组合或取消组合。使用多次组合可以构建复杂的图形对象，对单一图形的操作一般都可以用于组合图形。方法如下：

单击"绘图"工具栏中的"选择对象"按钮，拖动鼠标选择要组合在一起的所有图形，再单击"绘图"工具栏中的"绘图"按钮，选择"组合"命令或"取消组合"命令。

注意 *组合图形可以与其他图形再次组合，要解除多次组合的图形，需反复使用"取消组合"命令。*

8. 图文混排

图文混排主要是指如何安排图片对象与周围文字的关系，以及图片对象在页面的位置。Word2003 中的文字和图片可以有多种混合排版的格式。

先单击文档中要设置版式的图片，选择"格式"→"图片"命令，打开"设置图片格式"对话框，如图 4.36 所示。

在"版式"选项卡中，可以选择两类共 5 种图文混排的格式。单击"高级"按钮可以选择更多的图文混排版式。

4.6.4　文本框的操作

文本框是一种可以移动并可调节大小的文字或图形容器，具有图形对象的性质。文本框打破了文本中行连续的原则，可以使用文本框在文档中任何位置很自由地插入图片或文字。默认状态下，文本框以浮动方式插入文档。插入文本框的步骤如下。

在"绘图"工具栏上单击"文本框"按钮或"竖排文本框"按钮，或者是选择"插入"

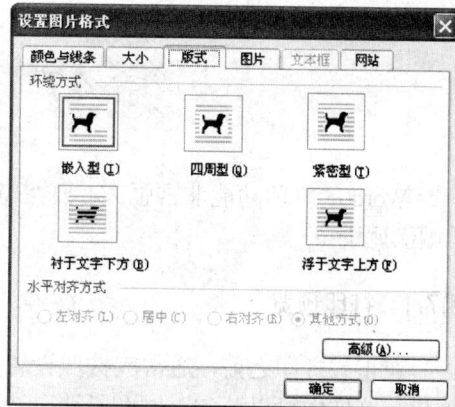

图 4.36　"设置图片格式"对话框

→"文本框"→"横排"或"竖排"命令，然后在文档中需要插入文本框的位置单击或拖动，再在文本框中输入文字即可。

4.6.5　数学公式

Word 中提供了公式编辑器，使用它可以方便地输入一些特定的公式并对其进行编辑。

1. 建立数学公式

1）单击要插入公式的位置。

2）选择"插入"→"对象"命令，选择"新建"选项卡。

3）选择"对象类型"列表框中的"Microsoft 公式 3.0"选项。如果没有"Microsoft 公式编辑器"，则需进行安装。

4）单击"确定"按钮，出现"公式"工具栏，如图 4.37 所示。

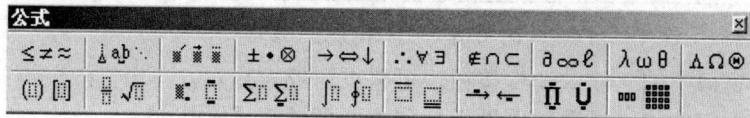

图 4.37　"公式"工具栏

5）从"公式"工具栏上选择符号，键入变量和数字，以创建公式。在"公式"工具栏的上面一行，可以在 150 多个数学符号中进行选择。在下面一行，可以在众多的样板或框架（包含分式、积分和求和符号等）中进行选择。

6）公式内容编辑完后，单击公式方框之外的任何地方，就可以返回 Word 文档。

2. 修改数学公式

要修改数学公式，只需双击要编辑的公式，就可以进入公式编辑状态了。

4.7　文档的打印

Word 的打印功能非常强大。要在 Word 环境下打印文档，必须事先安装打印机和打印驱动程序。

4.7.1　打印预览

在正式打印之前，通常应按照设置好的页面格式进行打印预览，以查看最后的打印效果，这样做可以节省时间和纸张。步骤如下。

选择"文件"→"打印预览"命令或单击"常用"工具栏中的"打印预览"按钮，出现"打印预览"窗口，如图 4.38 所示。在"打印预览"窗口中可以浏览文章的整个页面排版的效果。

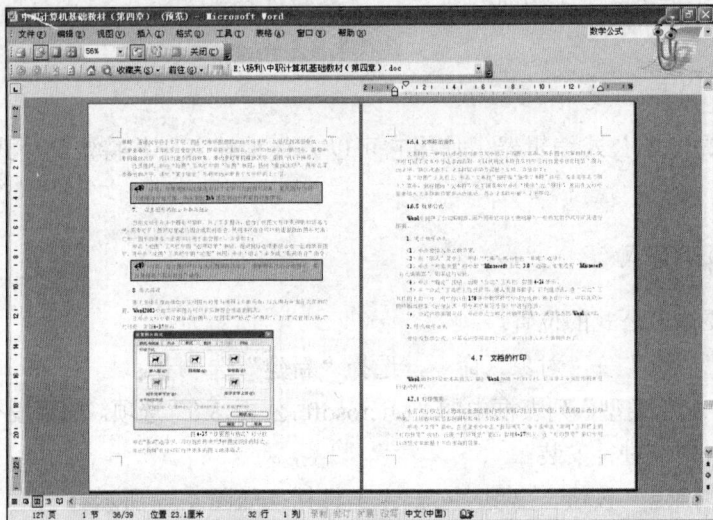

图 4.38　"打印预览"窗口

1）单击窗口中的"放大镜"按钮，可将页面放大显示。

2）使用窗口中的"显示比例"下拉列表框可调整显示比例。

3）使用窗口中的"单页"或"多页"按钮可改变每次显示的页面数量和页面的排列方式。

4）单击窗口中的"打印"按钮，可直接打印文档。

5）在"打印预览"模式下，可对文档元素进行剪切、复制、粘贴、移动、删除、改变格式及撤销/恢复等操作。

6）窗口中的"标尺"按钮是标尺的开关。当标尺显示时，可通过拖动标尺上的滑块来调整页边距或段落缩进。

4.7.2 打印设置

一篇文档编辑后,在打印之前要进行有关的设置。在 Word 中打印设置方法如下。

1)选择"文件"→"打印"命令,打开"打印"对话框,如图 4.39 所示。

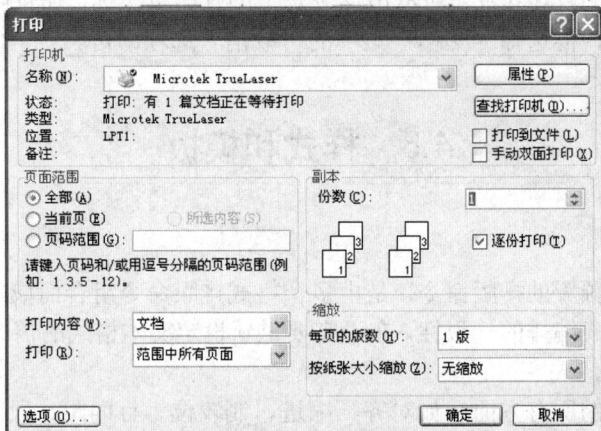

图 4.39 "打印"对话框

2)在"打印机"选项组中的"名称"下拉列表框中选择要使用的打印机。

3)在"页面范围"选项组中指定文档需打印的部分。页码范围分为"全部"、"当前页"、"页码范围"。可用字母 S 表示"节"、P 表示"页",使用英文逗号或连字符作为分割符。例如:输入 S3P6-S8P12,将从第 3 节的第 6 页一直打印到第 8 节的第 12 页。

4)在"副本"选项组中指定打印的份数以及是否逐份打印。

5)单击"选项"按钮和"属性"按钮可设置更多内容,单击"选项"按钮和"属性"按钮后弹出的对话框分别如图 4.40 和图 4.41 所示。

6)进行相应的设置后,单击"确定"按钮后,打印机便按设置值开始打印。

在"常用"工具栏中单击"打印"按钮,直接按系统上一次的打印设置开始打印。

图 4.40 单击"选项"按钮后打开的对话框   图 4.41 单击"属性"按钮后打开的对话框

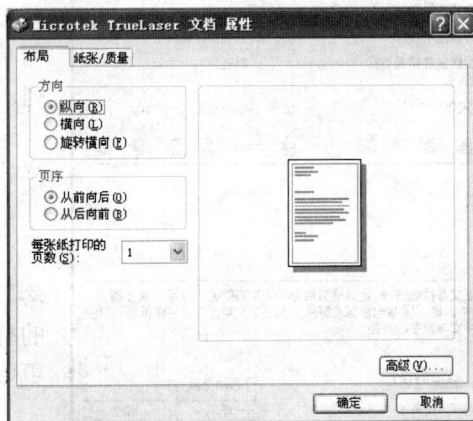

注意 ZHU YI 打印机卡纸或带纸是难免的，强行取出纸张、关闭打印机、关闭计算机、拔掉连线甚至切断电源的行为均可能造成系统故障。

要停止进行中的打印作业，可双击任务栏上的打印机图标，在打印队列窗口中选择要删除的打印作业，再选择"文档"菜单的"取消"选项即可。

4.8 样式和模板

4.8.1 样式

样式是一系列预置的排版命令，是由多个格式排版命令组合而成的集合。样式可以确保所编辑文档格式编排的一致性，在不需要重新设定文本格式的情况下就快速更新一个文档的排版样式。

样式包括格式的所有方面，如对齐、缩进、制表位、行间距、段间距、列表编号，以及字体、字号和字符颜色等。表格样式包括表格的边框、阴影和对齐方式等格式元素。

要制作标准文档，一般不需要多次分步设置格式，能否熟练地使用样式是 Word 应用水平高低的重要标志。

标准 Word 文档应具备下列指标。

1）文档的扩展名为.doc。

2）采用默认页面设置。

3）所有段落都使用了 Word 内置样式。

4）使用标题样式和列表样式，使文档结构清晰、层次分明。

5）一篇文档中，同类段落或内容的格式相同。

6）没有多余的空格和空行。

1. 创建新样式

1）如果"样式和格式"任务窗格没有打开，需单击"格式"工具栏中的"样式和格式"按钮。

2）在"样式和格式"任务窗格中，单击"新样式"，出现如图 4.42 所示的对话框。

3）在"名称"文本框中键入样式的名称。

4）在"样式类型"下拉列表框中，选择"段落"、"字符"、"表格"或"列表"，指定所创建的样式类型。或者单击"格式"按钮以便看到更多的选项。

也可使用快捷方式来创建新的样式，步骤如下：

1）选择要创建样式的文本或段落。

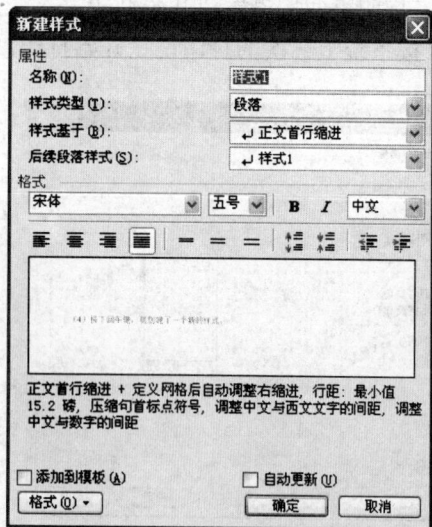

图 4.42 "新建样式"对话框

2）对选择的段落进行各种格式化，如字体、段落等的设置。

3）将光标定位于"格式"工具栏中的"样式"列表框中，输入新样式名。

4）按 Enter 键，这样就创建了一个新的样式。

2．应用样式

要使用样式，需执行下列操作。

1）选中一个要套用样式的段落，或将插入点放在该段落中，也可以同时选中多个段落甚至全文。

2）选择"格式"→"样式和格式"命令，在"样式和格式"任务窗格中单击要用的样式；也可以在"格式"工具栏中的"样式"列表中单击要用的样式。

3．查看样式

要查看当前文档中各个段落所使用的样式名称，可执行下列操作。

1）切换到普通视图或大纲视图。

2）选择"工具"→"选项"命令，选择"视图"选项卡。

3）在"大纲视图和普通视图选项"下的"样式区宽度"文本框中输入样式区宽度。

4）单击"确定"按钮，每个段落的样式名称都显示在左侧的样式区内，如图 4.43 所示。

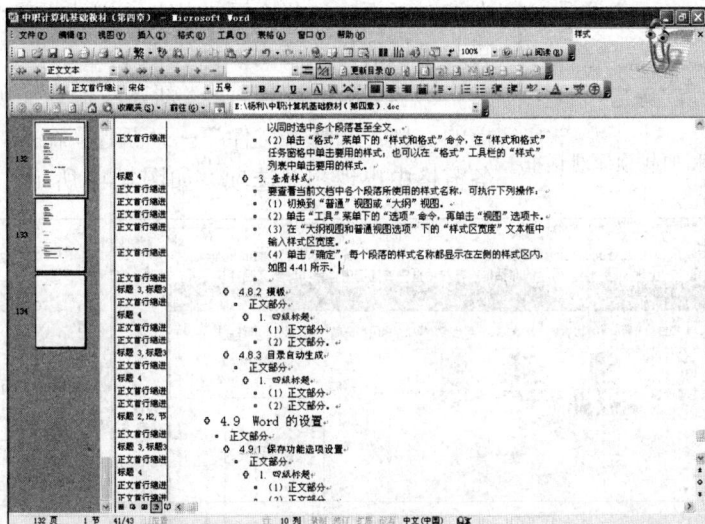

图 4.43　左侧的样式区内显示段落样式名称

4.8.2　模板

日常生活中，有时经常要编写信件、研究报告、自荐表等文件，它们都有一定的格式。模板就是这样的特殊的文档，它为生成类似的最终文档提供样板，使创建文档时不必都从头开始。利用模板可以节省时间和减少工作量，加快排版速度，确保同样类型的所有文件含有统一的编排格式。

模板分为共用模板和文档模板两种。共用模板适用于任何类型的文档，而文档模板是一种特定的模板，它只适用于基于该模板创建的文档。

当选择了一种特定模板建立一个文档时，得到的是这个模板的复制品，而不是模板本身，也就是说，模板可以无限多次被使用。

1. 创建新模板

1）新建或打开已经排版的要作为模板的文档。

2）选择"文件"→"另存为"命令，出现"另存为"对话框。

3）在"另存为"对话框的"保存类型"列表框中选择"文档模板"选项。

4）在"文件名"文本框中为这个模板起一个名字，并确定好保存位置。

5）单击"保存"按钮，一个由文档创建的新模板就形成了。以后，就可以用新创建的模板来排版新的文档。

图 4.44 "模板和加载项"对话框

2. 创建基于某种模板的文档

1）在创建新文档时选择模板创建文档：选择"工具"→"模板和加载项"命令，出现如图 4.44 所示的对话框；在对话框中首先选中"自动更新文档样式"复选框，单击"选用"按钮，打开"选用模板"对话框；在该对话框中选择合适的模板，单击"确定"按钮即可将此模板的样式应用到新文档中。

2）利用"文件"→"新建"命令实现创建基于模板的文档：选择"文件"→"新建"命令，在右边的任务窗格中出现相关选项，如图 4.45 所示。

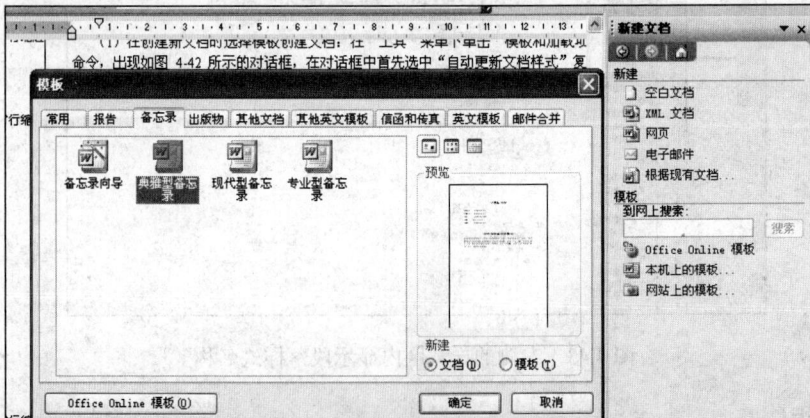

图 4.45 "模板"对话框

可根据需要选择。如选择"本机上的模板"，则会出现"模板"对话框，诸多选项卡中提供了书写特定格式文档的很多文档模板，如报告、备忘录、信函和传真等，每一类模板中又有很多种格式可供选择。选定其中一种，单击"确定"按钮就可以创建基于这种模板的一个新文档。

4.9　Word 的设置

Word 中还有很多选项设置，灵活地运用它们，会给工作带来很多便利。下面简要介绍其中几种。

4.9.1　保存功能选项设置

根据需要选择保存选项可以使 Word 具有不同的保存功能。要设置保存选项，需选择"工具"→"选项"命令→"保存"选项卡，如图 4.46 所示。

"保存"选项卡中相关选项说明如下。

1）保留备份：每次保存文档时，Word 都会在同一文件夹下自动创建文档的一个备份，每个新备份都会替换上次的备份。备份文件的扩展名是.wbk，可以在 Word 中打开。仅当 Word 执行完整保存时才会创建备份。因此，选中此选项后，"允许快速保存"功能将被禁用。

2）允许快速保存：只记录文档中的更改，用来加快保存速度。使用此选项将会增大文档。文档定稿后，应该取消选中此选项并再次保存文档。

3）允许后台保存：后台保存文档时，可以继续进行其他工作，状态栏中会出现闪动的磁盘图标。

图 4.46　"选项"对话框

4）自动保存时间间隔：按指定的时间间隔创建自动恢复文件。默认的自动保存间隔是 10 分钟，可以在 1～120 分钟内选择。系统不稳定时，建议缩短自动保存时间间隔。如果计算机死机或意外断电，Word 会在下次启动时打开可能包括未保存信息的"自动恢复"文件。此举不能代替"保存"功能，因此，使用"自动恢复"文件后，必须及时保存文件。

5）禁用在此版本后的新增功能：关闭或转换当前版本的新增功能，以便使用早期 Word 版本处理该文档。

4.9.2　自定义工具栏

默认状态下，工具栏只给出部分常用命令按钮，要在工具栏上添加或删除按钮，需要执行下列操作。

1）选择"工具"→"自定义"命令，打开"自定义"对话框。

2）选择"命令"选项卡，如图 4.47 所示。

3）在"类别"列表框中单击命令类别，在"命令"列表框中选择需要的命令，按

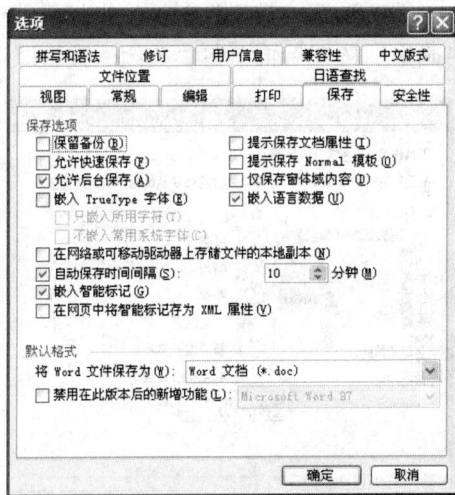

住鼠标左键拖动此命令到某个工具栏上，放开鼠标后该命令按钮将出现在指定位置。同样可将工具栏上的命令按钮拖离工具栏。

注意 ZHU YI 单击工具栏右端的"工具栏选项"箭头，再单击"添加或删除"按钮，在按钮列表中选中或取消选中复选框，也可以添加或删除工具按钮。

工具栏被改变后，要恢复工具栏的默认状态，只需在"自定义"对话框中选择"工具栏"选项卡，选择要恢复默认状态的工具栏，单击"重新设置"按钮，如图 4.48 所示；在"重新设置工具栏"对话框中接受或选择重置的有效范围，一般选择 Normal，单击"确定"按钮后再单击"关闭"按钮即可。

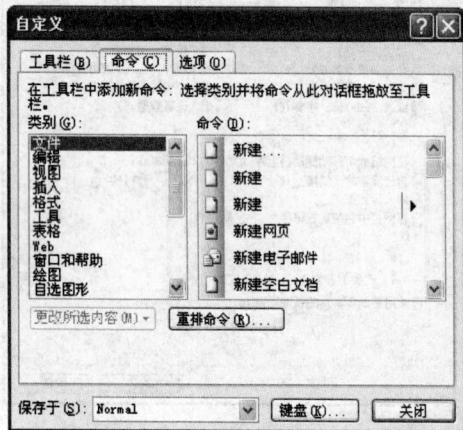

图 4.47　"自定义"对话框

图 4.48　"工具栏"选项卡和"重新设置工具栏"对话框

本章小结

本章主要介绍了以下内容。

1）中文 Word 2003 的启动、退出方法及其窗口组成。

2）文档的基本操作。包括创建新文档、打开文档、保存文档的方法，并介绍了各种文档视图的作用及切换方法。

3）文档的编辑方法。使用 Word 处理文档的过程大致分为三个步骤。首先，将文档的内容输入到计算机中；然后对所输入的内容进行格式编排，即所谓的排版；最后将其保存在计算机中，以便以后查看和编辑。主要介绍了文字的录入、文本的选定方法，以及文本的插入、删除、撤销、恢复、移动、复制、查找、替换方法。

4）文档的格式设置方法。文档输入完后，常需要改变文档外观，以得到自己需要的文档排版格式。主要介绍了文档中字符的格式设置、段落的格式设置及页面的格式设置。

5）表格的制作方法。制表是 Word 的主要功能之一。利用 Word 提供的制表功能，可以创建、编辑、格式化复杂表格，包括带有斜线的表格和任意单元格的表格；也可以对表格内数据进行排序、统计等操作；还可以将表格转换成各类统计图表。主要介绍了表格的创建、编辑方法及表格的格式设置方法。

6）图文对象处理方法。Word 虽然是一个文字处理软件，但它同样具有强大的图形处理功能。可以在文档的任意位置插入图形，从而编辑出图文并茂的文档。主要介绍了插入图片、插入艺术字、绘制图形、文本框的操作以及数学公式的输入方法。

7）文档的打印方法。一篇文档在输入、编排之后，通常需要打印出来。在正式打印之前，可按照设置好的页面格式进行预览，这样可以节省时间和纸张。

8）样式和模板的介绍。能否熟练地使用样式和模板是 Word 应用水平高低的重要标志，主要介绍了样式的创建、应用、查看方法以及模板的创建、应用方法。

9）Word 的几项相关设置。可以根据自己的习惯去设置有关内容，包括保存功能选项设置和自定义工具栏的方法等。

思考与练习

一、选择题

1．Word 是 Microsoft 公司提供的一个_____。
　　A．操作系统　　　　　　　　B．表格处理软件
　　C．文字处理软件　　　　　　D．数据库管理系统
2．启动 Word 是在启动_____的基础上进行的。
　　A．Windows　　　　　　　　B．UCDOS
　　C．DOS　　　　　　　　　　D．WPS
3．在 Word "文件" 菜单底部列出的文件名表示_____。
　　A．该文件正在使用　　　　　B．该文件正在打印
　　C．扩展名为.doc 的文件　　　D．Word 最近处理过的文件
4．Word 文档文件的扩展名是_____。
　　A．.txt　　　　　　　　　　B．.wps
　　C．.doc　　　　　　　　　　D．.wod
5．第一次保存文件，将出现_____对话框。
　　A．保存　　　　　　　　　　B．全部保存
　　C．另存为　　　　　　　　　D．保存为
6．在 Word 编辑窗口中要将光标移到文档尾可用_____键。
　　A．Ctrl+End　　　　　　　　B．End
　　C．Ctrl+Home　　　　　　　D．Home
7．要打开菜单，可用_____键和各菜单名旁带下划线的字母。
　　A．Ctrl　　　　　　　　　　B．Shift

C．Alt D．Ctrl+Shift

8．以下关于"Word 文本行"的说法中，正确的是_____。

A．输入文本内容到达屏幕右边界时，只有按回车键才能换行

B．Word 文本行的宽度与页面设置有关

C．在 Word 中文本行的宽度就是显示器的宽度

D．Word 文本行的宽度用户无法控制

9．"剪切"命令用于删除文本和图形，并将删除的文本或图形放置到_____。

A．硬盘上 B．软盘上

C．剪贴板上 D．文档上

10．关于 Word 查找操作的错误说法是_____。

A．可以从插入点当前位置开始向上查找

B．无论什么情况下，查找操作都是在整个文档范围内进行

C．Word 可以查找带格式的文本内容

D．Word 可以查找一些特殊的格式符号，如分页线等

11．打印预览中显示的文档外观与_____的外观完全相同。

A．普通视图显示 B．页面视图显示

C．实际打印输出 D．大纲视图显示

12．当编辑具有相同格式的多个文档时，可使用_____。

A．样式 B．向导

C．连联帮助 D．模板

13．若要设置打印输出时的纸型，应从_____菜单中调用"页面设置"命令。

A．视图 B．格式

C．编辑 D．文件

14．输入文档时，键入的内容出现在_____。

A．文档的末尾 B．鼠标指针处

C．鼠标"I"形指针处 D．插入点处

15．要将插入点快速移动到文档开始位置应按_____键。

A．Ctrl+Home B．Ctrl+PageUp

C．Ctrl+↑ D．Home

16．如果要复制一段文本，可以用下面哪个操作？_____。

A．先指定一段文字，在指定区域内右击，选择"粘贴"命令，然后移动光标到想复制的位置，右击，选择"复制"命令

B．先指定一段文字，在指定区域内右击，选择"复制"命令，然后移动光标到想复制的位置，按右击，选择"粘贴"命令

C．指定一段文字，直接在指定区域内右击，选择"复制"命令

D．指定一段文字，直接在指定区域内右击，选择"粘贴"命令

17．在 Word 中，光标和鼠标指针的位置是_____。

A．光标和鼠标指针的位置始终保持一致

B．光标是不动的，鼠标指针是可以动的

C．光标代表当前文字输入的位置，而鼠标指针则可以用来确定光标的位置

D．没有光标和鼠标指针之分

18．在 Word 文档中，插入表格的操作时，以下哪种说法正确？_____。

A．可以调整每列的宽度，但不能调整高度

B．可以调整每行和列的宽度和高度，但不能随意修改表格线

C．不能划斜线

D．以上都不对

19．如果要在文字中插入符号"&"，可以_____。

A．选择"插入"→"对象"命令

B．选择"插入"→"图片"命令

C．用复制和粘贴的办法从其他的图形中复制一个

D．选择"插入"→"符号"命令或在光标处右击，选择"符号"命令后再进行

20．如果在 Word 的文字中插入图片，那么图片只能放在文字的_____。

A．左边　　　　　　　　　　　B．中间

C．下面　　　　　　　　　　　D．前三种都可以

21．通常在输入标题的时候，要让标题居中，可以用以下_____的操作。

A．用空格键来调整

B．用 Tab 键来调整

C．选择"工具栏"中的"居中"按钮来自动定位

D．用鼠标定位来调整

22．要把相邻的两个段落合并为一段，应执行的操作是_____。

A．将插入点定位于前段末尾，单击"撤销"按钮

B．将插入点定位于前段末尾，按 Back Space 键

C．将插入点定位于后段开头，按 Delete 键

D．删除两个段落之间的段落标记

23．要选定一个段落，以下哪个操作是错误的？_____

A．将插入点定位于该段落的任何位置，然后按 Ctrl+A 快捷键

B．将鼠标指针拖过整个段落

C．将鼠标指针移到该段落左侧的选定区双击

D．将鼠标指针在选定区纵向拖动，经过该段落的所有行

24．当工具栏中的"剪切"和"复制"按钮，不能使用时，表示_____。

A．此时只能从"编辑"菜单中调用"剪切"和"复制"命令

B．在文档中没有选定任何内容

C．剪贴板已经有了要剪切或复制的内容

D．选定的内容太长，剪贴板放不下

25．在文档中设置了页眉和页脚后，页眉和页脚只能在_____才能看到。

A．普通视图方式下　　　　　　B　大纲视图方式下

C．页面视图方式下　　　　　　D　页面视图方式下或打印预览中

26．关于编辑页眉页脚，下列叙述_____不正确。

A．文档内容和页眉页脚可在同一窗口编辑

B．文档内容和页眉页脚一起打印

C．编辑页眉页脚时不能编辑文档内容

D．页眉页脚中也可以进行格式设置和插入剪贴画

27．Word 中，以下对表格操作的叙述，错误的是_____。

A．在表格的单元格中，除了可以输入文字、数字，还可以插入图片

B．表格的每一行中各单元格的宽度可以不同

C．表格的每一行中各单元格的高度可以不同

D．表格的表头单元格可以绘制斜线

28．Word 的查找和替换功能很强，不属于其中之一的是_____。

A．能够查找和替换带格式或样式的文本

B．能够查找图形对象

C．能够用通配字符进行快速、复杂的查找和替换

D．能够查找和替换文本中的格式

29．在 Word 默认情况下，输入了错误的英文单词时，会_____。

A．系统响铃，提示出错　　　　B．在单词下有绿色下划波浪线

C．在单词下有红色下划波浪线　　D．自动更正

30．在 Word 的编辑状态，打开文档 ABC，修改后另存为 ABD，则_____。

A．ABC 是当前文档　　　　　　B．ABD 是当前文档

C．ABC 和 ABD 均是当前文档　　D．ABC 和 ABD 均不是当前文档

31．在 Word 的编辑状态中，若设置一个文字格式为下标形式，应使用"格式"菜单中的_____命令。

A．字体　　　　　　　　　　　B．段落

C．文字方向　　　　　　　　　D．组合字符

32．在 Word 的编辑状态中，统计文档的字数，需要使用的菜单是_____。

A．文件　　　　　　　　　　　B．视图

C．格式　　　　　　　　　　　D．工具

33．在 Word 的编辑状态中，对已经输入的文档设置首字下沉，需要使用的菜单是_____。

A．编辑　　　　　　　　　　　B．视图

C．格式　　　　　　　　　　　D．工具

34．在 Word 的文档中，选定文档某行内容后，使用鼠标拖动方法将其移动时，配合的键盘操作是_____。

A．按住 Esc 键　　　　　　　　B．按住 Ctrl 键

C. 按住 Alt 键　　　　　　　　　D. 不做操作

35. 在 Word 的编辑状态中，如果要输入罗马数字Ⅸ，那么需要使用的菜单是＿＿＿＿＿。

A. 编辑　　　　　　　　　　　B. 插入

C. 格式　　　　　　　　　　　D. 工具

36. 在 Word 的编辑状态，执行两次"剪切"操作，则剪贴板中＿＿＿＿＿。

A. 仅有第一次被剪切的内容　　B. 仅有第二次被剪切的内容

C. 有两次被剪切的内容　　　　D. 无内容

37. 在 Word 的编辑状态打开了一个文档，对文档作了修改，进行"关闭"文档操作后，＿＿＿＿＿。

A. 文档被关闭，并自动保存修改后的内容

B. 文档不能关闭，并提示出错

C. 文档被关闭，修改后的内容不能保存

D. 弹出对话框，并询问是否保存对文档的修改

38. 在 Word 的编辑状态，选择了一个段落并设置段落的"首行缩进"为 1 厘米，则＿＿＿＿＿。

A. 该段落的首行起始位置距页面的左边距 1 厘米

B. 文档中各段落的首行只由"首行缩进"确定位置

C. 该段落的首行起始位置距段落的"左缩进"位置的右边 1 厘米

D. 该段落的首行起始位置在段落"左缩进"位置的左边 1 厘米

39. 在 Word 的编辑状态，选择了当前文档中的一个段落，进行"清除"操作（或按 Del 键），则＿＿＿＿＿。

A. 该段落被删除且不能恢复

B. 该段落被删除，但能恢复

C. 能利用回收站恢复被删除的该段落

D. 该段落被移到回收站内

40. 进入 Word 后，打开了一个已有文档 w1.doc，又进行了"新建"操作，则＿＿＿＿＿。

A. w1.doc 被关闭　　　　　　　B. w1.doc 和新建文档均处于打开状态

C. "新建"操作失败　　　　　　D. 新建文档被打开但 w1.doc 被关闭

41. 在 Word 编辑状态，先后打开了 d1.doc 文档和 d2.doc 文档，则＿＿＿＿＿。

A. 可以使两个文档的窗口都显现出来

B. 只能显现 d2.doc 文档的窗口

C. 只能显现 d1.doc 文档的窗口

D. 打开 d2.doc 后两个窗口自动并列显示

42. 要将文档中某个词全部删除或换为另一个词，可以用＿＿＿＿＿的方法。

A. 打开"查找"对话框，然后对每一查找结果进行删除操作或输入另一词

B. 使用"工具"→"修订"命令

C. 使用"工具"→"自动更正"命令

  D. 打开"查找"对话框,单击"替换"按钮,在"替换为"文本框中不输入或输入另一词

43. Word 录入原则是_____。

  A. 可任意按空格键、Enter 键　　　B. 可任意按空格键、不可任意加 Enter 键

  C. 不可任意按空格键、Enter 键　　D. 不可任意按空格键,可任意加 Enter 键

44. 在 Word 编辑状态下,给当前打开的文档加上页码,应使用的菜单是_____。

  A. 编辑　　　　　　　　　　　B. 插入

  C. 格式　　　　　　　　　　　D. 工具

45. 在 Word 编辑状态下,若要调整光标所在段落的行距,首先进行的操作是_____。

  A. 打开"编辑"菜单　　　　　　B. 打开"视图"菜单

  C. 打开"格式"菜单　　　　　　D. 打开"工具"菜单

46. 在 Word 编辑状态下绘制图形时,文档应处于_____。

  A. 普通视图　　　　　　　　　B. 主控文档

  C. 页面视图　　　　　　　　　D. 大纲视图

47. 当一个 Word 窗口被关闭后,被编辑的文档将_____。

  A. 被从磁盘中清除　　　　　　B. 被从内存中清除

  C. 被从内存或磁盘中清除　　　D. 不会从内存和磁盘中被清除

48. 在 Word 编辑状态下,对选定文字_____。

  A. 可以设置颜色,不可以设置动态效果

  B. 可以设置动态效果,不可以设置颜色

  C. 既可以设置颜色,也可以设置动态效果

  D. 不可以设置颜色,也不可以设置动态效果

49. 设 Windows 为系统默认状态,在 Word 编辑状态下,移动鼠标指针至文档行首空白处(文本选定区)单击左键三下,结果会选择文档的_____。

  A. 一句话　　　　　　　　　　B. 一行

  C. 一段　　　　　　　　　　　D. 全文

50. 在 Word 的文档中插入数学公式,在"插入"菜单中应选的命令是_____。

  A. 符号　　　　　　　　　　　B. 图片

  C. 文件　　　　　　　　　　　D. 对象

51. 需要在 Word 的文档中设置页码,应使用的菜单是_____。

  A. 文件　　　　　　　　　　　B. 插入

  C. 格式　　　　　　　　　　　D. 工具

52. 在 Word 中,如果要使文档内容横向打印,在"页面设置"对话框中应选择的选项卡是_____。

  A. 纸型　　　　　　　　　　　B. 纸张来源

  C. 版面　　　　　　　　　　　D. 页边距

53. Word 程序启动后就自动打开一个名为_____的文档。

    A. Noname   B. Untitled   C. 文件 1   D. 文档 1

54. Word 程序允许打开多个文档，用_____菜单可以实现文档窗口之间的切换。

    A. 编辑   B. 窗口   C. 视图   D. 工具

55. 要将文档中一部分选定的文字移动到指定的位置去，首先对它进行的操作是_____。

    A. 选择"编辑"→"复制"命令

    B. 选择"编辑"→"清除"命令

    C. 选择"编辑"→"剪切"命令

    D. 选择"编辑"→"粘贴"命令

56. 要将文档中一部分选定的文字的中、英文字体，字形，字号，颜色等各项同时进行设置，应使用_____.

    A. "格式"→"字体"命令

    B. 工具栏中的"字体"列表框选择字体

    C. "工具"菜单

    D. 工具栏中的"字号"列表框选择字号

57. 在_____视图下可以插入页眉和页脚。

    A. 普通   B. 大纲   C. 页面   D. 主控文档

58. 下列不能打印输出当前编辑的文档的操作是_____。

    A. 选择"文件"→"打印"命令

    B. 选择"常用"工具栏中的"打印"按钮

    C. 选择"文件"→"页面设置"命令

    D. 选择"文件"→"打印预览"命令，再单击工具栏中的"打印"按钮

59. 退出 Word 的正确操作是_____。

    A. 选择"文件"→"关闭"命令

    B. 单击文档窗口上的"关闭"按钮

    C. 选择"文件"→"退出"命令

    D. 单击 Word 窗口的"最小化"按钮

二、判断题

1. Word 不具有绘图功能。   （   ）

2. 在 Word 中的段落格式与样式是同一个概念的两种不同说法。   （   ）

3. Word 允许同时打开多个文档，但只能有一个文档窗口是当前活动窗口。（   ）

4. Word 进行打印预览时，只能一页一页地观看。   （   ）

5. 普通视图模式是 Word 文档的默认查看模式。   （   ）

6. 页面视图所显示的文档的某些修饰性细节不能打印出来。   （   ）

7. 在文档的一行中插入或删除一些字符后，该行会变得比其他行长些或短些，必须用标尺或对齐命令加以调整。　　　　　　　　　　　　　　　　　　　（　　）

8. "恢复"命令的功能是将误删除的文档内容恢复到原来位置。　　　　（　　）

9. Word 把艺术字作为图形来处理。　　　　　　　　　　　　　　　（　　）

10. 打印机打印文档的结果是不可显示的乱码，原因是没有选择好打印机。（　　）

11. 删除表格的方法是将整个表格选定，按 Delete 键。　　　　　　　（　　）

12. 给 Word 文档设置的密码生效后，就无法对其进行修改了。　　　（　　）

13. 在 Word 中，要在页面上插入页眉、页脚，应使用"视图"→"页眉和页脚"命令。　　　　　　　　　　　　　　　　　　　　　　　　　　　　（　　）

三、问答题

1. 简述 Word 2003 的窗口组成。

2. 简述 Word 2003 中不同视图的作用及适用的情况。

3. 请说出你所知道的保存文档的所有方法。

4. 请说出你所知道的复制、剪切文本的所有方法。

5. 请说出你所知道的快速选定文本的所有方法。

6. 请说出至少三种设置字体的方法。

7. 请说出水平标尺上不同标记的作用。

8. 请说出至少三种在 Word 2003 中插入表格的方法。

9. 简述样式和模板的作用。

10. 简述将 Word 的自动保存时间间隔设为 5 分钟的方法。

上机实验

实验一　Word 2003 的基本操作和文档的编辑

1. 实验目的

1）了解 Word 2003 的各种启动方法。

2）熟悉 Word 2003 的编辑环境，掌握汉字录入方法。

3）了解 Word 2003 文本的浏览和定位，掌握文本中汉字的插入、替换和删除等操作。

4）掌握选定内容的剪切、复制操作，以及查找或替换指定范围内的指定文本的方法。

5）学会用不同的方法保存文档。

2．实验步骤

1）启动 Word 2003，打开一个新文档，输入 4.1 节的前三段，并命名为"Word2003 简介.doc"进行保存。

2）将所有内容选中，并复制。

3）将所有的 Word 2003 全部替换为 Microsoft Office Word 2003。

4）将改变后的内容另存为"中文 Microsoft Office Word 2003 简介.doc"。

5）退出 Word 2003，并再次进入，找到刚才编辑的文档，并打开再次编辑。

实验二　文档格式的设置

1．实验目的

1）正确理解设置字符格式、段落格式和页面格式的含义。

2）掌握使用菜单进行格式设置的方法，以及使用工具栏按钮快速进行格式设置的方法。

3）掌握纸张大小、方向和来源，页面字数和行数等页面设置的方法。

4）掌握打印预览的功能，在有条件的地方，学会打印机的设置和文档的打印。

2．实验步骤

1）启动 Word 2003，打开在实验一中创建的文档"中文 Microsoft Office Word 2003 简介.doc"，对其中的字符格式进行设置。标题：黑体、加粗、三号、斜体、加下划线、居中；正文：宋体、四号，将所有的英文红色显示，并加框。

2）对段落格式进行设置。将第二段设置为首行缩进 0.8 厘米，左缩进 1 厘米，右缩进 2 厘米，将第三段设置为"分散对齐"。

3）设置段前距 0.6 行，段后距 0.3 行，标题与正文之间的行距为 3 倍行距，正文中段落之间的行距为固定值 20 磅。

4）将第二段文字加框，加淡蓝色底纹。

5）对页面格式进行设置。插入页码，形式为"第一页，第二页……"，并且居中显示。

6）对该文档进行打印预览操作，根据预览结果再次调整格式设置。

实验三　表格和图形的操作

1．实验目的

1）学习并掌握表格的制作方法、表格的修改与调整。

2）掌握图片的插入和图形格式的设置。

3）掌握文本框、艺术字、公式的使用。

4）图文混排的处理。

2. 实验步骤

1）启动 Word 2003，新建一个文档，输入如图 4.49 所示的表格。

学号	姓名	性别	专业	笔试成绩	上机成绩	结论
31060201	乔小妹	女	机电工程	80	87	通过
31060202	王建英	女	医药卫生	55	67	未通过
31060203	白涛	男	信息技术	72	66	通过
31060204	李强	男	生物工程	88	90	优秀
31060205	张三	男	人文艺术	90	81	通过

图 4.49　建立一个表格

2）对表格格式进行设置。将行高设为 30 磅，列宽设为 2 厘米，并将对齐方式选择为"中部居中"。

3）对表格外观进行修饰。将标题行的文本设为黑体、红色、五号，底纹设为灰色 -12.5%。外边框线宽为 1.5 磅，内边框线宽为 0.5 磅。

4）保存该文档，名字为"表格和图形.doc"。

5）插入图形。在剪贴画中搜索"动物"，找到"老虎"图案，插入图形到表格下方，对图案的格式进行设置。

6）输入数学公式 $\dfrac{\sqrt[3]{5}}{\alpha\beta}\displaystyle\int_0^\infty 123\phi\mathrm{d}\phi$，一起保存在文档中。

实验四　Word 2003 的综合练习

1. 实验目的

能够利用已掌握的文档处理方法，熟练地对一篇文档进行输入、编辑、排版、打印等操作。

2. 实验步骤

1）启动 Word 2003，新建一个文档，将"中文 Microsoft Office Word 2003 简介.doc"和"表格和图形.doc"中的内容都复制到新文档中，保存为"连接文档.doc"。

2）将整篇文档进行排版，并将自己的名字设为"水印"效果。

3）将所有的内容在一页 16 开的纸中安排得合理、美观，可适当对版面进行修饰。

4）将排版后的文档进行预览，对其进行修改，将修改后的文档进行保存。

第5章

Excel 2003 教程

学习目标

- ◆ 掌握创建工作表的基本方法
- ◆ 掌握工作表格式编排的方法
- ◆ 了解公式和函数的基本概念
- ◆ 掌握数据的排序和筛选等分析方法
- ◆ 掌握创建图表的方法
- ◆ 掌握页面设置的方法

内容摘要

- ◆ Excel 2003 的基本操作
- ◆ 工作表的管理
- ◆ 工作表的格式化
- ◆ 公式与函数
- ◆ 数据的排序和筛选
- ◆ 数据图表
- ◆ 工作表的打印

Excel 2003 是一个电子表格软件，广泛应用于财务、统计、审计、金融分析及日常办公事务处理等众多方面。它是一种表格式的数据综合管理与分析系统，可以高效地完成各种表格和图表的设计，并进行数据计算、管理与分析。Excel 2003 也是 Microsoft Office 2003 套装软件之一。

5.1　Excel 2003 的基本操作

5.1.1　Excel 2003 的启动和退出

1. Excel 2003 的启动

1）通过"开始"菜单启动 Excel 2003
2）利用桌面快捷方式启动 Excel 2003

2. Excel 2003 的退出

1）选择"文件"→"退出"命令。
2）单击窗口右上方的"关闭"按钮。
3）按 Alt+F4 组合键。

5.1.2　Excel 2003 的工作窗口

启动 Excel 2003 后，就会出现其工作窗口。该窗口从上到下由 6 个单元组成：标题栏、菜单栏、工具栏、编辑栏、工作簿窗口和状态栏，如图 5.1 所示。

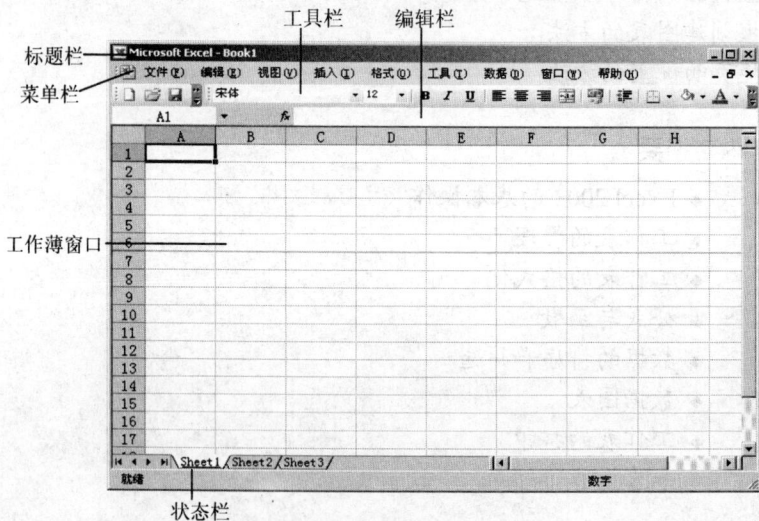

图 5.1　Excel 2003 工作窗口

其标题栏、菜单栏、工具栏和状态栏的构成和使用与 Word 2003 基本相同，而编辑栏、工作簿窗口则是 Excel 2003 独有的。

1. 工作簿窗口

在工作簿窗口可以看到单元格、工作表标签、行号、列标等 Excel 所特有的窗体元素，如图 5.2 所示。

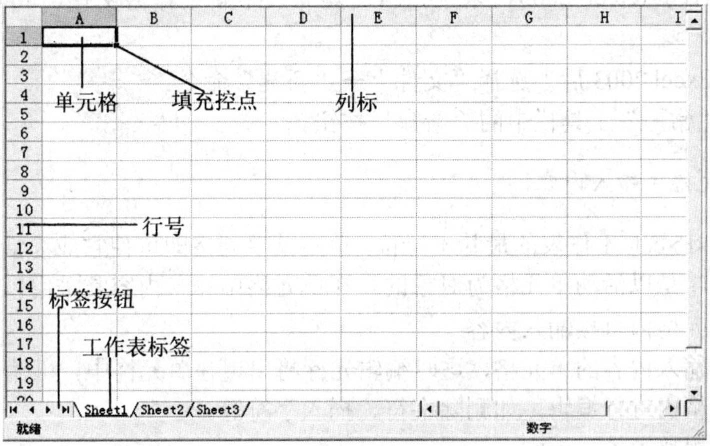

图 5.2　Excel 2003 工作簿窗口

（1）单元格

单元格是构成工作表的最基本单元，它可以保存数值、文字等数据。单个单元格用单个地址表示，地址由行号和列标组成。

（2）工作表

工作表由按行、列组织的单元格构成。单击某个工作表标签则该工作表成为当前工作表，可以对它进行编辑。一个工作表最多有 65536 行和 256 列，最小行号是 1，最大行号是 65536，最小列标是 A，最大列标是 IV。

（3）工作簿

工作簿是一个 Excel 2003 文件，其扩展名为 .xls ，它包含若干个工作表。

一个新工作簿默认有 3 个工作表，最多可以包含 255 个工作表。工作表的名字可以修改，工作表的个数也可以增减。

2. 编辑栏

编辑栏用于输入、显示或编辑单元格中的数据和公式。

如果单元格的内容为常量，编辑栏将显示该常量；如果单元格的内容为公式，编辑栏将显示公式而不是公式的计算结果。在编辑栏中单击就进入了编辑状态，此时输入的内容将同时显示在单元格中。

5.1.3　建立工作簿

1．新建工作簿

在工作中，经常需要给不同的数据创建不同的工作簿文件。建立新工作簿文件有如下方法。

1）每次启动 Excel 2003，系统会自动建立一个新工作簿文件，其默认文件名为 Book1.xls。

2）启动 Excel 2003 后，选择"文件"→"新建"命令。

3）单击"常用"工具栏中的"新建"按钮。

2．在单元格中输入内容

单元格是 Excel 工作表的最基本单位，单击某单元格即可使它成为活动单元格，数据的输入和编辑是以活动单元格为对象的。在单元格中输入内容常采用以下两种方法。

（1）在单元格内直接输入内容

双击想要输入内容的单元格，这时编辑光标将出现在单元格中，可输入文字。还可以直接在单元格内进行编辑，如删除字符、插入字符等。

（2）在编辑栏中输入内容

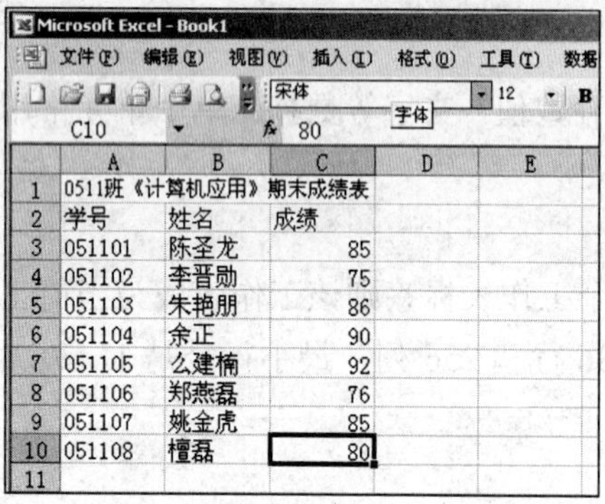

单击要输入数据的单元格，再单击编辑栏，即可输入文字，这时输入的内容会同时出现在编辑栏和单元格中。

输入的文本超过单元格宽度，如果其后的单元格中没有内容，则全部显示；如果其后的单元格中有内容，则超出部分自动隐藏。

下面制作成绩单。

1）单击单元格 A1，再单击编辑栏，输入"0511班《计算机应用》期末成绩表"。

2）双击单元格 A2，输入"学号"；双击单元格 B2，输入"姓名"，依次输入如图 5.3 所示的内容。

图 5.3　制作成绩单

3．保存工作簿

当工作簿经过编辑后，需要将其进行保存。选择"文件"→"保存"命令，打开"另存为"对话框，可保存工作簿。

5.1.4　数据的输入

1．数据规则

在工作表的单元格中，输入的符号和数字统称为数据。单元格能够接受的数据类型包括数字、文字、日期、时间和公式，每种数据都需要遵守一定的规则。

（1）数字数据

输入数值时，单元格默认的是"常规"数字格式，Excel 会将数字显示为整数、小数，当数字长度超出单元格宽度时以科学记数法表示，如输入"78901234"，在单元格显示"7.89E+07"。"常规"格式的数字长度为 11 位，其中包括小数点和类似 E 和"+"这样的字符。

在 Excel 2003 中，数字只可以为下列字符：

　0　1　2　3　4　5　6　7　8　9　+　–　(　)　,　/　$　%　.　E　e

Excel 2003 将忽略数字前面的正号"+"，并将单个句点视作小数点。所有数字与非数字的组合均作文本处理。默认状态下，数字在单元格中为右对齐。

输入负数时应在负数前键入减号"–"，或将其置于括号"( )"中，如 –12 或（12）。

（2）日期和时间数据

Excel 将日期和时间视为数字处理。默认状态下，日期和时间项在单元格中右对齐。如果 Excel 2003 不能识别输入的日期或时间格式，输入的内容将被视作文本，并在单元格中左对齐。

输入日期可以采用以下形式（以输入 2006 年 10 月 1 日为例）：

　　　　　06/10/01　06-10-01　01-OCT-06　01/OCT/06

输入时间可以采用以下形式（以输入 19 点 30 分为例）：

　　　　　19:30　7:30PM　19 时 30 分　下午 7 时 30 分

其中"AM"或"A"表示上午，"PM"或"P"表示下午。

（3）文字数据

在 Excel 2003 中，文本可以是数字、空格和非数字字符的组合。默认状态下，所有文本在单元格中左对齐。

如果要在同一单元格中显示多行文本，可打开"单元格格式"对话框，选中"对齐"选项卡中的"自动换行"复选框。

如果要在单元格中输入硬回车，可按 Alt+Enter 键。

2. 记忆式键入功能

如果在单元格中键入的起始字符与该列已有的录入项相符，Excel 可以自动填写其余的字符。Excel 只能自动完成包含文字的录入项。

如果接受建议的录入项，按 Enter 键；如果不想采用自动提供的字符，则继续键入；如果要删除自动提供的字符，按 Backspace 键。

3. 同值填充

先选择作为数据来源的一个或多个单元格，然后向某方向拖动选择区填充控点，可将原选择区中各单元格中的内容复制到相应单元格中，如图 5.4 所示。

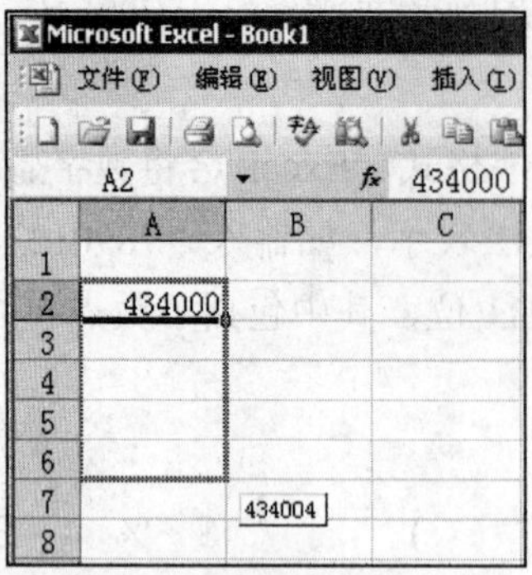

拖动填充控点 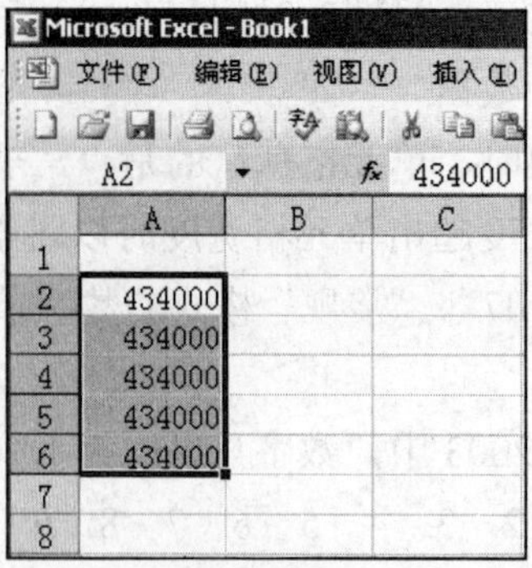　　　　　　　　释放后的效果

图 5.4　同值填充

4. 顺序填充

对数据单元格，拖动其填充控点时，通常只进行等值填充。但按住 Ctrl 键时，自某个数值单元格向下或右拖动该单元格的填充控点可进行增量为 1 的递增填充，向上或左拖动填充控点则进行增量为−1 的递减填充。

5. 填充数据序列

如果需要自某个单元格按自定的步长进行递增或递减，应用下面的操作步骤。

1）选定待填充数据区的起始单元格，然后输入序列的初始值。

2）如果要让序列按给定的步长增长，再选定下一单元格，在其中输入序列的第二个数值。头两个单元格中数值的差额将决定该序列的增长步长。

3）选定包含初始值的前两个单元格。

4）用鼠标拖动填充柄经过待填充区域，如图 5.5 所示。

如果要按升序排列，可从上向下或从左到右填充。

如果要按降序排列，可从下向上或从右到左填充。

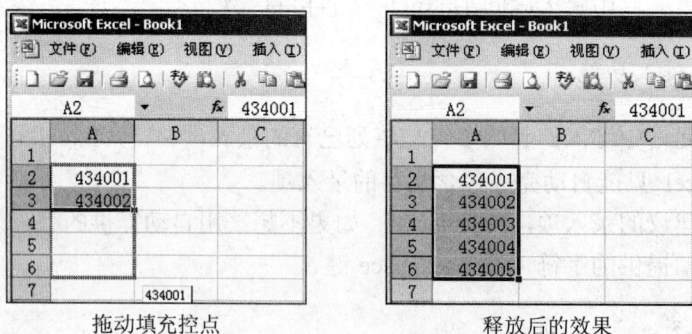

拖动填充控点　　　　　　　　释放后的效果

图 5.5　填充数据序列

6. 填充文字序列

在向工作表中输入按一定规律使用的文字数据时，可利用数据序列的自动填充技巧。只需键入其中的一个数据，然后向某方向拖动选择区填充控点，即可实现自动填充。

例如，在单元格 B2 输入"星期一"，拖动填充控点向下直到单元格 B6，松开鼠标键。则从 B2 起，依次是"星期一"、"星期二"、"星期三"、"星期四"、"星期五"，如图 5.6 所示。

拖动填充控点　　　　　　　　　释放后的效果

图 5.6　填充文字序列

5.2　工作表的管理

5.2.1　设置工作簿的默认工作表数量

工作簿是由工作表组成的。每次创建工作簿时，其包含的工作表的数量是一定的，这个数量就是默认值。可选择"工具"→"选项"命令，在"选项"对话框（如图 5.7 所示）设置工作表的默认数值。

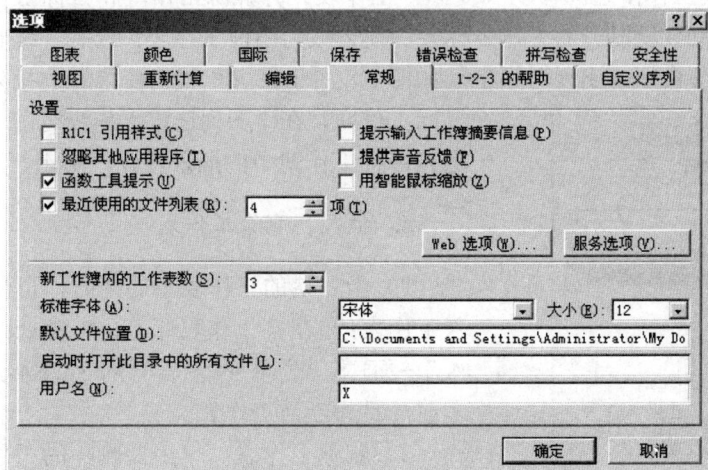

图 5.7　"选项"对话框

5.2.2 工作表的编辑

1. 工作表的选定

要编辑工作表，必须选定它，使之成为当前工作表。单击目标工作表标签，则该工作表成为当前工作表，其名字以白底显示，且有下划线。若目标工作表太多，未能显示在工作表标签行，可以通过单击工作表标签滚动按钮，使目标工作表标签出现。

如果需要同时选择多个工作表，可用下面的方法。

1）选取多个相邻的工作表：单击第一个工作表标签，然后按住 Shift 键并单击几个连续的工作表中的最后一个工作表标签。此时这几个工作表标签均以白底显示，工作簿标题栏出现"[工作组]"字样。

2）选取多个不相邻的工作表：按住 Ctrl 键并单击每一个要选取的工作表标签。

2. 工作表重命名

为了直观表达工作表的内容，往往不采用默认的工作表名字。为工作表改名的方法有两种。

1）双击要改名的工作表标签，使其反相显示，输入新的名字。

2）右击要改名的工作表标签，在弹出的快捷菜单中选择"重命名"命令，再进行修改即可。

3. 工作表的移动和复制

移动工作表可调整其在工作簿中的次序。如果要制作两个相似的工作表，可先做好一个，另一个可将其复制后再修改不同之处，以提高工作效率。

1）在同一工作簿中移动（复制）工作表：单击要移动（复制）的工作表标签，沿着标签行拖动（按住 Ctrl 键拖动）工作表标签到目标位置。

2）在不同工作簿之间移动（复制）工作表：打开源工作簿和目标工作簿，单击源工作簿中要移动（复制）的工作表标签，使之成为当前工作表；选择"编辑"→"移动或复制工作表"命令，出现对话框（如图 5.8 所示）；在"工作簿"下拉列表框中选中目标工作簿，在"下列选定工作表之前"列表框中选定在目标工作簿中的插入位置，单击"确定"按钮。

4. 插入、删除工作表

1）当默认的工作表不够用时，可用如下方法插入工作表：单击某工作表标签（如 Sheet3），选择"插入"→"工作表"命令。新插入的 Sheet4 出现在 Sheet3 之前，且为当前工作表。

2）删除工作表：单击要删除的工作表标签，选择"编辑"→"删除工作表"命令，出现确认删除的

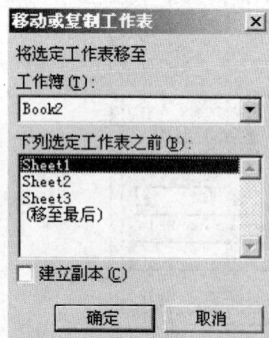

图 5.8　"移动或复制工作表"对话框

对话框；单击"确定"按钮完成删除。

5. 分割与冻结工作表

（1）分割工作表

对于较大的表格，由于屏幕大小的限制，看不到全部单元格。若要在同一屏幕查看相距甚远的两个区域的单元格，可以对工作表进行横向或纵向分割，以便查看或编辑同一工作表的不同部分的单元格。

在工作簿窗口的垂直滚动条的上方有"水平分割框"，当鼠标指针移到此处时，呈上下双箭头状；在水平滚动条的右侧有"垂直分割框"，当鼠标指针移到此处时，呈左右双箭头状。上下拖动"水平分割框"到合适位置，则把原工作簿窗口分成上下两个窗口；左右拖动"垂直分割框"到合适位置，则把原工作簿窗口分成左右两个窗口。每个窗口有各自的滚动条，通过移动滚动条，两个窗口在行、列方向可以显示同一工作表的不同部分，如图 5.9 所示。

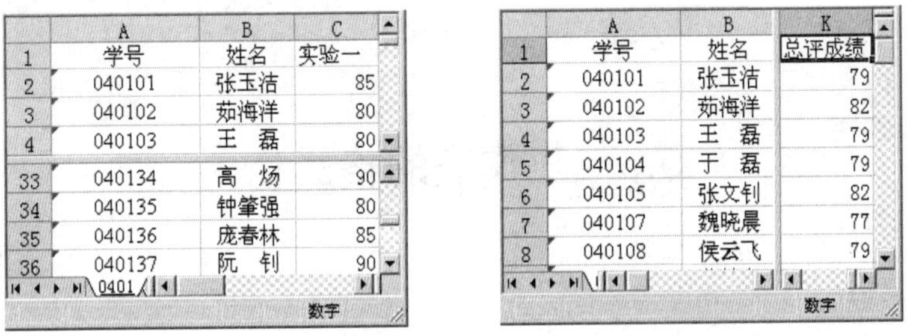

水平分割工作表　　　　　　　　垂直分割工作表

图 5.9　分割工作表

（2）冻结工作表

使用"窗口"→"冻结窗格"命令可以冻结窗口的某区域，被冻结的数据区域（窗格）不会随工作表的其他部分一同移动，并能始终保持可见。该方法常用来冻结窗口的顶部和左侧区域，使工作表滚动时保持行标题或列标题不滚动。

如果要在窗口顶部生成水平冻结窗格，先选定待拆分处下边一行；如果要在窗口左侧生成垂直冻结窗格，先选定待拆分处右边一列；如果要同时生成顶部和左侧冻结窗格，单击待冻结处右下方的单元格。选定后选择"窗口"→"冻结窗格"命令即可。

5.2.3　工作表的外观

1. 设置网格线颜色

缺省情况下，工作表网格线的颜色为灰色，可以根据需要重新设置工作表网格线的颜色。设置网格线颜色的基本操作步骤如下。

1）在工作簿窗口底部，单击想要改变网格线颜色的工作表标签。

2）选择"工具"→"选项"命令，然后单击"视图"标签。

3）单击选定"窗口选项"选项组中"网格线颜色"下拉列表框中所需的颜色；如

果采用默认网格线颜色，选择"自动"选项，再单击"确定"按钮即可。

2．设置默认字体

默认状态下，单元格中的字体是宋体，12 号字（包括行号和列标），也可以根据个人爱好自行设定。选择"工具"→"选项"命令；选择"常规"选项卡，在"标准字体"和"大小"下拉列表框中分别输入字体和字号，最后单击"确定"按钮即可。

注意　ZHU YI　　默认字体、字号的设定必须重新启动Excel才会生效。

3．设置工作表背景

单击要添加背景图案的工作表，选择"格式"→"工作表"→"背景"命令，则打开工作表背景对话框；选择图形文件，单击"插入"按钮，就为工作表添加了背景图片。

5.3　工作表的格式化

5.3.1　选取表格

几乎在执行所有编辑操作时，都需要先选定单元格或单元格区域。可以选定单个单元格、整行、整列、可见单元格区域和连续单元格区域等。通常情况下，只要通过鼠标就可以非常容易地选定单元格。

1．一般选取

选定某个单元格：单击该单元格，这时选定的单元格为活动单元格。

选定所有单元格：单击工作表左上角上（行 1 上面、列 A 左边）的"全选"按钮。

选定不相邻的单元格：先单击其中某一单元格，然后按住 Ctrl 键单击其他想要选定的单元格。

选定整行：单击位于行左端的行号，如要选定第 8 行，单击行号 8；如果想选定连续多行时，将鼠标指针移到这些行的首行号，然后按鼠标左键拖动到末行号；如果想要选定不连续的行，单击第一行之后，按住 Ctrl 键单击其他想要选定的行。

选定整列：单击该列列标，如要选定 C 列，单击 C 列列标 C；如果想要选定相邻的行或列，将鼠标指针指向这些列的首列标，按住鼠标左键连续拖动鼠标选定连续列；如果想要选定不连续的列，单击第一列之后，按住 Ctrl 键单击其他想要选定的列。

2．选择矩形区域

选定相邻单元格区域：将鼠标指针指向第一个单元格，按住鼠标左键并拖动。

　　选定较大的单元格区域：选择一屏显示不了的较大的单元格区域时，单击第一个单元格，然后按住 Shift 键单击最后一个单元格。

　　使用菜单命令：选择"编辑"→"定位"命令，出现"定位"对话框；在"引用位置"文本框输入单元格区域地址（如 A2：D5），单击"确定"按钮。

　　使用名称框：在名称框中输入单元格区域地址，然后按回车键。例如，在名称框中输入 A2：D5 并按回车键，如图 5.10 所示。

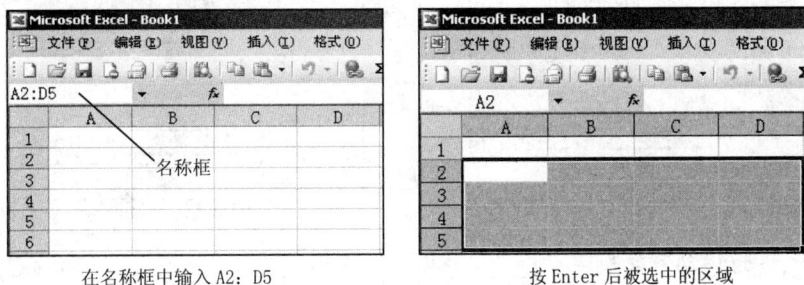

在名称框中输入 A2：D5　　　　　　　　　　按 Enter 后被选中的区域

图 5.10　使用名称框选择矩形区域

3. 条件选取

　　有时要把工作表或某个区域中某种类别的单元格进行统一的操作，而这些单元格呈不规则分布，此时就可以采用条件选取方法，即在指定区域中只选取满足某种条件的单元格。具体步骤如下：

　　1）首先选取需要的作用范围。

　　2）选择"编辑"→"定位"命令，出现"定位"对话框。

　　3）单击"定位条件"按钮，出现"定位条件"对话框；在对话框中确定定位条件，例如，选择"常量"单选按钮，并选中"文本"复选框，表示定位条件是字符串常量，如图 5.11 所示；进行相应选择后单击"确定"按钮。

5.3.2　编辑单元格

1. 单元格的插入

　　1）在需要插入处选定相应的单元格区域，选择"插入"→"单元格"命令，打开"插入"对话框，如图 5.12 所示；选择"活动单元格右移"或"活动单元格下移"等单选按钮。

注意 ZHU YI　　　选定的单元格数量应与待插入的空单元格的数目相同。

　　2）如果要插入一行或一列，单击需要插入的新行下方或新列右侧相邻的任意单元格；如果插入多行或多列，需要选定插入的新行之下或新列右侧相邻的若干行或列，然后选择"插入"→"行"或"列"命令，将插入与选定行或列数目相同的空行或空列。

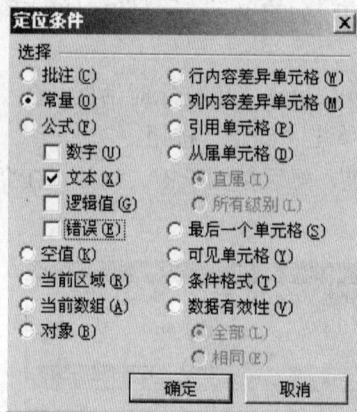

图 5.11　"定位条件"对话框

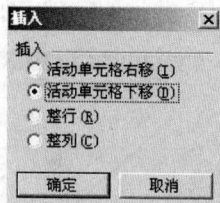

图 5.12　"插入"对话框

2. 单元格的移动和复制

1）选定包含需要移动或复制的内容的单元格。如果要移动选定区域，单击"剪切"按钮；如果要复制选定区域，单击"复制"按钮。单击粘贴区域左上角的单元格，然后单击"粘贴"按钮。

2）也可使用鼠标直接拖动移动和复制。先选定需要移动或复制的单元格，将鼠标指针指向选定区域的选定边框。

如果要移动选定的单元格，用鼠标将选定区域直接拖动到粘贴区域的左上角单元格，然后释放鼠标，将以选定区域替换粘贴区域中现有数据。

如果要复制选定单元格，则需要按住 Ctrl 键，再拖动鼠标。

如果要将选定区域拖动到其他工作表上，则需按住 Alt 键，然后拖动到目标工作表标签上。

3. 单元格的删除和清除

在 Excel 2003 中，删除和清除是两个不同的概念。删除是以整个单元格为对象的，如果某单元格被删除，则其周围的单元格将自动填充被删除的单元格，即删除单元格将影响工作表中其他单元格的布局。清除则是以单元格中的内容为对象的，清除单元格只能删除该单元格中的内容，而该单元格本身不会被删除，所以也就不会影响工作表中其他单元格的布局。

4. 更改行高和列宽

（1）更改行高

拖动行标题的下边界可设置所需的行高。

如果要使行高适合单元格中的内容，双击行号下方的边界线。如果要对工作表上的所有行进行此项操作，单击"全选"按钮，然后双击某一行号下方的边界线。

如果要更改多行的高度，先选定要更改的所有行，然后拖动其中一个行标题的下边界线，则所有选定行的高度都会发生变化。

如果要精确设置行高，先选定相应的行，然后选择"格式"→"行"→"行高"命令并输入所需的高度，如图 5.13 左图所示。

（2）更改列宽

拖动列标题的右边界线可设置所需的列宽。

如果要使列宽适合单元格中的内容，双击列标右边的边界线。如果要对工作表上的所有列进行此项操作，单击"全选"按钮，然后双击某一列标右边的边界线。

如果要更改多列的宽度，先选定所有要更改的列，然后拖动其中一个列标右边的边界线，则所有选定列的宽度都会发生变化。

如果要精确设置列宽，先选定相应的列，然后选择"格式"→"列"→"列宽"命令并输入所需的宽度，如图 5.13 右图所示。

5. 选择性粘贴

在不特别指定的情况下，移动和复制单元格的对象为单元格全部内容，其中包括内容、格式和批注等。除此之外，还可以有选择地粘贴单元格中的特定内容，如单元格中的有效数据、公式或格式。例如，可以只复制公式的运算结果而不是公式本身。

选择"编辑"→"选择性粘贴"命令，打开"选择性粘贴"对话框，如图 5.14 所示；选择"粘贴"选项组中的所需选项可选择粘贴的内容。

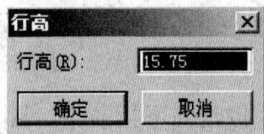

图 5.13　行高、列宽的精确设置　　　　图 5.14　"选择性粘贴"对话框

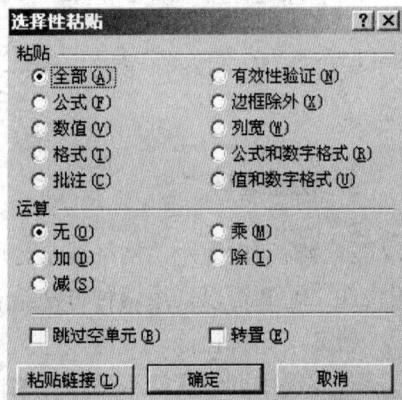

5.3.3　设置单元格格式

1. 设置数据的对齐方式

默认情况下，输入单元格的数据是按照文字左对齐、数字右对齐、逻辑值居中的方式来进行的。通过有效的设置对齐方式，可使版面更加整齐、美观。设置步骤如下。

1）选择要对齐的单元格区域。

2）选择"格式"→"单元格"命令，在打开的对话框中选择"对齐"选项卡，如图 5.15 所示。

3）在"水平对齐"下拉列表中可选择水平对齐方式，在"垂直对齐"下拉列表中选择垂直对齐方式。

4）单元格中的数据除了水平显示外，也可以旋转一个角度。选择要旋转的单元格区域，选择"对齐"选项卡，然后在"方向"选项组中拖动红色标志到目标角度，也可以单击微调按钮设置角度，最后单击"确定"按钮。

除了上述的方法，也经常使用工具栏上的对齐按钮（如图 5.16 所示）来设置数据的对齐方式。

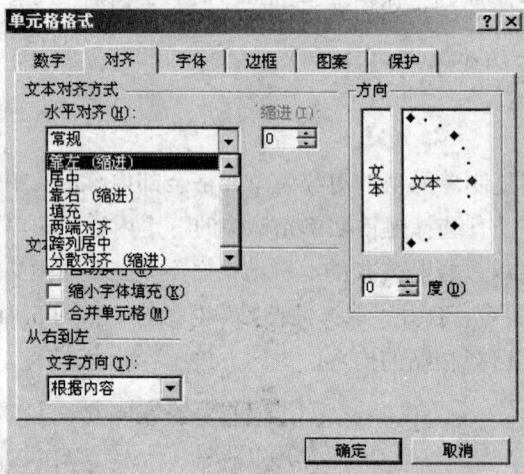

图 5.15　"对齐"选项卡　　　　　图 5.16　工具栏上的对齐按钮

2．设置边框

屏幕窗口中显示的网格线是打印不出来的，只有给工作表设置了边框，才能打印出表格线。通常可以采用两种方法给表格设置边框。

（1）工具按钮法

首先选中要设置边框的单元格区域，单击工具栏中的"边框"按钮的下拉箭头，从弹出的下拉列表中选择一种边框按钮，边框就设置好了。图 5.17 所示为工具栏上的边框按钮。

（2）菜单命令法

首先选择要加表格线的单元格区域，选择"格式"→"单元格"命令，选择"边框"选项卡，如图 5.18 所示。如果需要，可单击"颜色"下拉列表框，从中选择边框线的颜色；在"样式"列表框中选择边框线的样式。

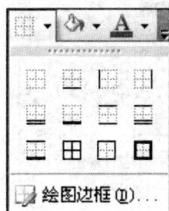

图 5.17　工具栏上的边框按钮　　　　　　图 5.18　"边框"选项卡

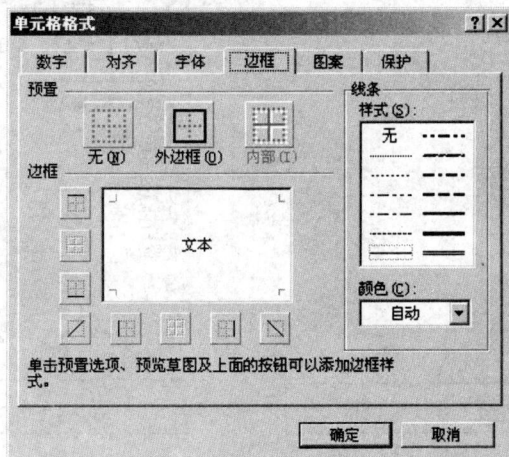

3. 设置图案和颜色

为单元格区域设置底纹图案和颜色可以美化表格。设置单元格颜色和图案的操作步骤如下。

1）选择拟设置背景颜色的一个或多个单元格。

2）选择"格式"→"单元格"命令，弹出"单元格格式"对话框；选择"图案"选项卡。

3）在颜色表中选择所需颜色或者打开图案下拉列表框选择颜色和图案。

4. 数字的格式化

在 Excel 2003 中可以采用多种数字格式来显示单元格的数据，如货币、百分数、不同的小数位数、日期、时间都是 Excel 2003 提供的数字格式。设置数字的格式有如下两种方法。

（1）用工具按钮格式化数字

选定包含数字的单元格，然后可通过单击"格式"工具栏（如图 5.19 所示）中的"货币样式"按钮、"百分比样式"按钮、"千位分隔样式"按钮、"增加小数位数"按钮或"减少小数位数"按钮，来设置数字格式。

（2）用菜单格式化数字

选定要格式化的数字所在单元格或单元格区域，打开"格式"对话框，选择"数字"选项卡（如图 5.20 所示），在"分类"列表框中选择一种分类格式，在对话框右侧进一步设置，并可以从"示例"选项组中查看效果。

图 5.19　"格式"工具栏　　　　　　　　图 5.20　"数字"选项卡

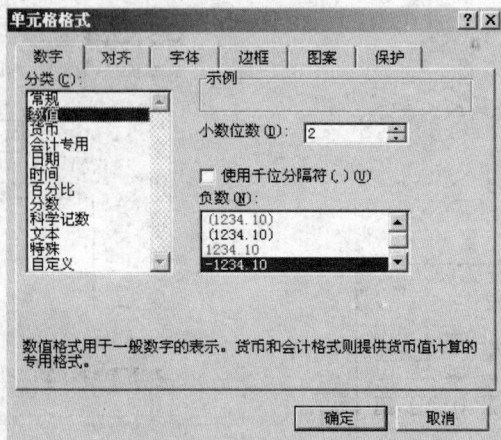

5．字符的格式化

为使表格美观或突出某些数据，可以对有关单元格的字符进行格式化。例如，表格标题采用黑体加粗字，而各栏目标题用加粗、斜体字显示等。

（1）用工具按钮格式化字符

工具栏中的格式化工具按钮有"字体"、"字号"、"加粗"、"倾斜"、"下划线"、"字体颜色"等，如图 5.21 所示。

（2）用菜单格式化字符

选择"格式"→"单元格"命令，在弹出的"单元格格式"对话框中的"字体"选项卡（如图 5.22 所示）中设置字体、颜色等格式。

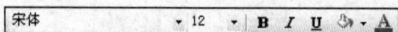

图 5.21　字体格式工具栏　　　　　　　图 5.22　"字体"选项卡

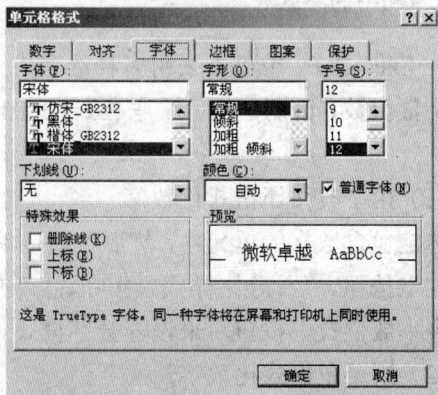

6．设置条件格式

条件格式是指在数据满足相应的条件时，可以将其以指定的底纹、字体或颜色等格式来显示，以突出其内容。例如，可以设置学生成绩小于 60 的，用黄色对角线底纹、红色字体显示。设置条件格式的步骤如下。

1）选择使用条件格式的单元格区域。

2）选择"格式"→"条件格式"命令，出现"条件格式"对话框，如图 5.23 所示。

3）在"条件 1（1）"选项组中的 3 个下拉列表框中分别选择或输入"单元格数值"、"小于"、60 等条件。如果还要规定更多的条件，可单击"添加"按钮。

4）单击"格式"按钮，打开"单元格格式"对话框，选择"字体"选项卡，设置底纹和颜色。最后单击"确定"按钮。

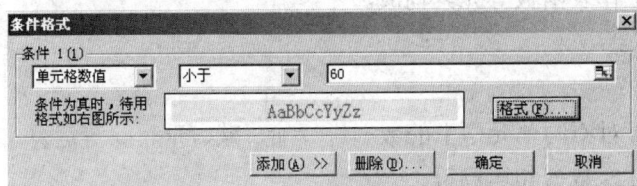

图 5.23　"条件格式"对话框

7．自动套用格式

对已经存在的工作表，可以采用 Excel 提供的各种漂亮且专业的表格形式来快速格式化表格。

1）选择要套用格式的单元格区域。

2）选择"格式"→"自动套用格式"命令，出现"自动套用格式"对话框，如图 5.24 所示。

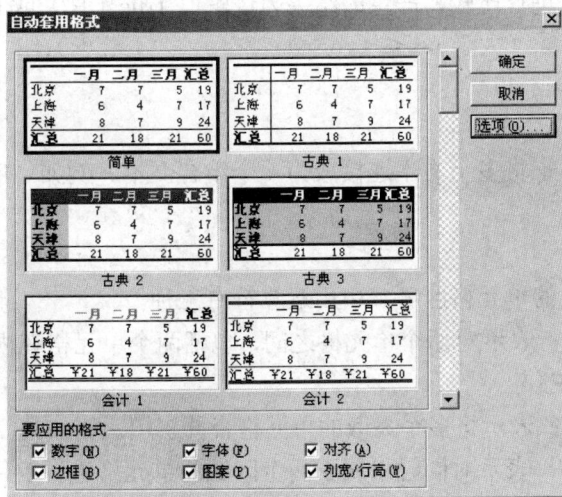

图 5.24　"自动套用格式"对话框

3）在"格式"列表框中选择一种格式，单击"选项"按钮，在打开的选项中可以分别设置所选格式的部分效果。例如取消"对齐"设置，自动格式化后的对齐方式仍为原来的对齐方式。

4）单击"确定"按钮，表格自动使用选定的新格式。

5.4 公式与函数

利用公式与函数可以对工作表中的数据进行分析和运算。公式一般由运算符、常量、单元格引用值和工作表函数等元素构成。

5.4.1 使用公式

通过公式，可对不同单元格中的数据进行加、减、乘、除等运算。公式中包含一个或多个单元格地址、数据和运算符。

1. 运算符

运算符用来对公式中的各元素进行运算操作。Excel 2003 中的运算符包含算术运算符、比较运算符、文本运算符和引用运算符 4 种类型。

（1）算术运算符

用来完成基本的数学运算，如加法、减法、乘法和除法。算术运算符有+（加）、-（减）、*（乘）、/（除）、%（百分比）、^（乘方），其运算结果为数值型。

（2）比较运算符

用来对两个数值进行比较，产生的结果为逻辑值 True（真）或 False（假）。比较运算符有 =（等于）、>（大于）、<（小于）、>=（大于等于）、<=（小于等于）、<>（不等于）。

（3）文本运算符

文本运算符&用来将多个文本连接成为一个组合文本。例如 Micro&soft 的结果为 Microsoft。

（4）引用运算符

用来运算所引用的单元格区域。引用运算符有三种。

1）区域（冒号）：表示对两个单元格之间，包括两个单元格在内的连续单元格进行引用。例如，（A3：E3）。

2）联合（逗号）：表示将多个离散的单元格合并引用。例如，（A3，C3，E4，G5）。

3）交叉（空格）：表示对同时隶属于两个区域的单元格进行引用。例如，（B4：C5 A3：B5）是对 B4、B5 的引用。

（5）运算符的优先级别

公式中运算符的优先级别从高到低依次为：（冒号）、（逗号）、␣（空格）、-（负号）、%（百分比）、^（乘方）、*和/（乘和除）、+和-（加和减）、&（连接符）、比较运算符。

如果公式中同时用到了多个相同优先级的运算符，Excel 2003 将按照从左到右的顺序进行计算；如果要改变计算的顺序，应把需要首先计算的部分括在圆括号内。圆括号具有最高的计算优先级。

2. 输入公式

往单元格中输入公式的步骤如下。

1）选定需要输入公式的单元格，在选定的单元格中输入等号（=）。

2）在等号后就可以输入公式。如果计算中用到单元格中的数据，可单击所需引用的单元格。如果输入错了，在未输入新的运算符之前，可再次单击正确的单元格。也可使用手工方法引用单元格，即在光标处键入单元格的坐标。

3）公式输入完后，按回车键，Excel 2003 自动计算并将计算结果显示在单元格中，公式内容则显示在编辑栏中。

如图 5.25 所示，要计算学生张玉洁数学、英语、物理三门课程的总成绩：

选定"总成绩"列中的 F2，在其中输入等号与公式，内容为"=C2+D2+E2"，按回车键后，计算结果显示在单元格 F2 中，公式内容则显示在编辑栏中。

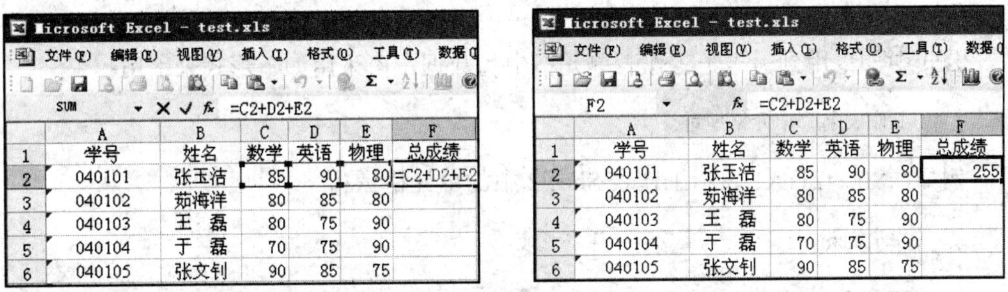

(a) 在 F2 中输入等号与公式　　　　　　　(b) 按 Enter 后计算出公式的值

图 5.25　在单元格中输入公式

3. 复制公式

复制公式与复制单元格方法类似。选定包含公式的单元格，单击工具栏中的"复制"按钮，然后单击目的单元格，单击"粘贴"按钮。也可使用鼠标直接拖动复制。先选定包含公式的单元格，将鼠标指针指向选定区域的边框，按住 Ctrl 键，再拖动鼠标至目的单元格。

（1）相对引用

复制公式时，系统并非简单地把单元格中的公式原样照搬，而是根据公式的相对位置推算出公式中单元格的地址。

随公式复制的位置变化而变化的单元格地址称为相对地址，这种引用方法称为相对引用。相对地址的形式就是单元格地址的一般表示方法，例如，D3、E3、F5 等。

如图 5.26 所示，将单元格 F2 中的公式复制到单元格 F3。F2 中公式内容为

"=C2+D2+E2"，复制后 F3 中公式内容为 "=C3+D3+E3"。

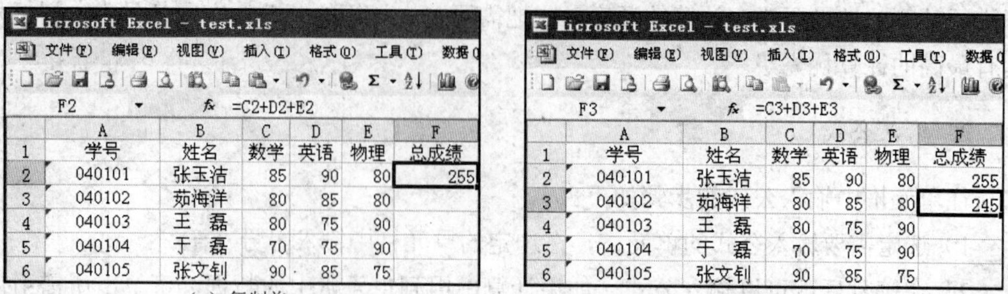

（a）复制前　　　　　　　　　　　　（b）复制后

图 5.26　复制公式单元格

用同样的方法可分别计算出所有学生的总成绩。

（2）绝对引用

如果希望某一单元格的地址在复制的过程中不发生变化，可以采用绝对引用。其表示方法是在地址前加$符号。

例如，$D$3（固定表示单元格 D3），$D3（表示列固定为 D，行为相对引用），D$3（表示列为相对引用，行固定为 3）。

（3）跨工作表的单元格地址引用

公式中如果用到另一个工作表单元格中的数据，可采用如下形式来引用：

　　　工作表名! 单元格地址

例如，Sheet2! A1 表示工作表 Sheet2 中的单元格 A1。

4. 自动求和

求和计算是一种最常用的公式计算，Excel 2003 提供了快捷的自动求和方法，即使用工具栏按钮来进行求和，它将自动对活动单元格上方或左侧的数据进行求和计算。

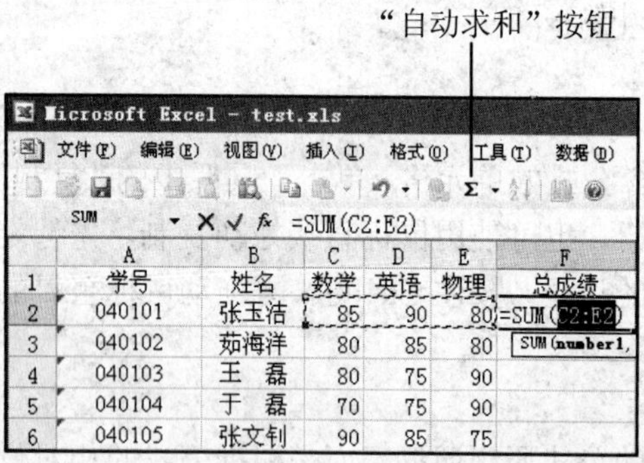

单击求和单元格，使之成为活动单元格；单击工具栏中的"自动求和"按钮，Excel 2003 将自动出现求和函数 SUM 以及求和数据区域。如图 5.27 所示，单击单元格 F2，再单击"自动求和"按钮，出现了函数 SUM 以及求和数据区域。

按回车键确定求和公式，就可以在求和单元格中看到计算的结果了。

图 5.27　自动求和

5.4.2　使用函数

函数是预先定义好的内置公式，Excel 2003 提供了近 200 个函数，并将它们按功能分类，列在"粘贴函数"对话框。

1. 输入函数

函数由函数名和用括号括起来的参数组成。在单元格中输入函数时，应在函数名前面键入等号（=）。例如，求学生成绩表中的总成绩，可以键入"=SUM（C2：E2）"。

对于比较简单的函数，可采用直接键入的方法。较复杂的函数，可利用"函数参数"对话框输入。公式选项板的使用方法如下。

1）选取要插入函数的单元格。

2）选择"插入"→"函数"命令，或单击编辑栏中的"编辑公式"按钮，打开"插入函数"对话框，如图 5.28 所示。

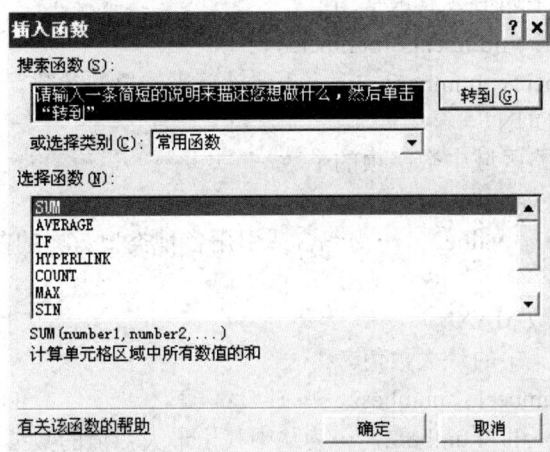

图 5.28　"插入函数"对话框

3）在"或选择类别"下拉列表框中选择合适的函数类型，在"选择函数"列表框中选择所需的函数名。

4）单击"确定"按钮，将打开所选函数的"函数参数"对话框，它显示了该函数的函数名，它的每个参数，以及参数的描述和函数的功能。图 5.29 所示为求和函数的"函数参数"对话框。

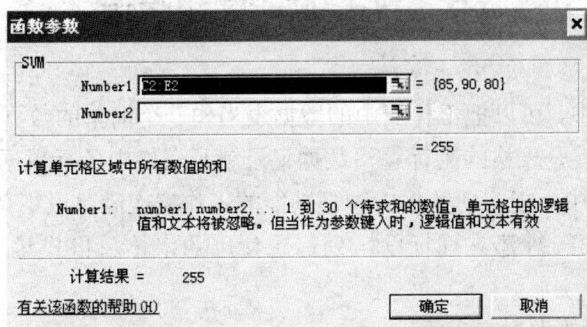

图 5.29　"函数参数"对话框

5）根据提示输入每个参数值。为了操作方便，可单击参数框右侧的"暂时隐藏对话框"按钮,将对话框的其他部分隐藏,再从工作表上单击相应的单元格,然后再次单击该按钮,恢复原对话框。

6)单击"确定"按钮,完成函数的使用。

2. 常用函数

(1)求和函数 SUM

功能:计算某一单元格区域中所有数字之和。

语法:SUM(number1,number2,…)

参数说明:number1,number2,…为需要求和的参数。

(2)求平均值函数 AVERAGE

功能:返回参数平均值(算术平均值)。

语法:AVERAGE(number1,number2,…)

参数说明:number1,number2,…为需要计算平均值的参数。

(3)计数函数 COUNT

功能:计算单元格区域中数字项的个数。

语法:COUNT(value1,value2,…)

参数说明:value1,value2,…为包含或引用各种类型数据的参数,但只有数字类型的数据才被计数。

(4)求最大值函数 MAX

功能:返回数据集中的最大数值。

语法:MAX(number1,number2,…)

参数说明:number1,number2,…为从中找出最大数值的数据集。

(5)求最小值函数 MIN

功能:返回数据集中的最小数值。

语法:MIN(number1,number2,…)

参数说明:number1, number2,…为从中找出最小数值的数据集。

5.5　数据的排序和筛选

在 Excel 2003 中,可以把工作表中的数据表当作一个简单的数据库,它由字段和数据记录组成。字段就是表格的列标题,数据记录就是表格中各行数据。

在 Excel 2003 中,能实现数据库管理功能的工作表应满足以下条件。

1)工作表的第一行建立列标题,列标题使用的字体、格式等应与下面的数据相区别。

2)同一列数据的类型应一致。

3)工作表数据区中不能出现空行和空列。

4)一张工作表只建立一张数据清单。

　　按数据库方式管理工作表是 Excel 2003 的重要功能，它提供了排序、筛选等数据库管理的常用功能。

5.5.1　数据排序

　　在 Excel 2003 中，对某些数据表，经常需要把现有的数据资料按数值大小进行排序。例如，对学生成绩表按照总成绩排定名次。

　　1.　使用工具按钮排序

　　最简单的排序操作是使用工具栏中的"升序"和"降序"按钮，如图 5.30 所示。

　　操作方法是：单击需要排序字段的任一单元格，然后单击工具栏中的排序按钮，则数据表的记录按指定的顺序排列。

图 5.30　"升序"和"降序"按钮

　　2.　使用菜单命令排序

　　如果需要按多列（多个字段）排序，必须使用菜单命令排序。例如，先按总成绩排序，总成绩相同时按英语成绩排序，同时还想按数学成绩排序。具体的操作步骤如下。

　　1）选择"数据"→"排序"命令，打开"排序"对话框，如图 5.31 左图所示。

　　2）在"主要关键字"选项组中的下拉列表框中选择"总成绩"，并在其后的排序顺序中选择"降序"。"次要关键字"和"第三关键字"分别设为"英语，降序"、"数学，降序"。

　　3）在"我的数据区域"选项组中选择"有标题行"，表示标题行不参加排序，否则标题行也参加排序。

　　4）单击"选项"按钮，将打开"排序选项"对话框，如图 5.31 右图所示。这里提供了一些特殊的排序功能，如按行排序、按笔画排序、按自定义序列排序等。设置完成后单击"确定"按钮完成操作。

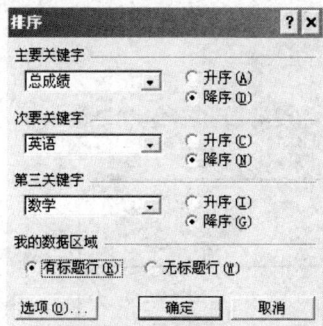

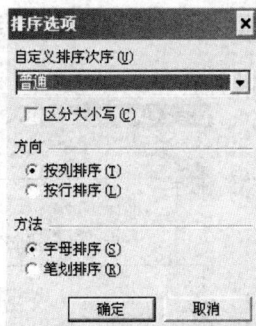

"排序"对话框　　　　　　　"排序选项"对话框

图 5.31　"排序"和"排序选项"对话框

5.5.2　数据筛选

若要查看数据清单中的一部分数据记录，为了加快操作速度，可以使用 Excel 的数据筛选功能把那些不需要的记录暂时隐藏起来。

数据筛选的方法有两种，即"自动筛选"和"高级筛选"。

1. 自动筛选

在如图 5.32 所示学生成绩表中，以筛选女生的记录为例。

图 5.32　自动筛选的结果

1）单击数据清单中的任一单元格。

2）选择"数据"→"筛选"→"自动筛选"命令。此时数据表的每个字段名旁边出现了下拉按钮。

3）单击要筛选字段的下拉按钮，如单击"性别"，在出现的下拉列表中选择"女"即可。

如果筛选条件比较复杂，例如，需要筛选英语成绩在 85 分以上的男生，则要用自定义条件筛选。选择"英语"下拉列表中的"自定义"，打开"自定义自动筛选方式"对话框，在其中输入条件"大于"、85，如图 5.33 所示。另外，在"性别"字段中自动筛选"男"。

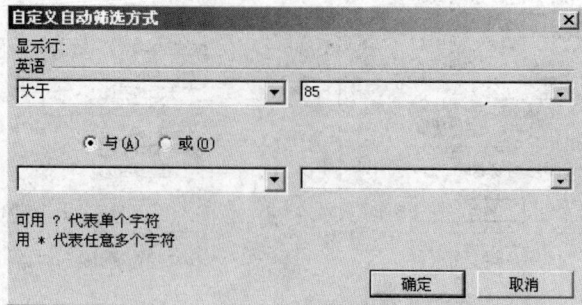

图 5.33　"自定义自动筛选方式"对话框

如果要解除筛选结果，可选择"数据"→"筛选"→"全部显示"命令；如果要取消筛选，再次选择"数据"→"筛选"→"自动筛选"命令。

2. 高级筛选

使用高级筛选，在工作表的数据清单上方，至少要有 3 个能用作条件区域的空行。以筛选条件"数学">80 且"物理">85 为例。

1）在数据表前插入 3 个空行作为条件区域。分别把"数学"、"物理"字段名复制到第一行的相应列，在其下的单元格中输入筛选条件">80"、">85"。条件在同一行表示"与"关系，不在同一行表示"或"关系。

2）单击数据表中任一单元格，选择"数据"→"筛选"→"高级筛选"命令，打开"高级筛选"对话框，如图 5.34 所示。

3）在"方式"选项组中选择筛选结果的显示位置，默认为"在原有区域显示筛选结果"。在"条件区域"下拉列表框中输入条件区域"$D$1:$F$2"，也可以单击右侧的折叠按钮，然后在数据表中选择条件区域；选择后再次单击折叠按钮，对话框又恢复原样。

4）单击"确定"按钮，筛选后的结果如图 5.35 所示。

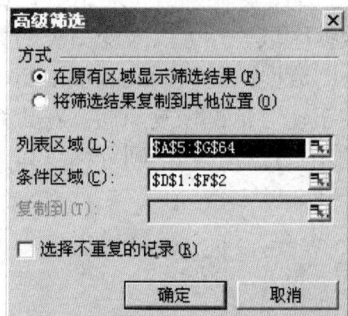

图 5.34　"高级筛选"对话框　　　　　图 5.35　高级筛选的结果

5.6　数据图表

工作表的数据可以用图表的形式来显示，使数据更加直观、易懂。图表以工作表的数据为依据，数据变化时，图表中对应的数据序列值也自动更新。图表建立后，还可以对其进行修饰，使图表更加美观。

5.6.1　建立数据图表

下面以图 5.36 所示"学生成绩表"为例，说明建立相应图表的方法。

1）选择要建立图表的单元格区域：B2: G7，包括行、列标题，如图 5.36 所示，它们将显示在图表中。

2）单击工具栏中的"图表向导"按钮，或选择"插入"→"图表"命令，打开如图 5.37 所示的"图表向导-4 步骤之 1-图表类型"对话框；在"图表类型"列表框中选择一种类型，如柱形图，并在"子图表类型"列表框中选择一种类型，如簇状柱形图。

图 5.36　学生成绩表

图 5.37　"图表向导-4 步骤之 1-图表类型"对话框

3）单击"下一步"按钮，打开"图表向导-4 步骤之 2-图表源数据"对话框，如图 5.38 所示。在"数据区域"选项卡中显示了已选定的数据区域，也可以改变图表的数据源区域。方法是：在"数据区域"下拉列表框中输入新的数据源区域，或者单击其中的折叠按钮，在工作表上重新选择，选择后再单击折叠按钮使对话框恢复原状。在"系列产生在"选项组中，选择"行"则列标题作为 X 轴上的项；选择"列"则行标题作为 X 轴上的项。这里选择"行"。

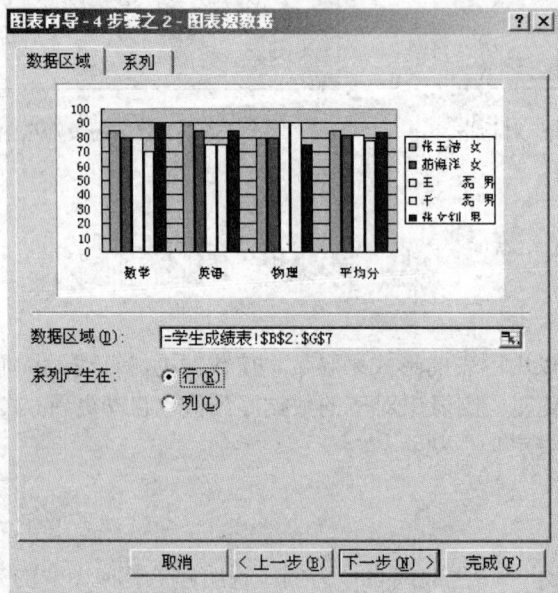

图 5.38　"图表向导-4 步骤之 2-图表源数据"对话框

4）单击"下一步"按钮，打开"图表向导-4 步骤之 3-图表选项"对话框，如图 5.39
所示。利用该对话框可以确定图表标题、坐标轴刻度、坐标网格线、图例、数据表等。
选择"标题"选项卡，在"图例标题"文本框中输入"学生成绩表"，在"分类（X）轴"
文本框中输入"科目"，在"数值（Y）轴"文本框中输入"分数"。选择其他需要的选
项卡，为图表设置或取消某些项目，效果可以在右侧列表框中预览。

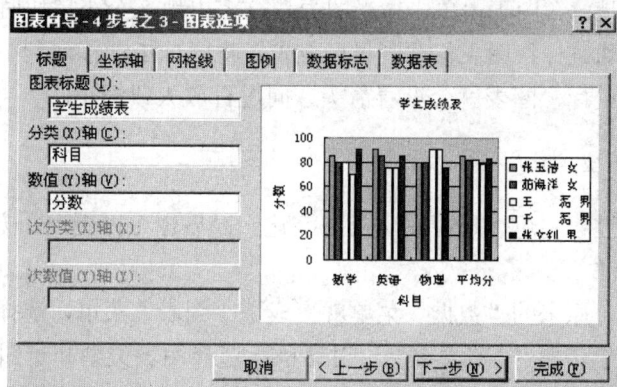

图 5.39　"图表向导-4 步骤之 3-图表选项"对话框

5）单击"下一步"按钮，打开"图表向导-4 步骤之 4-图表位置"对话框，如图 5.40
所示。利用该对话框可以确定图表的存放位置，若选择"作为新工作表插入"，则图表
单独存放在新工作表；若选择"作为其中的对象插入"，则图表嵌入指定的工作表中。

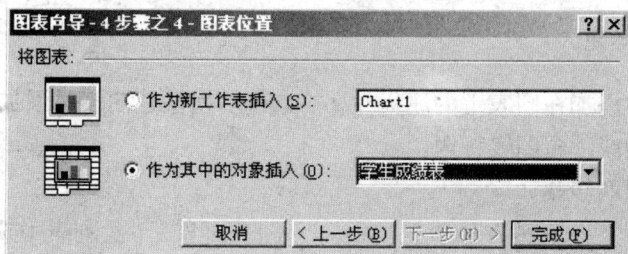

图 5.40　"图表向导-4 步骤之 4-图表位置"对话框

6）单击"完成"按钮，结果如图 5.41 所示。

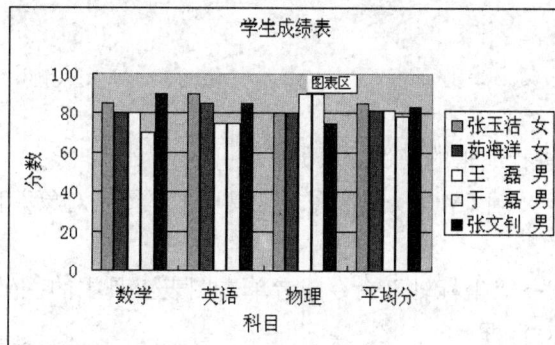

图 5.41　学生成绩图表

5.6.2 编辑数据图表

1. 图表的移动与缩放

图表建立后，如果位置不满意，可以将它移到目标位置；如果图表的大小不合适，也可以调整。方法是：在图表上单击，当图表边框上出现 8 个小黑块时，将鼠标指针移到图表空白处，拖动鼠标将图表移动到目标位置；将鼠标指针移动到小黑块上，指针变为双箭头时，拖动鼠标，图表就会沿着箭头方向进行放大或缩小。

2. 更改图表类型

在图表建立的过程中可以选择图表类型，建立以后也可以更改。方法有两种。

（1）菜单命令法

在图表区单击，原来的"数据"菜单就变成了"图表"菜单，选择该菜单下的"图表类型"命令，也会弹出 "图表类型"对话框；选择图表类型和子图表类型后，单击"确定"按钮即可。

（2）工具按钮法

选择"视图"→"工具栏"→"图表"命令，调出图表工具；在"图表对象"下拉列表中选择"图表区"或直接在图表区单击，然后单击"图表类型"按钮，在下拉列表中单击需要的类型即可。

3. 编辑图表标题

图表标题是指添加在图表上的注释性文字。可以在创建图表时添加标题，也可以在创建图表之后添加或编辑图表标题。

编辑图表标题的步骤如下。

1）单击图表中的标题或在图表工具中的 "图表对象"下拉列表中选择"图表标题"。

2）选择"格式"→"图表标题"命令或者单击图表工具中的"图表标题格式"按钮，打开"图表标题格式"对话框。

3）分别选择"图案"、"字体"、"对齐"选项卡，对图表标题格式进行设置，最后单击"确定"按钮。

4. 编辑坐标轴

对图表中坐标轴进行编辑的操作步骤如下。

1）单击图表中的 X 轴（Y 轴）或在图表工具中的"图表对象"下拉列表中选择"分类轴"（数值轴）。

2）选择"格式"→"坐标轴"命令或者单击图表工具中的"坐标轴格式"按钮，打开"坐标轴格式"对话框。

3）分别选择"图案"、"刻度"、"字体"、"数字"、"对齐"选项卡，对坐标轴格式进行设置，最后单击"确定"按钮。

5. 编辑图例

图例在数据图表中用于区分数据系列的符号、图案或颜色的组合，数据系列的名称作为图例的标题。在创建数据图表时，系统会自动为图表添加图例，也可以根据需要来设置图例。

编辑图例的步骤如下。

1）单击图表中的图例或在图表工具中的 "图表对象"下拉列表中选择"图例"。

2）选择"格式"→"图例"命令或者单击图表工具中的"图例格式"按钮，打开"图例格式"对话框。

3）分别选择"图案"、"字体"、"位置"选项卡，对图例进行设置，最后单击"确定"按钮。

6. 编辑数据标志

如果图表中没有数据标志，可选择"图表"→"图表选项"命令，在弹出的对话框中选择"数据标志"选项卡，选中"系列名称"、"分类名称"、"值"复选框将显示数据标志，效果可在对话框右侧预览。

1）单击图表中的一个数据标志或在图表工具中的"图表对象"下拉列表中选择"某某数据标志"。

2）选择"格式"→"数据标志"命令或者单击图表工具中的"数据标志格式"按钮，打开"数据标志格式"对话框。

3）分别选择"图案"、"字体"、"数字"、"对齐"选项卡，对数据标志进行设置，最后单击"确定"按钮完成设置。

此外，还可以用同样的方法对坐标轴标题、数值轴网格线、绘图区及每个系列的格式进行设置。

5.7 打印工作表

工作表和图表建立以后，经常需要将其打印出来。为了能得到满意的打印效果，在打印前要进行页面设置，然后在打印预览中查看实际打印效果，发现不合适的地方，可以在"预览"状态下进行调整，直到完全满意后再打印。

5.7.1 页面设置

选择"文件"→"页面设置"命令，可以打开"页面设置"对话框。

1．设置页面

选择"页面"选项卡，如图 5.42 所示。可分别设置以下格式。

1）设置打印方向：在"方向"选项组中有两个单选按钮，选择"纵向"时，表示从左到右按行打印；选择"横向"时，表示数据方向不变，纸张旋转 90°打印。

2）设置打印比例：一般采用 100% 比例打印，有时工作表较大分页后末页只有 1 行或者工作表很小只占少半页，可分别采用缩小或放大打印比例的方法来得到较好的打印效果。另外，还可以用页高和页宽来调节。

3）设置纸张大小：从"纸张大小"下拉列表框，选择纸张的规格。

4）设置打印质量：单击"打印质量"下拉列表框，选择一个线数。数字越大打印的质量越好，打印速度也越慢。

5）设置起始页码：一般"起始页码"文本框中为 1，表示工作表的起始页码为 1。若输入 6，则工作表的第一页的页码将为 6。

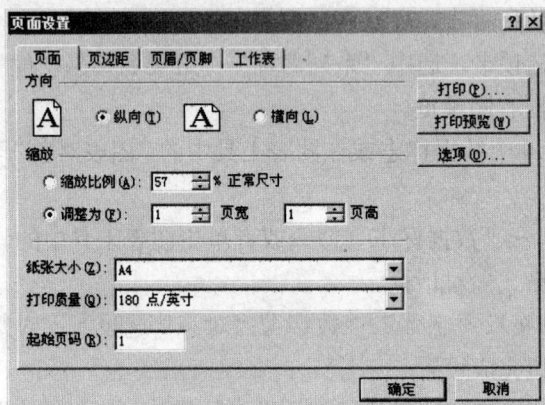

图 5.42 "页面"选项卡

2．设置页边距

选择"页面设置"对话框中的"页边距"选项卡，如图 5.43 所示，从中可如下设置。

1）设置数据表与页边的距离：在"上"、"下"、"左"、"右"微调框中分别输入或调整相应的数字。

2）设置页眉/页脚与页边的距离：在"页眉"和"页脚"微调框中分别输入相应的数字。

3）设置居中方式：默认的是以"靠上左对齐"方式打印，也可以选择"水平居中"或"垂直居中"。可以在对话框中预览设置的效果。

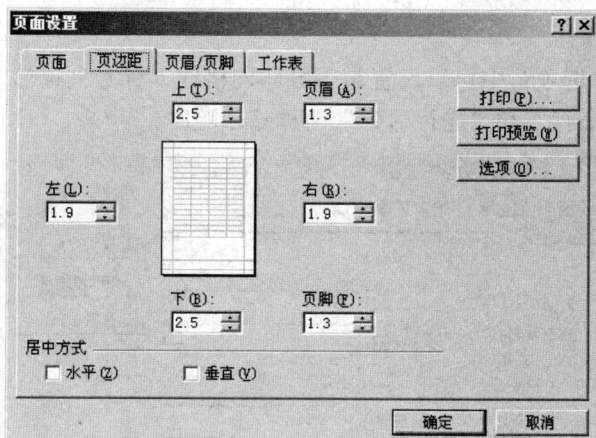

图 5.43　"页边距"选项卡

3．设置页眉和页脚

选择"页面设置"对话框中的"页眉/页脚"选项卡，如图 5.44 所示。

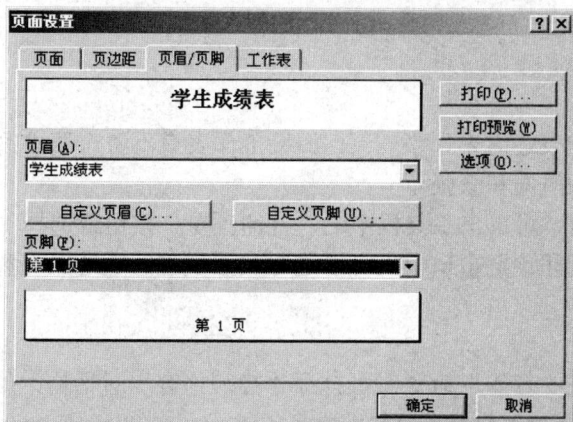

图 5.44　"页眉/页脚"选项卡

在"页眉"下拉列表中选择页眉，在"页脚"下拉列表中选择页脚。如果对系统提供的页眉与页脚不满意，可以打开"自定义页眉"或"自定义页脚"对话框，从中输入页眉与页脚的内容。

4．设置工作表

选择"页面设置"对话框中的"工作表"选项卡，如图 5.45 所示。可以设置如下几种参数。

1）设置打印区域：可在"打印区域"下拉列表框中输入打印的单元格区域，如"A1：G62"。也可以单击右侧的折叠按钮，然后在工作表中选择要打印的部分；再次单击折叠按钮对话框恢复原状。

2）设置打印标题：如果一个工作表有多页，希望每页均打印表头，则在"顶端标题行"或"左端标题列"下拉列表框中输入表头所在的区域，如"$1:$1"。也可以直接到工作表中选择表头区域。

3）在"打印"选项组中可以设置是否打印网格线、行号列标等，在"打印顺序"选项组中有"先列后行"和"先行后列"两种打印顺序。

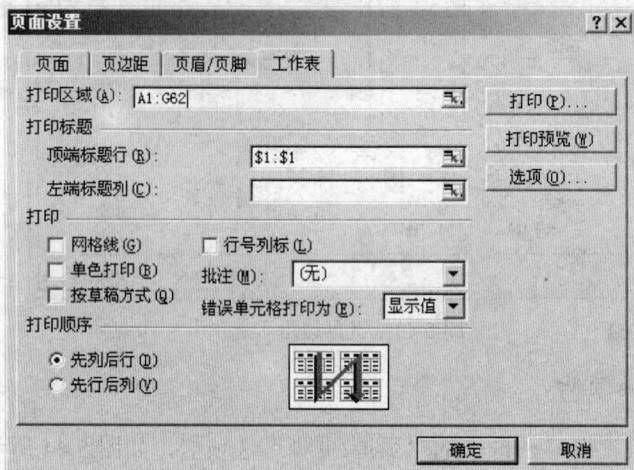

图 5.45　"工作表"选项卡

5.7.2　打印预览

一般在打印工作表之前先预览一下，如果工作表有不符合要求的地方，可立即进行修改，这样可以节约时间和纸张。

要进行打印预览，可单击工具栏中的"打印预览"按钮或选择"文件"→"打印预览"命令即可。在打印预览窗口中也可以进行页面设置、页边距调整、缩放等操作。

5.7.3　打印

选择"文件"→"打印"命令，可打开"打印内容"对话框，如图 5.46 所示。

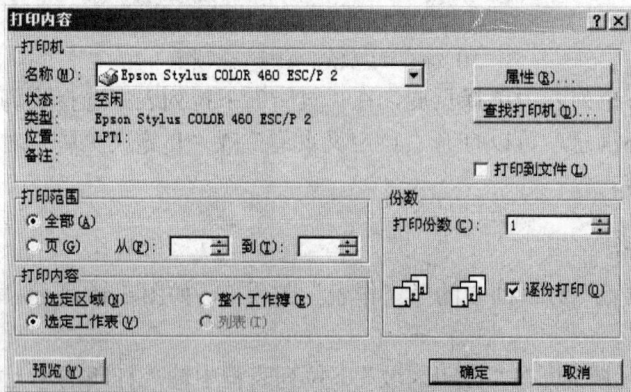

图 5.46　"打印内容"对话框

1）在"打印内容"对话框中可以设置一次打印工作表的份数。在"份数"选项组中的"打印份数"微调框中输入数字，单击"确定"按钮，就可以一次打印多份工作表，并可以选中"逐份打印"复选框。

2）可以设置打印开始和结束的页码，在"打印范围"选项组中选择"页"单选按钮，然后在后面填上开始和结束的页码。

3）可以设置是打印选定的工作表，还是打印整个工作簿，或是打印选定的区域。

本章小结

Excel 2003 是一种表格式的数据综合管理与分析系统，可以高效地完成各种表格和图表的设计，并进行数据计算、管理与分析。

启动 Excel 2003，其标题栏、菜单栏、工具栏和状态栏的构成和使用与 Word 2003 基本相同，而编辑栏、工作簿窗口则是 Excel 2003 独有的。

单元格是构成工作表的最基本单元。单个单元格用单个地址表示，地址由行号和列标组成。工作表由按行、列组织的单元格构成。工作簿是一个 Excel 2003 文件，其扩展名为.xls，它包含若干个工作表。

在工作表的单元格中，键入的符号和数字统称为数据。工作表单元格能够接受的数据类型包括数字、文字、日期、时间和公式。每种数据都需要遵守一定的规则。

工作表可以进行选定、重命名、移动、复制、插入、删除、分割、冻结等操作，还可以对其外观进行设置。

单元格可以进行插入、移动、复制、、删除、清除、更改行高和列宽、选择性粘贴等操作，以及丰富的格式化操作。

利用公式与函数可以对工作表中的数据进行分析和运算。公式一般由运算符、常量、单元格引用值和工作表函数等元素构成。常用函数有求和函数 SUM、求平均值函数 AVERAGE、计数函数 COUNT、求最大值函数 MAX、求最小值函数 MIN。

按数据库方式管理工作表是 Excel 2003 的重要功能，它提供了排序、筛选等数据库管理的常用功能。

工作表的数据可以用图表的形式来显示，使数据更加直观、易懂。图表建立后，还可以对其进行修饰，使图表更加美观。

为了能得到满意的打印效果，工作表在打印前要进行页面设置，然后在打印预览中查看实际打印效果并进行调整，直到完全满意后再打印。

思考与练习

一、填空题

1．一个工作簿最多可包括＿＿＿＿个工作表，在 Excel 2003 新建的工作簿中，默认包含＿＿＿＿个工作表。

2．一个工作表最多有＿＿＿＿＿行和＿＿＿＿列，最小行号是＿＿＿，最大行号是＿＿＿＿，最小列号是＿＿＿，最大列号是＿＿＿。

3．文本数据在单元格内自动＿＿＿对齐，数值数据、日期数据和时间数据在单元格内自动＿＿＿对齐。

4. 公式 "=2*3/4" 的值为_____，公式 "=SUM(1，2，4)" 的值为_____，公式 "=AVERAGE(1，3，5)" 的值为_____。

5. 图表由_____、_____、_____、_____和_____5 部分组成。

6. 要想在某单元格中插入一个回车符，应按_____键。

7. 在 Excel 中输入数据时，该数据同时出现在当前单元格和_____中。

8. Excel 提供了_____和 "高级筛选" 两种筛选方式。

9. "Sheet2!A2" 的含义为_____。

10. 要把工作表打印多份，应该在_____对话框中的 "打印份数" 文本框中输入份数。

二、单选题

1. 工作簿文件的扩展名是_____。
   A. .xls
   B. .xsl
   C. .slx
   D. .sxl

2. 活动单元格是 B2，按 Enter 键后，活动单元格是_____。
   A. B3
   B. B1
   C. A2
   D. C2

3. 单元格中输入 "1+2" 后，单元格数据的类型是_____。
   A. 数字
   B. 文本
   C. 日期
   D. 时间

4. 以下单元格地址中，是相对地址的是_____。
   A. $A$1
   B. $A1
   C. A$1
   D. A1

5. 若要选择区域 A1：C5 和 D3：E5，应该_____。
   A. 按鼠标左键从 A1 拖到 C5，然后再按鼠标左键从 D3 拖到 E5
   B. 按鼠标左键从 A1 拖到 C5，然后按住 Ctrl 键，并按鼠标左键从 D3 拖到 E5
   C. 按鼠标左键从 A1 拖到 C5，然后按住 Shift 键，并按鼠标左键从 D3 拖到 E5
   D. 按鼠标左键从 A1 拖到 C5，然后按住 Tab 键，并按鼠标左键从 D3 拖到 E5

6. 在 Excel 中，图表中的_____会随着工作表中的数据的改变而发生相应的变化。
   A. 系列数据的值
   B. 图表
   C. 图表类型
   D. 图表位置

7. 在默认状态下，单元格中的字体是_____。
   A. 黑体
   B. 宋体
   C. 楷体
   D. 仿宋体

8. 如果要将选定区域拖动到其他工作表上，则需按住_____键，然后拖动到目标工作表标签上。
   A. Ctrl
   B. Alt
   C. Shift
   D. Ctrl+Alt

9. 用来将多个文本连接成为一个组合文本的运算符是_____。

    A. !　　　　　　　　　　B. @

    C. &　　　　　　　　　　D. #

10. 在 Excel 中，求最大值的函数是_____。

    A. SUM　　　　　　　　B. COUNT

    C. MAX　　　　　　　　D. MIN

三、判断题

1. 单元格内输入数值数据只有整数和小数两种形式。　　　　　　　　（　　）
2. 在编辑栏内只能输入公式，不能输入数据。　　　　　　　　　　　（　　）
3. 单元格移动和复制后，单元格中公式中的相对地址都不变。　　　　（　　）
4. 筛选只是按条件显示某些记录，并不更改记录。　　　　　　　　　（　　）
5. Excel 无法选取部分区域来打印。　　　　　　　　　　　　　　　（　　）

上机实验

实验一　工作簿、工作表与单元格的基本操作

1. 实验目的

1）掌握 Excel 2003 的启动与退出。

2）练习在工作表中输入与编辑数据。

3）掌握单元格格式的编辑。

4）学习数据表内公式的运用。

5）学习在工作表中插入数据图表。

2. 实验步骤

1）启动 Excel 2003，创建工作簿文件"学生成绩.xls"，将学生成绩建立一工作表如图 5.47 所示（存放在 A1：F4 区域内）。

序号	姓名	数学	外语	政治	平均成绩
1	王立萍	85	79	79	
2	刘嘉林	90	84	81	
3	李 莉	81	95	73	

图 5.47　创建的学生成绩表

2）将工作表 1 行内数据的字体设定为粗体、楷体，字号为 14，并居中对齐。

3）用公式计算每位学生的平均成绩。计算公式为：平均成绩=（数学+外语+政治）/3，将计算结果的字体设定为斜体、蓝色，字号为 12。

4）选择"姓名"和"平均成绩"两列数据，姓名为分类（X）轴标题，平均成绩为数值（Y）轴标题，绘制各学生的平均成绩的柱形图（簇状柱形图），图表标题为"学生

平均成绩柱形图",嵌入在数据表格下方（存放在 A6：F17 区域内）。

5）存盘后退出，将工作簿文件"学生成绩.xls"重命名为"学生平均成绩及柱形图.xls"。

实验二　数据表的编辑及函数的运用

1. 实验目的

1）练习数据的输入与编辑。
2）掌握数据表的编辑操作。
3）学习数据表中函数的应用。

2. 实验步骤

1）启动 Excel 2003，创建工作簿文件"亚太地区电信投资.xls"，建立一电信投资数据表格如图 5.48 所示（存放 在 A1：D6 区域内）。

各国在亚太地区电信投资表（单位：亿美元）			
国家	1997年投资额	1998年投资额	1999年投资额
美国	200	195	261
韩国	120	264	195
中国	530	350	610
合计			

图 5.48　电信投资数据表

2）将默认工作表 Sheet1 更名为"电信投资表"，将默认工作表 Sheet2 更名为"折线图"，删除默认工作表 Sheet3。

3）利用 SUM 函数计算出从 1997 年到 1999 年每年的投资总额，在"D7"单元格利用 MAX 函数求出 1999 年这三个国家的最大投资额数值。

4）绘制各国每年投资额的数据点折线图。要求数据系列产生在列，横坐标标题为"国家名称"，纵坐标标题为"投资金额"，图表标题为"各国在亚太地区电信投资数据点折线图"。图表嵌入"折线图"工作表（存放在 A1：E8 区域内）。

实验三　数据表的排序与筛选

1. 实验目的

1）掌握数据表中公式与函数的混合应用。
2）掌握数据表的排序操作。
3）掌握数据表的筛选操作。

2. 实验步骤

1）启动 Excel 2003，创建工作簿文件"移动电话价格.xls"，建立一数据表格如图 5.49 所示（存放在 A1：E5 区域内）。

公司	型号	裸机价/元	入网费/元	全套价/元
诺基亚	N6110	1367.00	890.00	
摩托罗拉	CD928	2019.00	900.00	
爱立信	GH398	1860.00	980.00	
西门子	S1088	1730.00	870.00	

图 5.49　移动电话价格表

2）由于开展优惠活动，入网费打 8 折。在 E 列中求出各款手机的全套价（计算公式：全套价=裸机价+入网费×80%，结果保留两位小数）。

3）对"入网费"数据列降序排序。

4）用自动筛选的"自定义"方式，筛选出裸机价低于 2000 元的手机信息。

5）将自动筛选还原为全部显示，并退出筛选。

6）在 C6 单元格中利用 MIN 函数求出各款裸机的最低价，并将结果的字体设定为斜体、绿色。

第 6 章

PowerPoint 2003 教程

学习目标

◆ 了解 PowerPoint 2003 的基本功能

◆ 掌握 PowerPoint 2003 的常用操作和
实际应用

内容摘要

◆ 创建和保存演示文稿

◆ 幻灯片的制作

◆ 幻灯片的编辑

◆ 幻灯片的放映

◆ 在幻灯片中使用超级链接

◆ 演示文稿的打包

PowerPoint 2003 是 Office 2003 的常用组件之一，可以创建在计算机屏幕上或在投影仪上播放的演示文稿。用于教学和演讲，可以达到良好的演示效果，为工作和学习带来方便和效率。

本章将介绍如何使用 PowerPoint 2003 创建和保存演示文稿、制作幻灯片、对幻灯片进行编辑以及放映幻灯片等。

6.1　PowerPoint 2003概述

PowerPoint 2003 主要用于制作广告、产品演示、教学课件的幻灯片，它可以集文字、表格、图表、动画、声音、图像等于一体，使演示效果直观、生动、内容丰富；也可制作 Web 页，在网上发布；还可以制作成彩色和黑白投影机幻灯片、35mm 幻灯片、讲义、演讲者备注等；还能实现彩色和黑白的打印输出。利用这些功能，可以很方便地满足用户的要求，以达到预期的目的。

6.1.1　PowerPoint 2003 的工作窗口

启动 PowerPoint 2003 后，就会出现其工作窗口，并会自动创建一个演示文稿，如图 6.1 所示。此窗口从上至下，分别是标题栏、菜单栏、"常用"工具栏、"格式"工具栏、工作区、"绘图"工具栏以及状态栏。

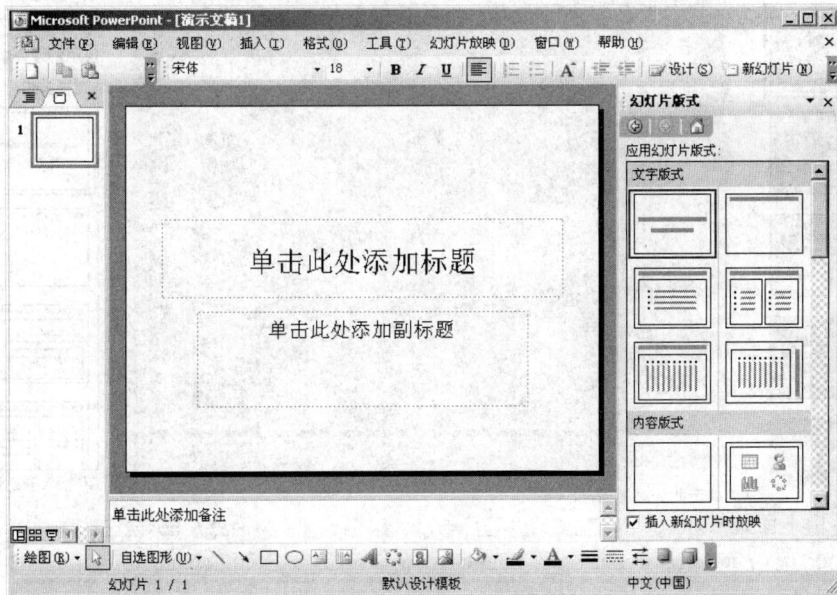

图 6.1　PowerPoint 2003 工作窗口

6.1.2　视图方式

所谓视图方式，就是指用户查看演示文稿的方式。PowerPoint 2003 提供了多种视图方式，可以从"视图"菜单中进行切换，也可以从水平滚动条左边的按钮中进行切换。如图 6.2 所示，从左至右依次为普通视图按钮、幻灯片浏览视图按钮和幻灯片放映视图按钮。

"普通视图"按钮 ————　　　　　　　　　　　　———— "幻灯片放映视图"按钮

"幻灯片浏览视图"按钮

图 6.2　视图方式切换按钮

1．幻灯片视图

幻灯片视图（如图 6.3 所示）是 PowerPoint 2003 默认的视图方式，在这种视图方式下，可以逐张为幻灯片添加文本和其他对象，并对幻灯片的内容进行编辑和格式化。有多张幻灯片时，可利用垂直滚动条进行查看。

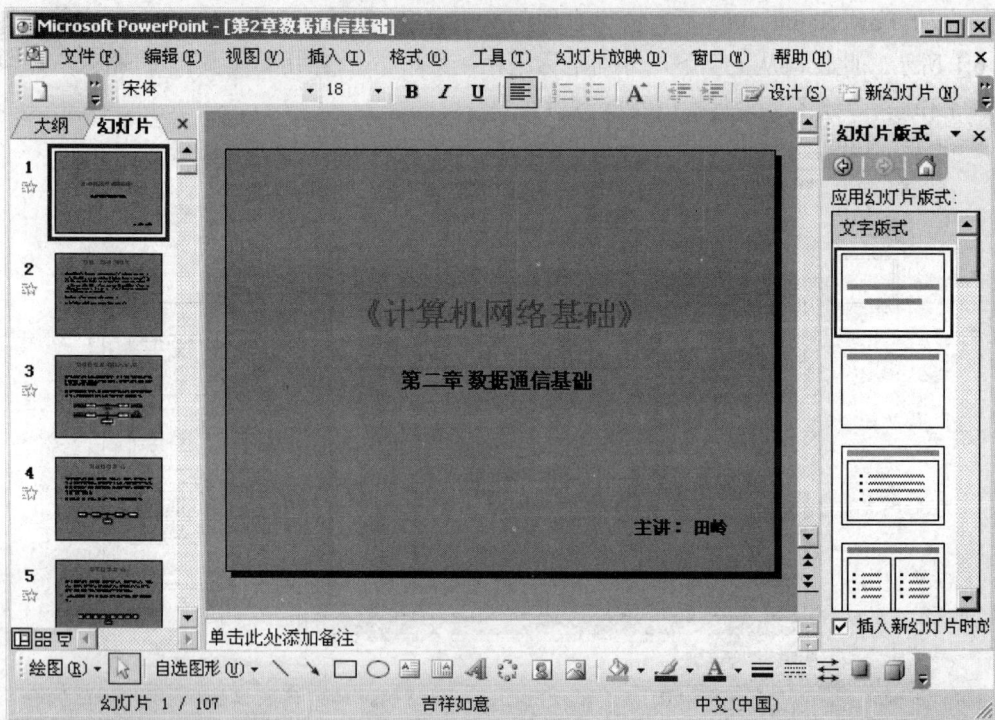

图 6.3　幻灯片视图

2. 幻灯片浏览视图

在幻灯片浏览视图（如图 6.4 所示）方式下，可以同时看到多张幻灯片，可以轻松地插入、删除、复制和移动幻灯片，进行这些操作非常方便。

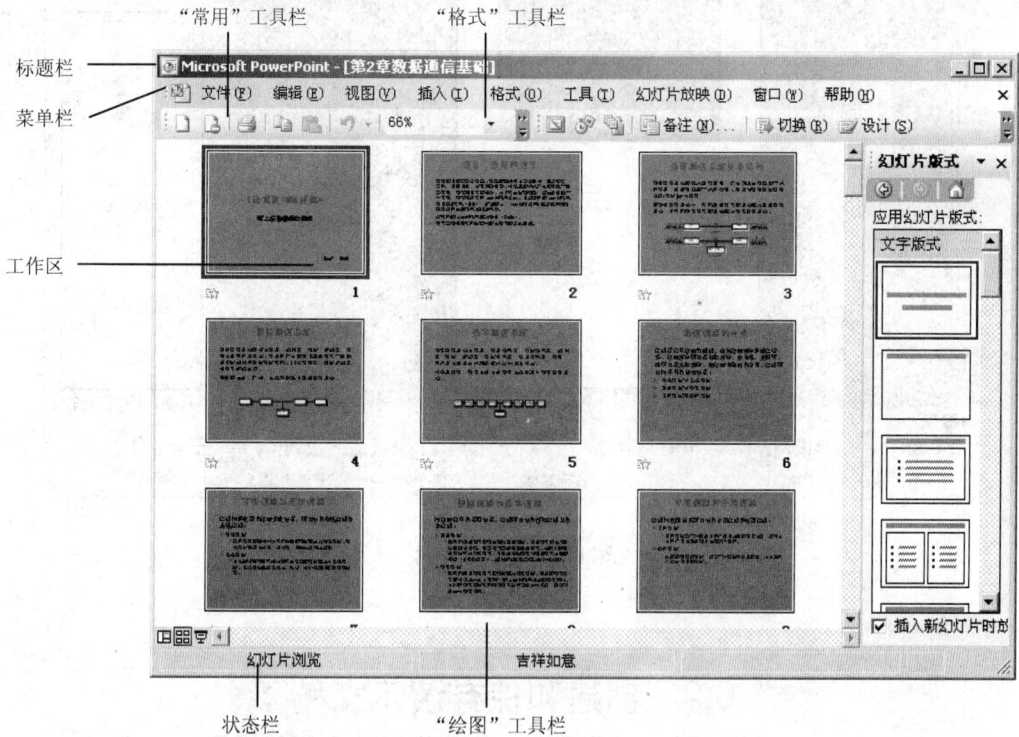

图 6.4　幻灯片浏览视图

3. 幻灯片放映视图

在幻灯片放映视图方式下，整张幻灯片的内容占满整个屏幕，也就是在计算机上进行演示文稿的放映。选择"幻灯片放映"→"观看放映"命令或按功能键 F5 开始放映全部幻灯片。单击窗口左下角的按钮或组合键 Shift+F5 可从当前幻灯片开始放映。

4. 备注页视图

在备注页视图方式下，如图 6.5 所示，可以为每张幻灯片添加备注页信息，方便用户和观众的需要。使用"视图"→"备注页"命令可切换到备注页视图。

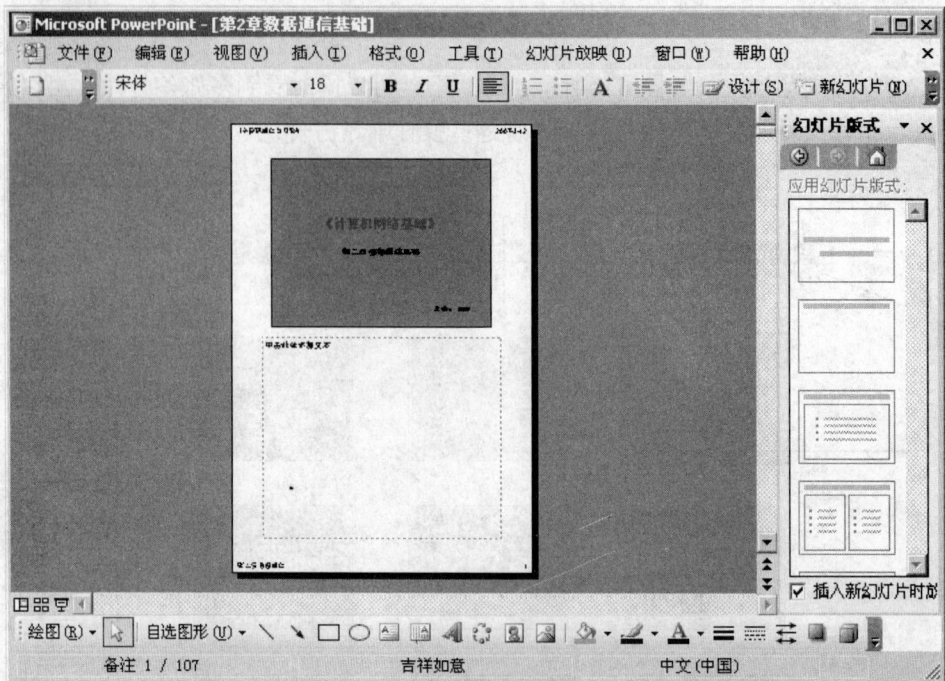

图 6.5 备注页视图

6.2 创建和保存演示文稿

演示文稿是 PowerPoint 2003 为用户保存幻灯片的基本单位，它以文件的形式存放在计算机的磁盘中，可以将它称为演示文件，这类文件的扩展名为.PPT 。可以在演示文稿中创建一张或多张幻灯片，在完成自己的作品后，还可以将其保存，以便日后观看或修改。

6.2.1 创建演示文稿

为了提高创作效率，也为了不同层次用户的需要，在 PowerPoint 2003 中提供了三种创建演示文稿的方法。

1．创建空白演示文稿

为了设计用户自己风格的演示文稿，可以从建立空白演示文稿开始，有以下三种方法。

1）前面已经说过，启动 PowerPoint 2003 后，会自动创建一个如图 6.1 所示的空白演示文稿，在这个空白演示文稿中有一张空白的幻灯片，我们就可以开始创建自己的作品了。

2）直接单击"常用"工具栏中的"新建"按钮，也会出现如图 6.1 所示的空白演示文稿。

3）选择"文件"→"新建"命令，在窗口右边出现"新建演示文稿"任务窗格，选择"空演示文稿"即可创建空白演示文稿，如图 6.6 所示。

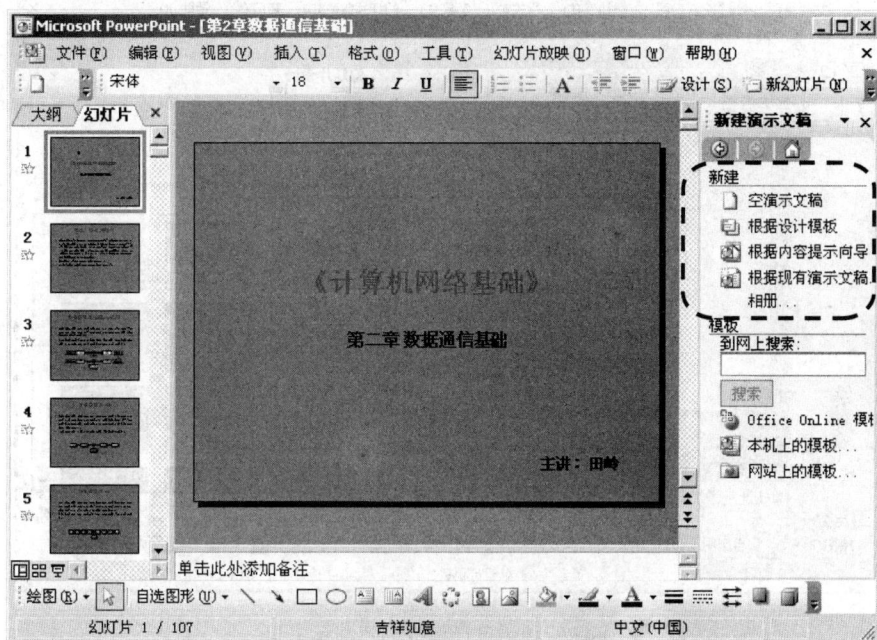

图 6.6　创建空白演示文稿

2．利用设计模板创建演示文稿

设计模板是一种以特殊格式保存的演示文稿。当使用了某种模板后，每张幻灯片的背景图形、配色方案就都确定了，并且布局合理。不再需要为每张幻灯片设定整体风格，可达到事半功倍的效果。

选择"文件"→"新建"命令，在窗口右边出现的"新建演示文稿"任务窗格中，选择"根据设计模板"选项，在下面会出现系统提供的模板，选择一种合适的模板，就会将这种模板应用到所编辑的幻灯片中，如图 6.7 所示。PowerPoint 2003 提供了 50 多种不同版式的幻灯片模板。

3．利用内容提示向导创建演示文稿

在"新建演示文稿"任务窗格中，选择"根据内容提示向导"选项，就可以根据幻灯片的内容创建具有一定格式的演示文稿，如图 6.8 所示；单击"下一步"按钮，就会出现分类对话框，选择一种演示文稿的类型，如"项目"下的"项目概况"演示文稿类型，单击"下一步"按钮；在出现的对话框中，分别在"演示文稿标题"、"页脚"文本框中输入有关的信息，如图 6.9 所示，然后单击"完成"按钮。工作区域就会出现由许多页组成的新的演示文稿，如图 6.10 所示。这时就可以根据自己的具体内容对每一张幻灯片进行编辑和修改。

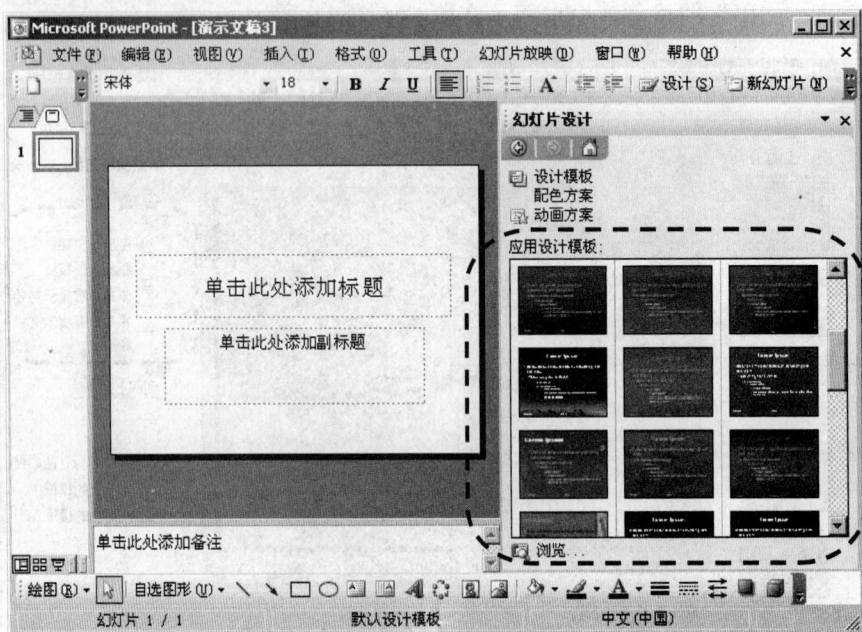

图 6.7　利用设计模板创建演示文稿

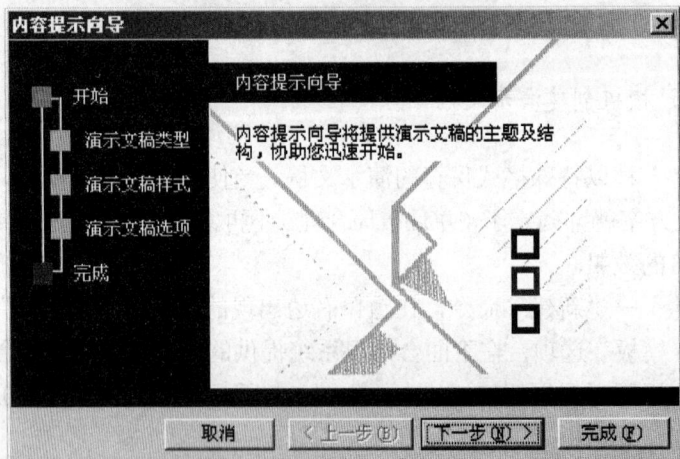

图 6.8　利用内容提示向导创建演示文稿-1

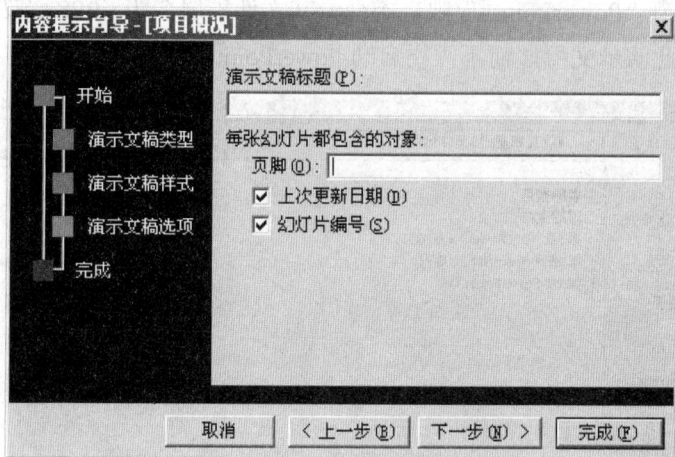

图 6.9　利用内容提示向导创建演示文稿-2

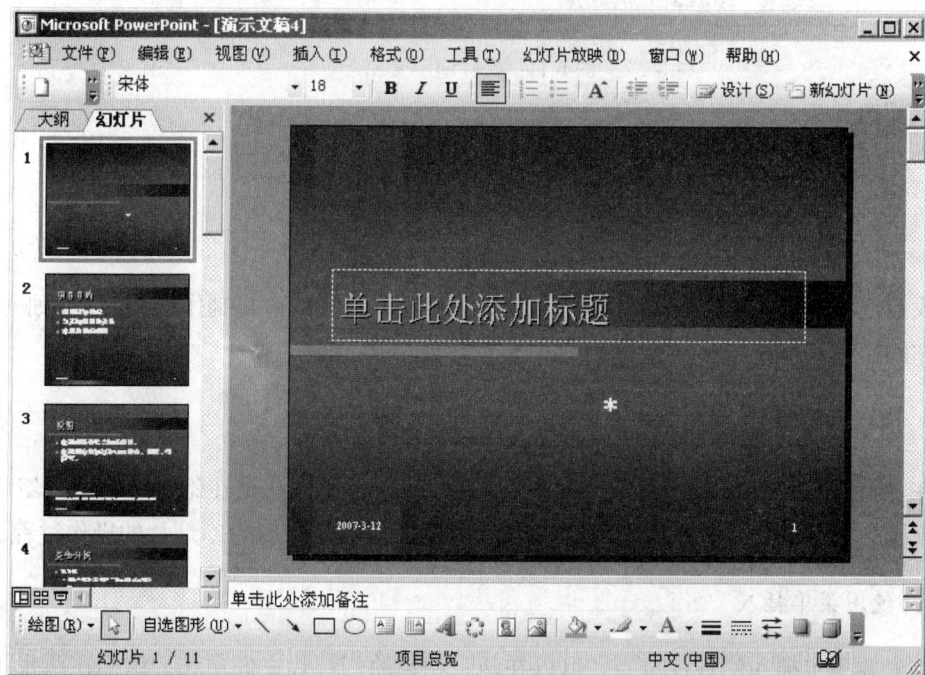

图 6.10　利用内容提示向导创建演示文稿-3

6.2.2　保存演示文稿

演示文稿编辑好之后，为了方便以后使用，可以把它保存起来。选择"文件"→"保存"命令，可打开"另存为"对话框，如图 6.11 所示，在此对话框中选择保存的位置、文件名和保存类型。

若保存为"演示文稿"类型，其文件扩展名为 .PPT，可用 PowerPoint 打开、编辑和放映；若保存为"PowerPoint 放映"类型，其文件扩展名为 .PPS，双击此类型的文件，可直接放映此演示文稿，而不需要启动 PowerPoint 2003。

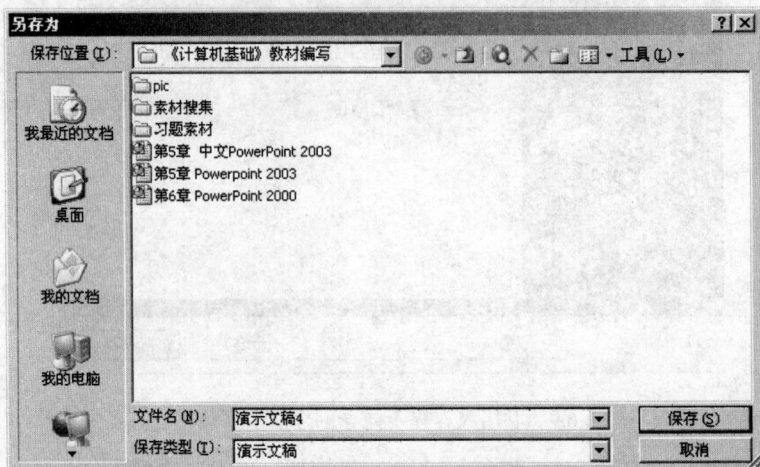

图 6.11　保存演示文稿

6.3　制作幻灯片

我们已经知道，演示文稿是由一张或多张幻灯片组成的，其制作过程就是一张一张地制作幻灯片，最终得到一个完整的演示文稿。

6.3.1　插入新幻灯片

在 PowerPoint 2003 中插入一张新的幻灯片，常用的方法是在幻灯片视图或幻灯片浏览视图下进行此操作。下面介绍在幻灯片视图下插入一张新的幻灯片的操作过程。

1. 使用菜单插入

首先要确定插入幻灯片位置，可以在两张相邻的幻灯片之间单击，这样在两张相邻的幻灯片之间就出现了一个大的光标，选择"插入"→"新幻灯片"命令，如图 6.12 所示，一张新的幻灯片就在当前位置插入了。

2. 使用"新幻灯片"按钮插入

确定插入幻灯片位置，然后单击"常用"工具栏中的"新幻灯片"按钮，也可以在当前位置插入新的幻灯片。

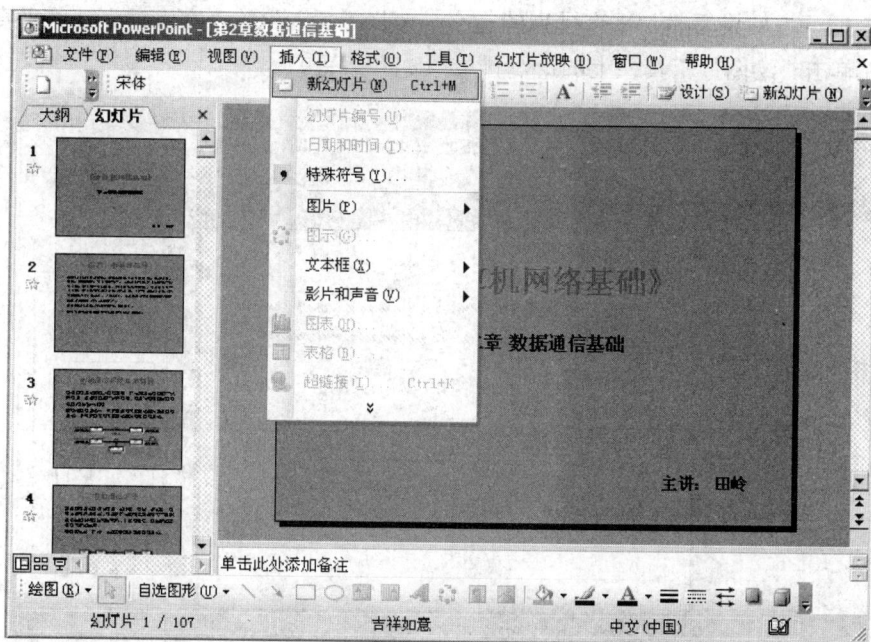

图 6.12　选择"新幻灯片"命令

6.3.2　输入文本

要让演示文稿具有说服力，不仅要有漂亮的版面和合理的结构，文字说明是必不可少的。在幻灯片中输入文本有几种方法，最为常用的方法是利用文本框来输入。

1. 使用自动版式输入文字

在新建幻灯片时，如果选择了除空白幻灯片之外的其他任何一种版式，那么在每一张新的幻灯片中都会有相应的文字提示，告诉用户应在什么位置输入什么样的对象。图 6.13 所示的幻灯片就是一张有自动版式的幻灯片，只要在提示输入文本的区域单击，就可以输入文本内容了。

2. 添加文本框

不管在自动版式的幻灯片还是在空白的幻灯片中增加文字，都可以通过插入文本框来完成。

1）选择"插入"→"文本框"→"水平"命令，或者单击"绘图"工具栏上的"文本框"按钮。

2）移动鼠标指针到幻灯片的适当位置，拖动鼠标确定文本框的宽度。在此操作过程中，不必考虑文本框的高度，当文字内容超过文本框的宽度时，文本框的高度会自动调整。

3）在文本框的宽度达到要求后，放开鼠标，这时就可以在文本框中输入文字了，如图 6.13 所示。如果要插入垂直排列的文字，选择"插入"→"文本框"→"垂直"命令，或者单击"绘图"工具栏上的"竖排文本框"按钮。

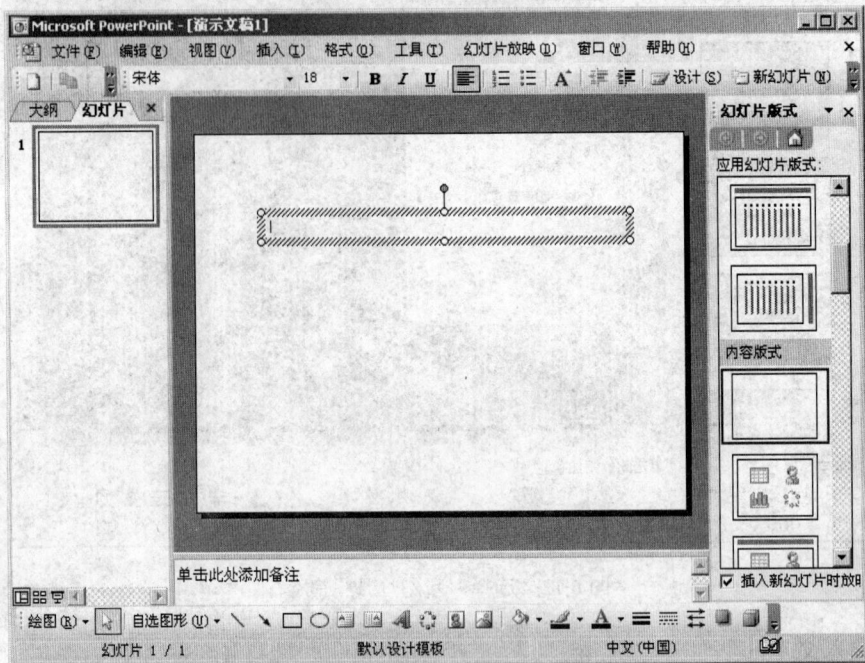

图 6.13　添加文本框

3. 对文本格式化

输入完文本之后，还不能说此操作已经完成，为了达到更好的视觉效果，还必须对文字的大小、字体、颜色、对齐方式等进行定义和修改。

利用"格式"菜单或"格式"工具栏可对文本的字体、大小、颜色、段落格式等进行设置。

4. 改变文本框的位置

选中文本框，将鼠标指针指向文本框的边框，当指针变成十字形时拖动鼠标，此时可移动文本框，直到满意为止；也可以在按下 Ctrl 键的同时，按光标键进行文本框位置微移。

为了把文本移动到满意的位置，可选择"视图"→"网格和参考线"命令，使幻灯片中显示辅助线，移动文本框时可参照此辅助线进行操作，如图 6.14 所示。

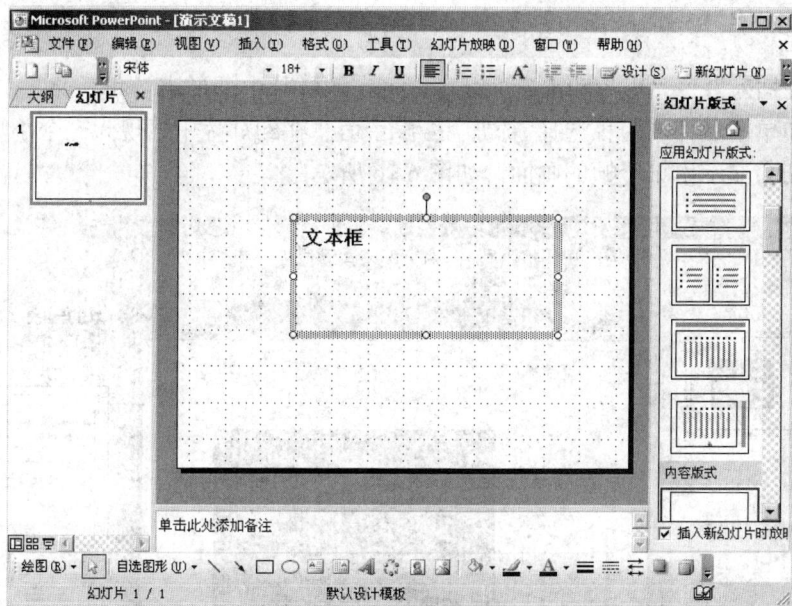

图 6.14　改变文本框的位置

6.3.3　插入图形和图片

在一张漂亮的幻灯片中只有文字是不够的，Office 2003 提供了许多漂亮的剪贴画，可以插入这些剪贴画使幻灯片更加漂亮，也可以插入其他以文件形式保存的图片。

插入图片的方法与 Word 2003 相同，使用"绘图"工具栏中的工具还可以自己绘制并修饰各种图形，如图 6.15 所示。

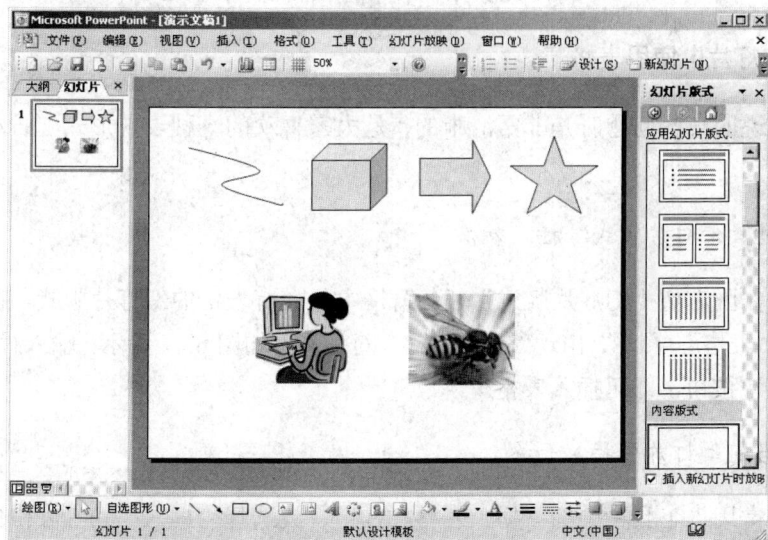

图 6.15　插入图形和图片

6.3.4　在幻灯片中添加声音和影像

选择"插入"→"影片和声音"命令，可在幻灯片中添加声音和影像。在添加时有自动播放和单击后播放两种选择。添加后，声音信息在幻灯片中表现为一个小喇叭图标，影像信息则会显示出第一帧的画面，如图 6.16 所示。

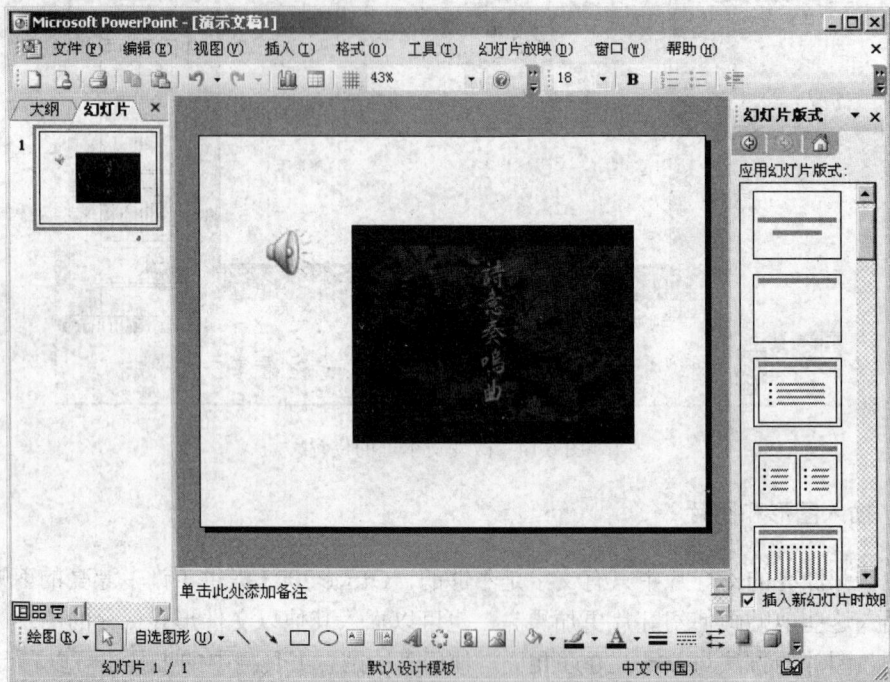

图 6.16　幻灯片中的声音和影像

6.3.5　在幻灯片中使用表格

表格在说明某些问题时是非常清晰的，是大家喜欢的一种表现形式。插入表格的方法有两种。

1. 通过"幻灯片版式"插入表格

单击工作区右边"幻灯片版式"任务窗格中包含有表格的幻灯片版式，在中间的图示上单击"表格"图形，出现"插入表格"对话框，如图 6.17 所示，输入行数和列数，单击"确定"按钮，即可插入表格。

2. 在当前幻灯片中插入表格

单击"常用"工具栏中的"插入表格"按钮，或选择"插入"→"表格"命令，也会出现"插入表格"对话框，输入行数和列数，单击"确定"按钮，即可插入表格。

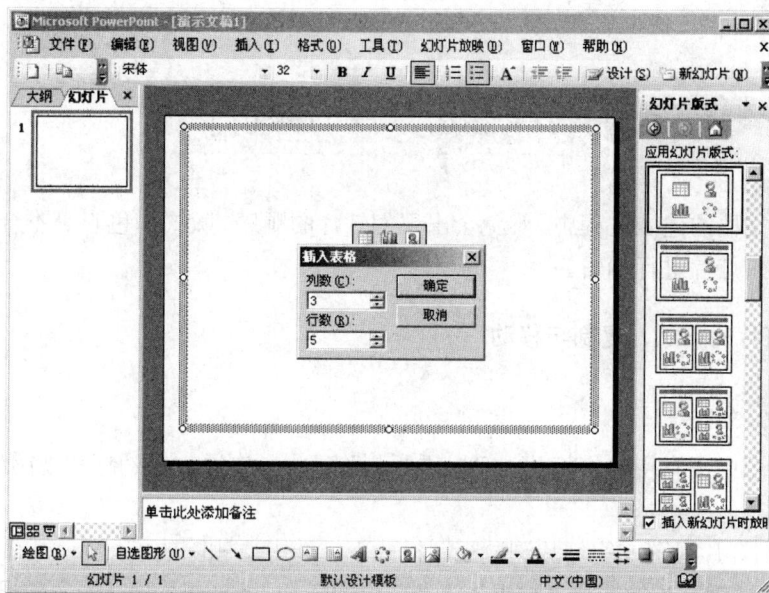

图 6.17　通过 "幻灯片版式" 插入表格

6.3.6　在幻灯片中插入图表

图表是表现某些观点的非常有效的直观的表现方法。建立图表的步骤如下。

1）单击 "常用" 工具栏中的 "插入图表" 按钮。

2）修改 "数据表" 中的数据，修改好后，在幻灯片的空白处单击，这样就在幻灯片中插入了图表，如图 6.18 所示。

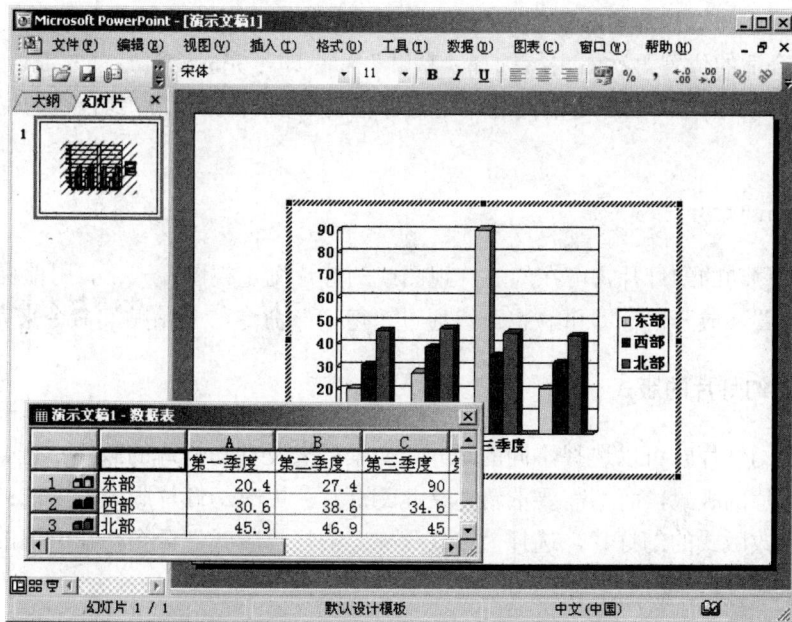

图 6.18　在幻灯片中插入图表

6.4　幻灯片的编辑

在演示文稿的建立过程中，难免会出现幻灯片的顺序、版式和色彩等不合适的情况，这就需要对幻灯片进行编辑。

6.4.1　幻灯片的删除、复制与移动

1. 删除幻灯片

演示文稿中没有用的幻灯片，可以进行删除。此操作通常在幻灯片视图或幻灯片浏览视图下进行。

1）在幻灯片视图或幻灯片浏览视图模式下，选中要删除的幻灯片。

2）按 Del 键，或者选择"编辑"→"删除幻灯片"命令即可删除。 如果是误操作，可单击"常用"工具栏中的"撤销"按钮进行恢复。

2. 复制幻灯片

对于具有相同版式的幻灯片，不必重新建立，把原来的幻灯片复制过来，改变其中的内容即可。

1）在幻灯片视图或幻灯片浏览视图模式下，选中要复制的幻灯片。若要复制多张幻灯片，可按下 Ctrl 键再选择。

2）在选中的幻灯片上右击，在出现的快捷菜单中选择"复制"命令。

3）在合适的位置再次右击，选择"粘贴"命令即可完成幻灯片的复制。

4）也可以在按下 Ctrl 键的同时，用鼠标拖动要复制的幻灯片到合适的位置，放开鼠标即可。

3. 移动幻灯片

对于要移动的幻灯片，可在幻灯片视图或幻灯片浏览视图模式下，用鼠标直接拖动到合适的位置，放开鼠标即可。也可以通过"剪切"命令与"粘贴"命令来完成。

6.4.2　更改幻灯片的版式

在建立幻灯片时可以选择不同的版式，如果后来发觉幻灯片的版式不符合要求，可以更改幻灯片的版式，而不需要重新建立此幻灯片。更改幻灯片版式的方法：选中一张或多张要更改版式的幻灯片，选择"格式"→"幻灯片版式"命令，在出现的"幻灯片版式"列表框中选择所需版式即可。

6.4.3　利用设计模板修改幻灯片

设计模板是一种模板类型的文件，利用设计模板可以快速地为演示文稿设置统一的外观。使用方法如下。

选择"格式"→"幻灯片设计"命令，在出现的"应用设计模板"列表框中选择所需版式即可。还可以在任务窗格中单击任意一种模板的右侧箭头，选中下拉列表中需要应用的选项，如图 6.19 所示。

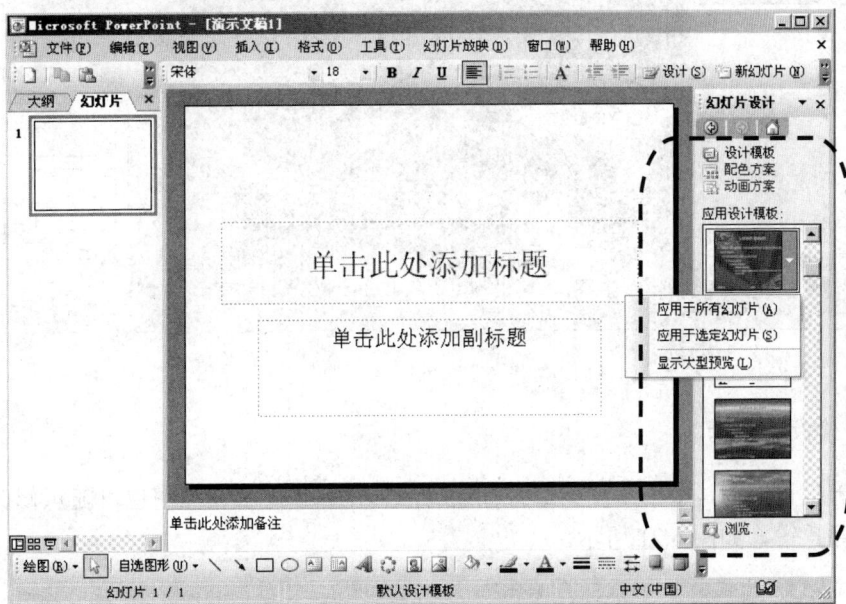

图 6.19　利用设计模板修改幻灯片

6.4.4　利用幻灯片母版调整幻灯片布局

母版是一种特殊的幻灯片，通过修改母版可以达到统一修饰幻灯片外观的目的。在 PowerPoint 2003 中，每一个演示文稿中都包含两个母版：幻灯片母版和标题母版。幻灯片母版用于控制幻灯片中标题与文本的格式，而标题母版用于控制标题幻灯片的格式与位置（标题幻灯片通常是指一组幻灯片的第一张）。因此，当需要修改所有幻灯片的格式或者标题幻灯片格式时，就不必一张一张地去修改了，只需要修改相应母版中对应项的格式就可以了，其中包括文字格式、动画效果、插入图片等。

1．修改幻灯片母版

选择"视图"→"母版"→"幻灯片母版"命令，出现幻灯片母版视图，如图 6.20 所示。单击左侧第一张幻灯片母版，在幻灯片母版视图中可任意添加图片、背景，修改文字格式。

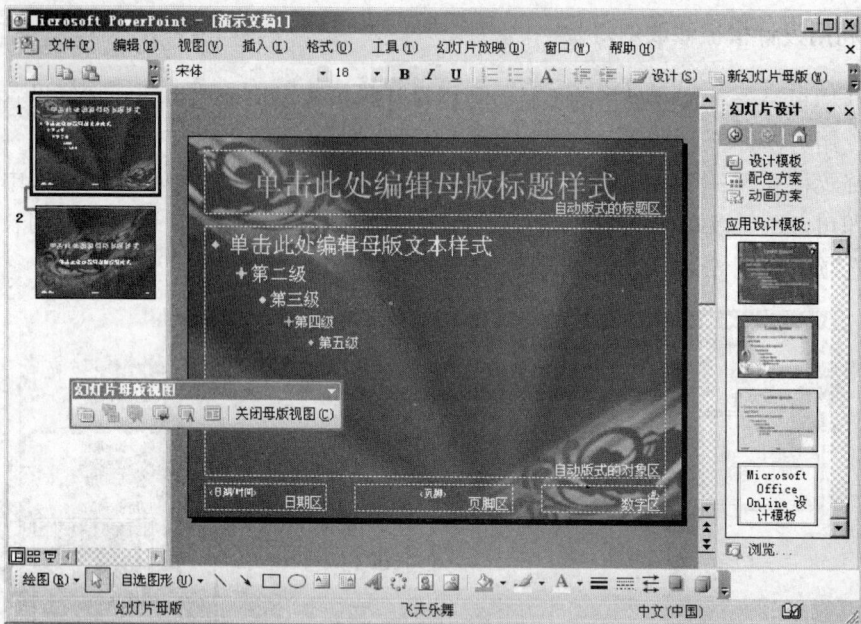

图 6.20　幻灯片母版

2. 修改标题母版

在母版视图中，单击左侧第二张标题母版，在标题母版视图中也可随意修改其文字格式、背景等，如图 6.21 所示。

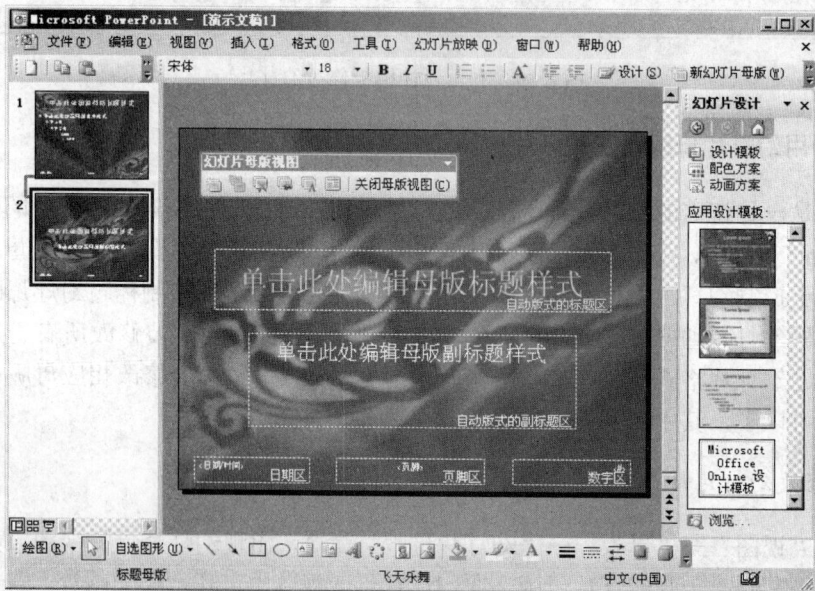

图 6.21　标题母版

6.4.5 幻灯片色彩的调整

幻灯片色彩的调整，实际上就是幻灯片配色方案的调整，包括背景颜色、文本和线条的景色、阴影颜色等，通过这些颜色的调整使幻灯片更容易观看和阅读。

每种设计模板都有多种标准配色方案，也可以根据自己爱好创建自己的配色方案。选择"格式"→"幻灯片设计"命令，在任务窗格中选择"配色方案"，可选用其中的任一配色方案。若选择"编辑配色方案"，在出现的对话框中还可以进行更加详细的设置，如图 6.22 所示。

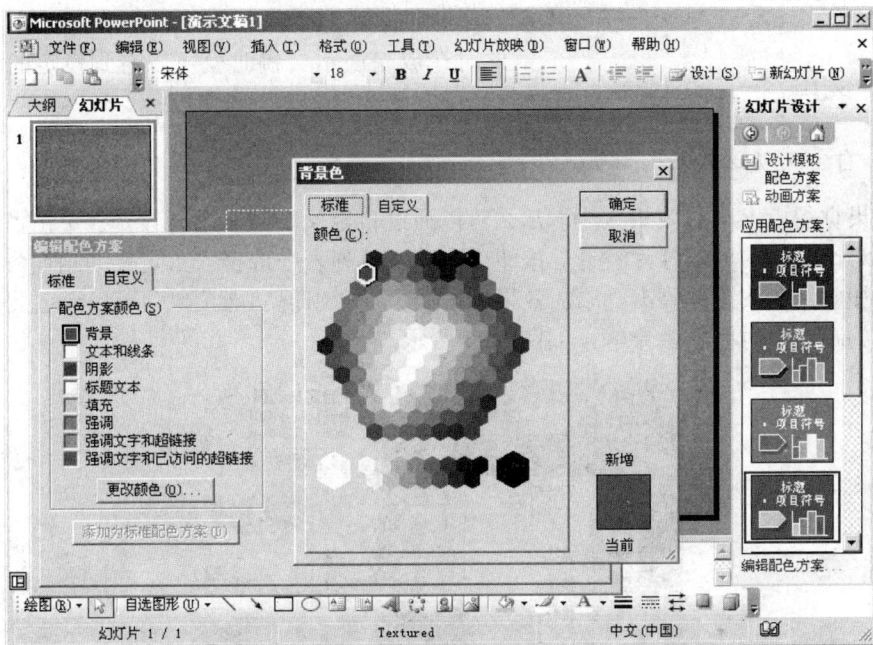

图 6.22　幻灯片色彩的调整

6.5　幻灯片的放映

制作幻灯片的目的就是为了在屏幕上放映，这样才能把自己所要讲解的内容介绍给观众，以达到预期的目的。

6.5.1 在幻灯片中加入动画效果

如果把幻灯片中的对象加上动画效果，那么在放映演示文稿的时候，加上动画效果的对象就会按照设定放映出来，给人一种美好的视觉享受。

图6.23 幻灯片中的预设动画效果

1. 在幻灯片中加入预设动画效果

1）在幻灯片视图下，选择要加入动画效果的对象。

2）选择"格式"→"幻灯片设计"命令，在任务窗格中选择"动画效果"，屏幕上出现"动画效果"列表栏，如图6.23所示。

3）单击要设置的动画效果（如"温和型"→"下降"），若选中"自动预览"复选框，则幻灯片中所选择的对象将即时演示一遍。

此时在放映演示文稿时就可以看到设定的动画效果了。

2. 自定义动画效果

如果觉得以上动画效果太少，那么可以通过自定义动画来自行设定。单击"幻灯片设计"对话框中的"幻灯片设计"按钮，在其下拉列表中选择"自定义动画"命令，出现"添加效果"按钮；单击"添加效果"按钮，将会出现功能菜单，可以通过此菜单设置动画的顺序、时间、效果等，如图6.24所示。

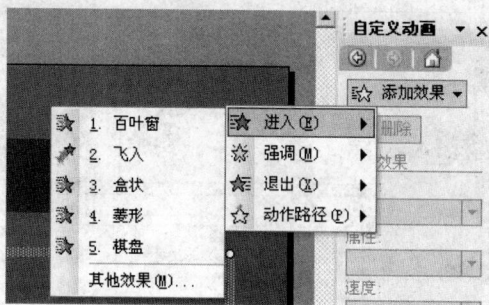

图6.24 幻灯片中的自定义动画效果

6.5.2 幻灯片切换方式

除了可以对幻灯片中的对象加上动画效果，幻灯片与幻灯片之间也可以加上动画效果，这种动画效果称为幻灯片切换方式。

选择"幻灯片放映"→"幻灯片切换"命令，出现如图6.25所示的"幻灯片切换"任务窗格，从中可以设置幻灯片的效果、换页方式、声音等内容。可以把此幻灯片切换方式用在当前幻灯片中，或者应用到所有幻灯片中。

6.5.3 放映幻灯片与设置放映方式

1. 放映幻灯片

幻灯片的放映非常容易，只要单击水平滚动条左边的"幻灯片放映"按钮，或者选择"幻灯片放映"→"观看放映"命令，或者直接按F5键即可。

在放映的过程中，整个屏幕显示一张幻灯片，单击，就放映下一张幻灯片。同时在屏幕的左下角有 4 个半透明按钮，可以控制放映的"前进"、"后退"、"绘图笔"和"控制菜单"。也可以通过在屏幕上任意一处右击，出现快捷菜单，此菜单提供了在幻灯片放映过程中的多种功能，如图 6.26 所示。

2. 设置放映方式

在幻灯片放映过程中，还可以设置幻灯片的放映方式。选择"幻灯片放映"→"设置放映方式"命令后，出现如图 6.27 所示的对话框。在此对话框中，可以设置幻灯片的放映类型、放映哪些幻灯片以及切换方式等。

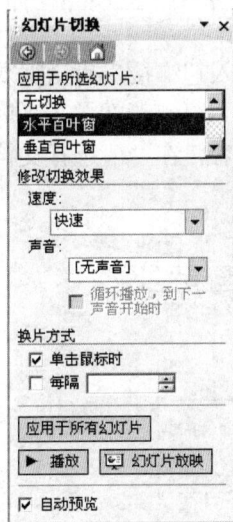

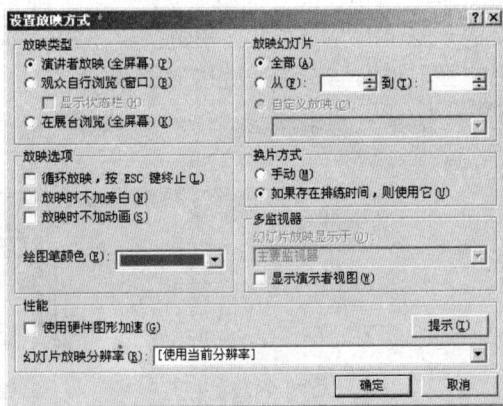

图 6.25　幻灯片切换方式　　图 6.26　幻灯片放映控制菜单　　图 6.27　"设置放映方式"对话框

6.6　在幻灯片中使用超链接

在幻灯片中插入超级链接，可以从一张幻灯片转到另一张幻灯片，从一张幻灯片转到另一个文件，也可以从一张幻灯片转到另一个网页，使用起来极其方便、快捷。步骤如下。

1）在幻灯片中先选定要插入超级链接的对象，如文字、文本框、图片、剪贴画、艺术字等。然后单击"常用"工具栏中的"插入超链接"按钮，或选择"插入"→"超链接"命令，出现"插入超链接"对话框，如图 6.28 所示。

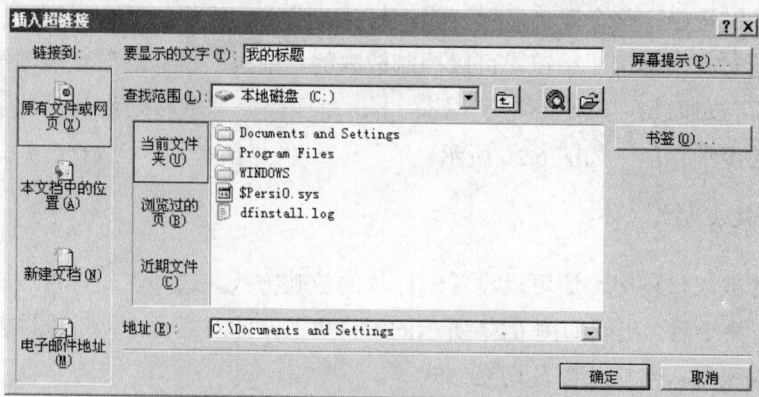

图 6.28 "插入超链接"对话框-1

2）单击"链接到"列表框中的"本文档中的位置"按钮，"插入超链接"对话框变成如图 6.29 所示；此时根据需要可在"要显示的文字"文本框中输入文字，在单击"屏幕提示"按钮出现的"设置超链接屏幕提示"对话框中输入提示内容，在"请选择文档中的位置"列表框中选择链接的位置。

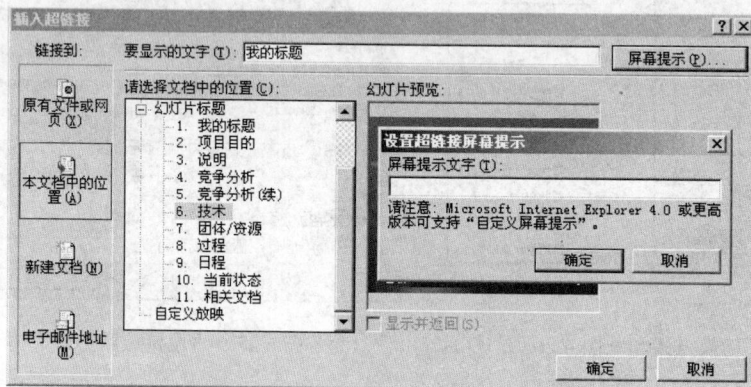

图 6.29 "插入超链接"对话框-2

3）设置完成后，单击"确定"按钮。这样就在幻灯片中建立了超级链接。

如果建立超级链接的对象是文字，那么将在文字下方加上下划线，在放映幻灯片时，如果鼠标指针移到此位置会变成小手形状，若单击此超级链接，屏幕就会显示链接到位置的内容；对于其他对象建立的超级链接，在放映幻灯片时，鼠标指针移到此位置同样会变成小手形状，表示该对象建立了超级链接。

6.7 演示文稿的打包

幻灯片打包的目的，通常是要在其他未安装 PowerPoint 的电脑上播放幻灯片。打包时不仅幻灯片中所使用的特殊字体、音乐、视频片段等元素都要一并输出，有时还需手工集成播放器程序 PowerPoint Viewer，所以较大的演示文稿只好用移动硬盘、光盘等设备携带。而且，由于不同版本的 PowerPoint 所支持的特殊效果有区别，要播放演示文稿最好安装相应版本的 PowerPoint 或 PowerPoint Viewer，否则可能丢失演示文稿中的特殊效果。上述问题给异地使用演示文稿带来了不便，好在 PowerPoint 2003 克服了这些缺点，其演示文稿打包功能可以帮助用户轻松完成幻灯片打包的全过程。

6.7.1　把演示文稿打包成 CD

如果演示文稿中包含相当丰富的视频、图片、音乐等内容，普通的 3.5 英寸软盘是难以胜任存储任务的。这时可以把演示文稿打包到 CD 中，便于携带和播放。如果用户的 PowerPoint 2003 的运行环境是 Windows XP，就可以将制作好的演示文稿直接刻录到 CD 上，做出的演示 CD 可以在 Windows 98 或更高的环境中播放，而无需 PowerPoint 主程序的支持。

一张光盘中可以存放一个或多个演示文稿。把演示文稿打包成 CD 的步骤如下：打开要打包的演示文稿，选择"文件"→"打包成 CD"命令，弹出"打包成 CD"对话框，这时打开的演示文稿就会被选定并准备打包了，如图 6.30 所示；如果需要将更多演示文稿添加到同一张 CD 中，将来按设定顺序播放，可单击"添加"按钮，从"添加文件"对话框中找到并双击其他演示文稿，这时窗口中的演示文稿文件名就会变成一个文件列表，如图 6.31 所示；如需调整播放列表中演示文稿的顺序，选中文稿后单击窗口左侧的上下箭头即可。重复以上步骤，就能把多个演示文稿添加到同一张 CD 中。

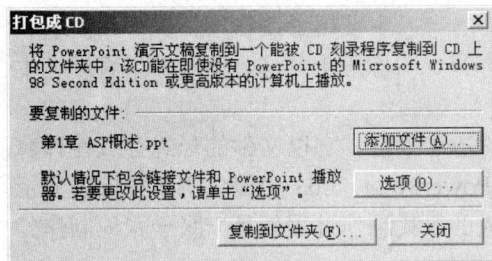

图 6.30　演示文稿打包成 CD-1　　　　　图 6.31　演示文稿打包成 CD-2

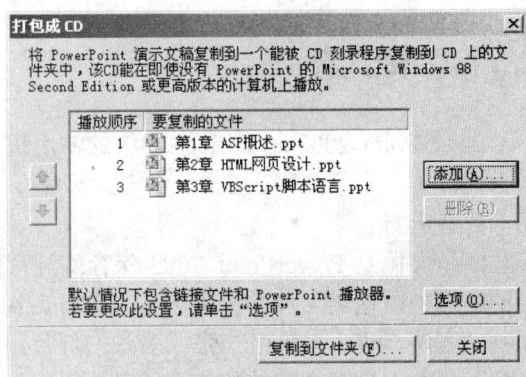

上面的操作完成后单击"确定"按钮，就可以准备刻录 CD 了。将空白 CD 盘放入刻录机，单击"复制到 CD"按钮，就会开始刻录进程。稍等片刻，一张专门用于演示 PPT 文稿的光盘就做好了。将复制好的 CD 插入光驱，稍等片刻就会弹出 Microsoft Office PowerPoint Viewer 对话框，单击"接受"按钮，即可按用户先前设定的方式播放演示文稿。

6.7.2　把演示文稿复制到文件夹

如果不想使用 Windows XP 内置的刻录功能，也可以先把演示文稿及其相关文件复制到一个文件夹中。这样既可以把它做成压缩包发送给别人，也可以用其他刻录软件自制演示文稿光盘。

　　把演示文稿复制到文件夹的方法与打包到 CD 的方法类似。按上面介绍的方法，完成前两步操作后，不要单击"复制到 CD"按钮，而是单击其中的"复制到文件夹"按钮，在弹出的对话框（如图 6.32 所示）中输入文件夹名称和复制位置，单击"确定"按钮即可将演示文稿和 PowerPoint Viewer 及相关的文件复制到指定位置的文件夹中。

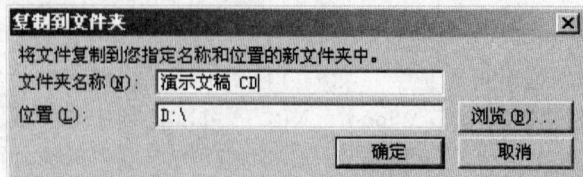

图 6.32　将演示文稿复制到文件夹

　　复制到文件夹中的演示文稿可以这样使用。一是使用 Nero Burning ROM 等刻录工具，将文件夹中的所有文件刻录到光盘。完成后只要将光盘放入光驱，就可以像 PowerPoint 2003 复制的 CD 那样自动播放了。假如用户将多个演示文稿所在的文件夹刻录到 CD，只要打开 CD 上的某个文件夹，运行其中的 play.bat 就可以播放演示文稿了。二是如果没有刻录机，也可以将文件夹复制到闪存、移动硬盘等移动存储设备，播放演示文稿时，运行其中的 play.bat 就可以了。

本章小结

　　PowerPoint 2003 是 Office 2003 的常用组件之一，主要用于制作广告、产品演示、教学课件等，它集文字、表格、图表、动画、声音、图像等于一体，演示效果直观、生动、内容丰富。

　　演示文稿是 PowerPoint 2003 保存幻灯片的基本单位，它以文件的形式存放在计算机的磁盘中，这类文件的扩展名为 .PPT 。在 PowerPoint 2003 中提供了多种创建演示文稿的方法。演示文稿由一张或多张幻灯片组成的，其制作过程就是一张一张地制作幻灯片，最终得到一个完整的演示文稿。

　　要让演示文稿具有说服力，文字说明必不可少。PowerPoint 2003 提供了多种在幻灯片中输入文本的方法。

　　可以在 PowerPoint 2003 中插入剪贴画使幻灯片更加漂亮，也可以插入其他以文件形式保存的图片，甚至可以添加声音和影像，使其表现力更加丰富。

　　可以在幻灯片中插入表格，使我们非常清晰地说明某些问题；也可以幻灯片中插入图表，使我们表现某些观点时直观而有效。

　　在演示文稿的建立过程中，难免会出现幻灯片的顺序、版式和色彩等不合适的情况，这就需要对幻灯片进行编辑，主要工作包括：幻灯片的删除、复制与移动，幻灯片版式的更改，利用设计模板或母板修改幻灯片，调整的幻灯片色彩。

　　制作幻灯片的目的是为了在屏幕上放映，可以在幻灯片与幻灯片之间或幻灯片中的对象上添加动画效果。

可以在幻灯片中插入超级链接，使我们能够从一张幻灯片转到另一张幻灯片，从一张幻灯片转到另一个文件，或是从一张幻灯片转到另一个网页。

为了在未安装 PowerPoint 的电脑上播放幻灯片，PowerPoint 2003 提供了演示文稿打包功能，可以帮助用户轻松完成幻灯片打包的全过程。

思考与练习

一、填空题

1．在普通视图或幻灯片视图下，选择＿＿＿＿＿＿菜单中的 ＿＿＿＿＿＿＿＿命令，可删除当前显示在窗口中的幻灯片。

2．若字处理框是用竖排文本框建立的，那么它的延伸方向是沿水平向＿＿＿＿＿。

3．设计模板包含预定义的格式和 ＿＿＿＿＿＿＿＿，可以应用到任意演示文稿中创建自定义的外观。

4．母版是一张特殊的幻灯片，在其中可以定义整个演示文稿幻灯片的＿＿＿＿＿＿＿，控制演示文稿的 ＿＿＿＿＿＿＿＿。

5．在"绘图"工具栏中单击"矩形"或"椭圆"按钮，按住 ＿＿＿＿＿＿＿ 键，则可以画出一个正方形或正圆。

6．选择"绘图"→"叠放次序"命令，会出现 4 种叠放次序选项：＿＿＿＿＿＿＿＿、＿＿＿＿＿＿＿＿、＿＿＿＿＿＿＿＿、＿＿＿＿＿＿＿＿。

7．选择"插入"→"图片"子菜单中的 ＿＿＿＿＿＿＿＿命令，可添加组织结构图。

8．艺术字是 Office 中的一个内置工具，它以 ＿＿＿＿＿＿＿＿＿＿＿＿为基础，通过添加阴影、改变文字的大小和颜色把文字变成多种预定义的形状，以突出和美化文字。

9．如果要同时给几张幻灯片添加相同的动画效果，必须在 ＿＿＿＿＿＿＿＿视图中进行。

二、单选题

1．＿＿＿＿＿＿不能新建演示文稿。
　　A．空演示文稿　　　　　　　　B．设计模板
　　C．内容提示向导　　　　　　　D．打包功能

2．演示文稿中，加新幻灯片的快捷键是＿＿＿＿＿。
　　A．Ctrl+H　　　　　　　　　　B．Ctrl+N
　　C．Ctrl +M　　　　　　　　　 D．Ctrl+O

3．播放演示文稿的快捷键是＿＿＿＿＿。
　　A．Enter　　　　　　　　　　 B．F5
　　C．Alt+Enter　　　　　　　　 D．F7

4．使用 PowerPoint 2003 做出的文件的扩展名是＿＿＿＿＿。
　　A．.ppt　　　　　　　　　　　B．.doc

C．.xml   D．.plt

5．配色方案不能单独改变＿＿＿的颜色。

A．标题文本颜色   B．超链接下划线

C．阴影颜色   D．正文文字

6．"幻灯片设计"命令在＿＿＿菜单。

A．编辑   B．格式

C．工具   D．幻灯片放映

7．可以为一种元素设置几种动画效果？＿＿＿

A．一种   B．不多于两种

C．多种   D．以上都不对

8．将演示文稿插入幻灯片应打开＿＿＿。

A．"编辑"菜单   B．"插入"菜单

C．"格式"菜单   D．"视图"菜单

9．关于幻灯片切换，说法正确的是＿＿＿。

A．可设置进入效果   B．可设置切换音效

C．可通过单击切换   D．以上全对

10．关于组合图形，下列说法正确的是＿＿＿。

A．只能组合两个图形   B．一旦组合不能拆开

C．组合后还能拆开   D．都不正确

三、判断题

1．复制元素的超链接，和链接地址一起复制。   （   ）

2．幻灯片母版，标题页可以单设。   （   ）

3．对"大纲"工具栏操作，可以实现移动幻灯片。   （   ）

4．幻灯片母版的目的是使我们进行全局更改，并使该更改应用到演示文稿的所有幻灯片中。   （   ）

5．按 F5 键，是从当前幻灯片开始播放。单击"幻灯片放映"按钮，是从幻灯片的第一页开始放映。   （   ）

上机实验

实验一　演示文稿的基本操作

1．实验目的

1）掌握 PowerPoint 2003 的启动与退出。

2）掌握在演示文稿中输入与编辑文本，修改文本样式，插入剪贴画或图片。

3）掌握在演示文稿中插入幻灯片，应用版式与模板。

4）掌握幻灯片之间的切换效果设置、幻灯片中元素的动画效果设置。

5）观察演示文稿的放映效果。

6）掌握.ppt 格式演示文稿的保存。

2．实验步骤

1）启动 PowerPoint 2003，在第一张幻灯片的标题区中键入"中国的 DXF100 地效飞机"，字体设置为：红色，黑体，加粗，54 磅。

2）删除第一张幻灯片的副标题文本区，在其空白处插入一张"飞机"剪贴画。

3）插入一版式为"标题和文本"的新幻灯片，作为第二张幻灯片。输入其标题内容为"DXF100 主要技术参数"，输入其文本内容为"可载乘客 15 人，装有两台 300 马力航空发动机"。

4）将幻灯片应用 Ocean 模板，幻灯片之间的切换效果设置为"从上抽出"；第一张幻灯片中的"飞机"剪贴画设置动画为"右侧飞入"。

5）运行该演示文稿，查看放映效果，并将该演示文稿保存在"我的文档"中，命名为 mine.ppt ，退出 PowerPoint 2003。

实验二　在演示文稿中加入超链接

1．实验目的

1）复习幻灯片中文本的输入、编辑与格式的修改。

2）复习幻灯片中版式与模板的应用。

3）掌握在幻灯片中插入超链接。

4）观察具有超链接演示文稿的放映效果，在放映中进行超链接的具体操作。

2．实验步骤

1）启动 PowerPoint 2003，将第一张幻灯片版式设置为"标题幻灯片"，输入主标题为"第一章"，字体设置为：黑体，44 磅；再输入副标题"计算机基础知识"，字体设置为：楷体_GB2312，48 磅。

2）插入第二张幻灯片，版式设置为"标题与竖排文字"，输入标题内容"一、主要目录"，设置字体、字号为：黑体，48 磅，输入文本内容为：

"（一）计算机发展简史

（二）计算机的特点

（三）计算机的应用

（四）计算机的分类"

设置字体、字号为：仿宋_GB2312，40 磅，居中。

3）将整个演示文稿设置为 Digital Dots 模板，幻灯片中动画效果全部设置为"上部飞入"，幻灯片之间切换效果全部设置为"随机垂直线条"。

4）再插入 4 张版式为"标题和文本"的新幻灯片，其标题内容分别为"计算机发展简史"、"计算机的特点"、"计算机的应用"、"计算机的分类"。

5）将第二张幻灯片文本区中的 4 行文本，分别与第三、四、五、六张幻灯片进行超链接。

6）运行该演示文稿，查看放映效果，并将该演示文稿保存在"我的文档"中，命名为 links.ppt 。

实验三　对演示文稿进行修改及放映格式文稿的生成

1. 实验目的

1）掌握对已有演示文稿的打开与修改。

2）掌握幻灯片版式、切换效果与动画效果的修改。

3）掌握 .pps 文稿的保存。

4）观察在不进入 PowerPoint 2003 软件环境的情况下，.pps 格式文稿的放映效果。

2. 实验步骤

1）启动 PowerPoint 2003，打开在实验二中创建的演示文稿 links.ppt，或直接双击该演示文稿将其打开，并另存为 test.ppt。

2）将第二张幻灯片的版式修改为"标题与文本"。

3）将第三、四、五、六张幻灯片的动画效果修改为"棋盘式进入"。

4）将全部幻灯片之间切换效果修改为"菱形"。

5）将修改后的演示文稿保存为放映格式，命名为 test.pps 。双击该放映文稿，查看放映效果。

第7章

计算机网络入门

学习目标

- ◆ 了解计算机网络的发展、组成和分类
- ◆ 了解局域网和 Internet 的基础知识
- ◆ 掌握电子邮件的申请和使用

内容摘要

- ◆ 计算机网络的发展过程
- ◆ 计算机网络的定义
- ◆ 计算机网络的组成、特点及分类
- ◆ 局域网的组成和 OSI 模式
- ◆ 局域网的资源共享
- ◆ Internet 概述和工作原理
- ◆ IE 窗口的组成
- ◆ 利用 IE 浏览网页
- ◆ 使用电子邮件

　　计算机网络是把不同位置的计算机互联起来，以实现资源共享的信息系统。局域网是指在某一区域内由多台计算机互联成的计算机组。局域网可以实现文件管理、应用软件共享、打印机共享、扫描仪共享、电子邮件和传真通信服务等功能。Internet 是一个全球性、开放型的计算机互联网络，它把世界各地已有的各种网互联起来，组成一个跨越国界的庞大的互联网。

　　本章简要介绍计算机网络的一般常识，计算机网络的结构、组成和工作原理，并对局域网、Internet 的组成及相关的知识点进行了说明，最后对 IE 的浏览和电子邮件使用进行了细致的阐述。

7.1　网络基础知识

7.1.1　计算机网络的发展和定义

　　为了能更好地理解计算机网络概念，有必要对计算机网络的产生有一个清晰的认识。

　　1969 年初，互联网的前身——美国的阿帕（ARPA）网的诞生，标志着计算机网络的兴起。美国国防部为准军事目的建立连接的 4 台主机，而这仅有 4 个网点的网络就被称为"网络之父"了，同时也为后来的计算机网络发展打下了良好的基础。

　　到了 20 世纪 70 年代，许多学术研究机构及政府机构加入进来，这个系统已经连接了 50 所大学和研究机构的主机。虽然这时候有了多个主机的接入，同时连接的地域有了一定的范围，但还是不能实现与多个网络的互联。

　　直到 1982 年 ARPA 网终于实现了与其他多个网络的互联，从而形成了以 ARPANET 为主干网的互联网。1983 年，美国国家科学基金会（NSF）提供巨资，建造了全美五大超级计算中心。同时随着 PC 应用的推广，PC 联网的需求也随之增大，各种基于 PC 互联的局域网也出现并不断发展。实际上它们就是一种客户机/服务器模式。由于存在不同的分层网络系统体系结构，它们的产品之间很难实现互联。为此，国际标准化组织 ISO 在 1984 年正式颁布了"开放系统互联基本参考模型"OSI 国际标准，使计算机网络体系结构实现了标准化。1986 年，NFSNET 建成后取代了 ARPA 网而成为互联网的主干网。以 NFSNET 为主干网的互联网向社会开放。

　　到了 20 世纪 90 年代，计算机技术、通信技术以及建立在计算机和网络技术基础上的计算机网络技术得到了迅猛的发展。随着电脑的更进一步的普及，互联网迅速地商业化，成为了一个实用而且有趣的巨大的信息资源，允许世界上数以亿计的人们进行通信和信息共享。特别是 1993 年美国宣布建立国家信息基础设施（NII）后，全世界许多国家纷纷制定和建立本国的 NII，从而极大地推动了计算机网络技术的发展，使计算机网络进入了一个崭新的阶段。互联网仍在迅猛发展，并于发展中不断得到更新并被重新定义。美国政府又分别于 1996 年和 1997 年开始研究发展更加快速可靠的互联网 2（Internet 2）和下一代互联网（next generation Internet）。可以说，网络互联和高速计算机网络正成为最新一代的计算机网络的发展方向。

从计算机网络的发展来看,计算机网络的概念不能简单归结为,把不同位置能独立自主的计算机互联起来就是计算机网络了。计算机网络指利用通信线路将地理位置分散的、具有独立功能的许多计算机系统连接起来,按照某种协议进行数据通信,以实现资源共享的信息系统。

7.1.2 计算机网络系统的组成

简单地说计算机网络系统是由通信子网和资源子网组成的。而网络软件系统和网络硬件系统是网络系统赖以存在的基础。在网络系统中,硬件对网络的选择起着决定性作用,而网络软件则是挖掘网络潜力的工具。网络软件最重要的特征是:网络管理软件所研究的重点不是在于网络中互联的各个独立的计算机本身的功能,而是在于如何实现网络特有的功能。网络硬件是计算机网络系统的物质基础。要构成一个计算机网络系统,首先要将计算机及其附属硬件设备与网络中的其他计算机系统连接起来。不同的计算机网络系统,在硬件方面是有差别的。

1. 计算机网络的基本构成

通信子网:由通信设备和传输介质组成。

通信设备:包括通信处理机、传输线路、交换和调制解调设备,以及卫星通信的地面站、微波站等。

传输介质:包括专用双绞线、同轴电缆和光纤等。

资源子网:由各用户机和终端机,及打印机、绘图仪等外围设备组成。

2. 计算机网络的功能

能够不受地理上的束缚实现资源共享:包括数据的共享,如电子新闻、信息发布服务;计算机硬件和设备资源共享。

提高计算机的可靠性:在计算机网络中,各终端计算机可通过网络彼此备用,某一台计算机发生故障,它的任务可以由网络的其他计算机代替,既提高可靠性,又能保证工作连续性。

能进行分布处理:用户可以根据问题的性质和要求充分利用网络资源,把一些综合性的大问题分散到网中不同的计算机上解决,以便迅速而经济地得到问题答案。

实现网内信息传递:包括在不同计算机的进程之间,如远程过程调用;在不同计算机之间,如文件传送;在不同的用户之间,如电子邮件(E-mail)等。

网络虚拟终端:可以通过它从本地计算机系统去访问网络内的其他的计算机系统,如远程文件访问等。

3. 现代计算机网络系统的发展趋向

开放和大容量的发展方向。

一体化和方便使用的发展方向。

多媒体网络的发展方向。

高效、安全的网络管理方向。

为应用服务的发展方向。

智能网络的发展方向。

7.1.3　计算机网络的特点和分类

计算机网络目前正处于高速发展的时期，网络技术不断更新，计算机网络的应用范围不断扩大。计算机网络的应用也向更高层次发展。尤其是 Internet 网络的建立，极大地推动了计算机网络的发展。

1．计算机网络的特点

1）开放式的网络体系结构，使不同软硬件环境、不同网络协议的网可以互联，真正达到资源共享、数据通信的目标。

2）向高性能发展。追求高速、高可靠和高安全性，采用多媒体技术，提供文本、声音图像等综合性服务。

3）计算机网络的智能化，多方面提高网络的性能和综合多功能服务，并更加合理地进行网络各种业务的管理，真正以分布和开放的形式向用户提供服务。

2．计算机网络分类

（1）按地理位置和分布范围分类

可以分成局域网、广域网和城域网三类。

（2）按传输介质分类

可以分成有线网和无线网两类。

1）有线网：一种是采用同轴电缆和双绞线连接的网络，采用这样传输介质的网络比较经济，安装方便，但传输距离相对较短，传输率和抗干扰能力一般；另一种采用光导纤维作传输介质的网络称为光纤网。光纤网传输距离长，传输率高，且抗干扰能力强，安全性好，但价格较高，且需高水平的安装技术，是未来发展的重点。

2）无线网：无线网络采用微波、红外线、无线电等电磁波作为传输介质，由于无线网络的联网方式灵活方便，因此是一种很有前途的组网方式，目前已经得到了广泛的应用。

（3）按网络的拓扑结构分类

网络的拓扑结构是指网络中通信线路和站点（计算机或设备）的几何排列形式。计算机网络按其拓扑结构可以分为星型网、环形网和总线型网三类，如图 7.1 所示。

星型网：网上的站点通过点到点的链路与中心站点相连。特点是增加新站点容易，数据的安全性和优先级易于控制，网络监控易实现，但若中心站点出故障会引起整个网络瘫痪。

环形网：网上的站点通过通信介质连成一个封闭的环形。特点是易于安装和监控，但容量有限，增加新站点困难。

总线型网：网上所有的站点共享一条数据通道。特点是铺设电缆最短，成本低，安装简单方便；但监控较困难，安全性低，若介质发生故障会导致网络瘫痪，增加新站点也不如星型网那样容易。

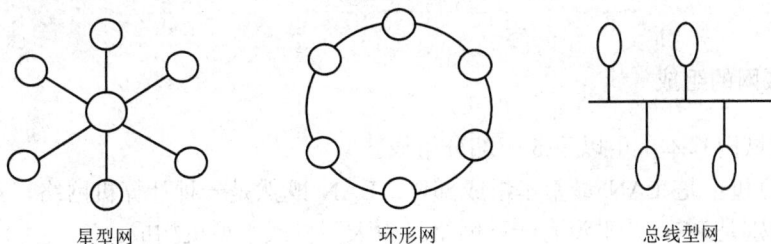

星型网　　　　　　　　　环形网　　　　　　　　　总线型网

图 7.1　网络的拓扑结构

7.1.4　局域网和广域网

按计算机连网的区域大小，可以把网络分为局域网（local area network，LAN）和广域网（wide area network，WAN）。

1. 局域网

局域网是指在某一区域内由多台计算机互联成的计算机组。某一区域指的是同一办公室、同一建筑物、同一公司和同一学校等，一般是方圆几千米以内。局域网可以实现文件管理、应用软件共享、打印机共享、扫描仪共享、工作组内的日程安排、电子邮件和传真通信服务等功能。局域网是封闭型的，可以由办公室内的两台计算机组成，也可以由一个公司内的上千台计算机组成。

2. 广域网

广域网是一种跨越大的、地域性的计算机网络的集合。通常跨越省、市，甚至一个国家。广域网包括大大小小不同的子网，子网可以是局域网，也可以是小型的广域网。

3. 局域网和广域网的区别

一般来说，局域网都是用在一些局部的、地理位置相近的场合，如一个家庭或一个小办公楼。而广域网则与局域网相反，它可以用于地理位置相差甚远的场合，比如说两个国家之间。此外，局域网中包含的计算机数目一般相当有限，而广域网中包含的机器数目则可高达几百万台。可见局域网与广域网之间在规模和使用范围之间相差是比较大的，但这并不意味着这两种类型的网络之间没有任何联系，恰恰相反，它们之间联系紧密，因为广域网是由多个局域网组成的。

从技术角度来说，广域网和局域网在连接的方式上有所不同。比如说，一个局域网通常是在一个单位拥有的建筑物里用本单位所拥有的电缆线连接起来，即网络是属于该单位自己的；而广域网则不同，它通常是租用一些公用的通信服务设施连接起来的，如公用的无线电通信设备、微波通信线路、光纤通信线路和卫星通信线路等，这些设备可以突破距离的局限性。

7.2　局域网简介

7.2.1　局域网的组成

一个局域网基本上由以下 5 个部分组成。

1）计算机：是 LAN 最基本组成部件。LAN 既然是一种计算机网络，自然少不了计算机，特别是 PC，几乎没有一种网络只由大型机或小型机构成。

2）网络适配器：任何一台独立计算机都要有网卡，也称为网络适配器。它是必不可少的部件。

3）传输媒体：计算机互联在一起，当然也不可能没有传输媒体。这种媒体可以是同轴电缆、双绞线，也可以是光缆（光纤）。

4）网络连接设备：是将计算机与传输媒体相连的各种连接设备，如 DB-15 插头座、RJ-45 插头座等。

5）网络操作系统（NOS）：有了 LAN 硬件环境，还需要控制和管理 LAN 正常运行的软件，即 NOS。是在每个 PC 原有操作系统上增加网络所需的功能。

7.2.2　OSI 网络模型

早期计算机之间的联网是有条件的，在同一个网络中只能存在同一个厂家生产的计算机，其他厂家生产的计算机是无法接入的。这成为计算机网络发展的瓶颈。1977 年，ISO 制定了开放系统互连参考模型（OSI）。它是得到了最广泛认可的一种模型，OSI 模型的提出为计算机网络技术的发展开创了一个新纪元。

OSI 将整个网络的通信功能划分成 7 个层次，每个层次完成不同的功能。这 7 层由低层至高层分别是物理层、数据链路层、网络层、传输层、会话层、表示层和应用层，如图 7.2 所示。OSI 具有如下特点。

1）各层之间是独立的。某一层并不需要知道其下一层是如何实现的，而仅仅需要知道该层间的接口（即界面）所提供的服务。由于每一层只实现一种相对独立的功能，因而可将一个难以处理的复杂问题分解为若干个较容易处理的更小一些的问题。这样，整个问题的复杂程度就下降了。

2）灵活性好。当任何一层发生变化时（例如技术的变化），只要层间接口关系保持不变，则在这层以上或以下各层均不受影响。

3）结构上可分割开。各层都可以采用最合适的技术来实现。

4）易于实现和维护。这种结构使得实现和调试一个庞大而又复杂的系统变得易于处理，因为整个系统已被分解为若干个相对独立的子系统。

5）能促进标准化工作。因为每一层的功能及其所提供的服务都已有了精确的说明，所以能促进标准化工作。

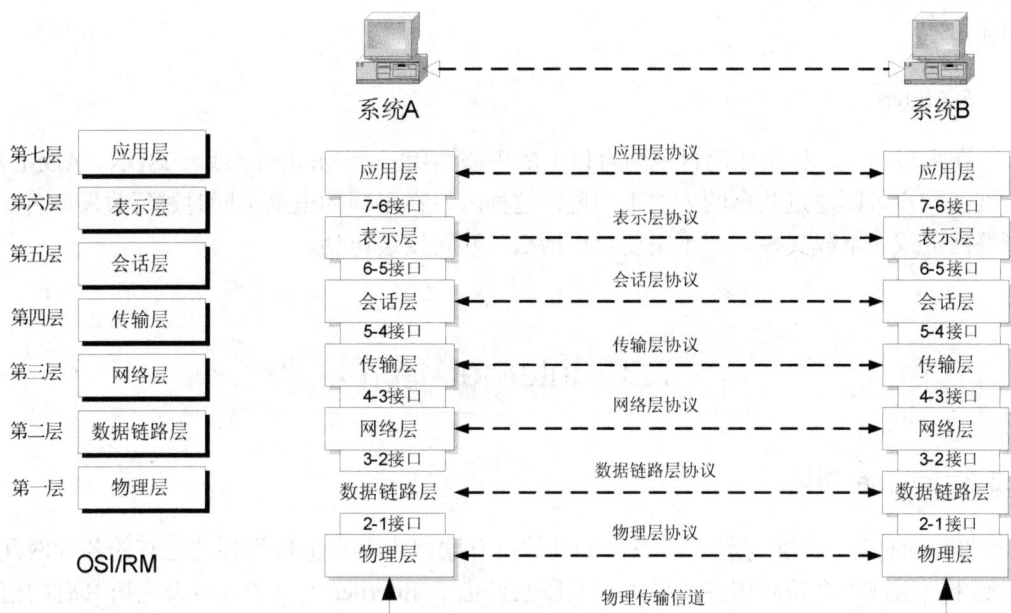

图 7.2 OSI 模型

7.2.3 局域网中的资源共享

1. 文件共享

文件共享是局域网使用最基本的功用。通过文件共享，可以让所有联入局域网的人共同拥有或使用同一文件。文件共享，首先要把文件"贡献"出来。将文件夹设置为共享后，使用起来十分方便。在其他计算机桌面上的"网上邻居"或 Windows 资源管理器的"网上邻居"中，即可浏览到共享后的文件夹。然后，根据授予的权限，就像在本地硬盘一样读取、修改、删除或写入文件。

2. 磁盘共享

磁盘共享包括硬盘、软驱、光驱等都可用来共享。因此，局域网中的另外的计算机不必都配备软驱、光驱等，通过网络共享，一些有限的资源会让所有机器都能拥有。

3. 打印共享

将打印机设置为"共享"后，通过"网上邻居"就能找到它。在网络中使用打印机的每一台电脑同样也需要安装打印驱动程序。具体的步骤跟安装本地打印机是大同小异的，只是当出现对话框的时候选择"网络打印机"。网络打印机的使用没有什么特别值得注意的地方，因为它跟使用本地打印机是完全一样的。

4. 消息共享

在局域网可让你要发的消息共享于每一台联网的计算机上。Windows 中有个很实用的短信息程序叫做 WinPopup，WinPopup 的用途是给网络上的其他计算机发送文字格式的弹出消息。

5. Internet 共享

在局域网中，如果让两台或两台以上的电脑共用一个 Modem（或者 ISDN、ADSL）上网，同样可以通过共享的方式来实现，这样可以在不同的电脑上同时进行收发邮件、浏览网页或者下载文件，而不需要再申请账号和再安装电话。

7.3 Internet 简介

7.3.1 Internet 概述

Internet 是一个全球性、开放型的计算机互联网络，它把世界各地已有的各种网互联起来，组成一个跨越国界的庞大的互联网。由于 Internet 的开放性以及它所具有的信息资源共享和交流能力，从它诞生之日起，便吸引了广大用户。随着用户量的急剧增加，Internet 的规模也迅速扩大，其应用的领域也面向多样化，除了科技、军事和教育外，很快进入文化、政治、经济、新闻、体育、娱乐、医疗、交通、商业以及服务等行业。

我国于 1994 年正式连入因特网。此后，我国的互联网建设进入了迅速发展阶段，短短几年内已形成了 4 个具有网络信息出口能力的骨干网，它们是中国科学技术网（CSTNET）、中国公用计算机互联网（CHINANET）、中国教育和科研计算机网（CERNET）和中国金桥网（CHINAGBN）。

7.3.2 Internet 的工作原理

Internet 的本质是电脑与电脑之间互相通信并交换信息。这种通信跟人与人之间信息交流一样必须具备一些条件。比如：您给一位国外的朋友写信，首先必须使用一种对方也能看懂的语言，然后还得知道对方的通信地址，才能把信发出去。同样，电脑与电脑之间通信，首先也得使用一种双方都能接受的"语言"——通信协议，然后还得知道电脑彼此的地址，通过协议和地址，电脑与电脑之间就能交流信息，这就形成了网络。要更好地理解 Internet 的工作原理，有必要先了解几个专业术语。

1. TCP/IP

Internet 就是由许多小网络构成的国际性大网络，在各个小网络内部使用不同的协议，正如不同的国家使用不同的语言，那如何使它们之间进行信息交流呢？这就要靠网络上的"世界语"——TCP/IP。

2. IP 地址

语言（协议）我们是有了，那地址怎么办呢？没关系，用网际协议地址（即 IP 地址）就可解决这个问题。它是为标识 Internet 上主机位置而设置的。Internet 上的每一台计算机都被赋予一个世界上唯一的 32 位 Internet 地址，这一地址可用于与该计算机有关的全部通信。为了方便起见，在应用上我们以 8b 为一单位，组成 4 组十进制数字来表示每一台主机的位置。一般的 IP 地址由 4 组数字组成，每组数字介于 0～255 之间。

3. 域名地址

尽管 IP 地址能够唯一地标识网络上的计算机，但 IP 地址是数字型的，用户记忆这类数字十分不方便，于是人们又发明了另一套字符型的地址方案，即所谓的域名地址（DNS）。IP 地址和域名是一一对应的。如 166.111.8.250 地址标识的主机域名为 mail.tsinghua.edu.cn，表明它是清华大学的一台邮件服务器。

Internet 的工作原理就是当一个用户想给其他用户发送一个文件时，TCP 先把该文件分成一个个小数据包，并加上一些特定的信息（可以看成是装箱单），以便接收方的机器确认传输是正确无误的，然后 IP 再在数据包上标上地址信息，形成可在 Internet 上传输的 TCP/IP 数据包。当 TCP/IP 数据包到达目的地后，计算机首先去掉地址标志，利用 TCP 的装箱单检查数据在传输中是否有损失，如果接收方发现有损坏的数据包，就要求发送端重新发送被损坏的数据包，确认无误后再将各个数据包重新组合成原文件。就这样，Internet 通过 TCP/IP 这一网上的"世界语"和 IP 地址实现了它的全球通信的功能。

7.3.3　成为 Internet 网络用户

要想成为 Internet 网络宽带用户一般按照以下几个步骤来进行。

1）进行硬件准备工作。硬件设备包括计算机（PC）、宽带（光纤）和 ADSL 调制解调器。

2）要找 ISP 办理入网手续，申请一个入网账号。ISP 是向普通大众提供与 Internet 有关的各种服务的机构。我国现在有中国电信、中国网通、中国铁通为我们提供接入 Internet 服务。可以根据自身所在地的具体情况来选择最理想的 ISP。在 ISP 办理入网手续时，需要填写一些申请表和协议。办理完毕之后，可以得到 ISP 提供的上网账号和账号密码。

3）工作人员会为您安装一台 ADSL 调制解调器（Modem），因为电话线只能传递模拟信号，而电脑信息都是数字信号，要想通过电话线来传递电脑信息，就必须在发送前把数字信号转换成模拟信号，接收时再转换成数字信号。前一个过程叫调制，后一个过程叫解调。通过调制解调器来连通您的计算机和小区宽带。光纤用户也和宽带用户一样只是不需要调制解调器了，直接让计算机与小区光纤连接即可。

4）在计算机上创建一个连接，如图 7.3 所示，或安装一个拨号软件（星空极速），相应的

图 7.3　"连接我的连接"对话框

填写我们在账号和密码。单击"连接"按钮，拨号成功。此时就可以在网络中畅游了。

7.4　Internet Explorer 操作入门

7.4.1　IE 的启动与窗口的屏幕组成

常见的 WWW 浏览器有两种：一个是 Netscape 公司的 Navigater，另一个是 Windows XP 附送的 Internet Explorer 6.0，两种浏览器的使用方法差不多，性能上各有优缺点。现在介绍的是 Internet Explorer 6.0，其中文是"因特网探索者"。

1．IE 的启动

启动 Windows XP 后，在桌面上双击 IE 图标，如图 7.4 所示，就可以进入因特网了。

图 7.4　IE 图标

2．IE 窗口的屏幕组成

IE 窗口的屏幕基本包括以下几个部分。

1）在网页的最上面分别有标题栏和菜单栏。如图 7.5 所示标题栏的"搜狐首页"表示当前网页在搜狐网站首页上，而下面的菜单栏是我们早已熟悉了的。

图 7.5　标题栏和菜单栏

2）在标题栏和菜单栏下方是网页的工具栏，如图 7.6 所示。这里的每个按钮都有着不同的功能。

图 7.6　工具栏

"后退"按钮表示能回到上一页；"前进"按钮表示可以把刚才用"后退"翻过去的网页再翻回来，当"前进"按钮变成灰色时，就说明已经到了最后一页，不能再向前翻了；"停止"按钮表示是终止从网上读取当前网页的内容；"刷新"按钮表示重新读当前网页的内容；"主页"按钮表示从当前网页回到主网页的内容上，"搜索"按钮表示搜索想要的网页，如图 7.7 所示。

使用"收藏夹"按钮可将喜爱的网页收藏起来，使下次能方便地打开，如图 7.8 所示。

"历史"按钮表示将记忆您最近所登录过的历史网站，如图 7.9 所示。

图 7.7　搜索网页　　　图 7.8　收藏夹　　　图 7.9　登录的历史网站

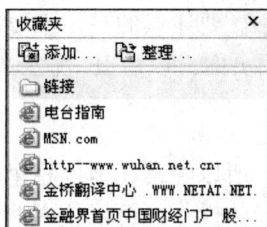

　　3）工具栏下面有一个空行，前面写着"地址"，这便是网页的地址栏，如图 7.10 所示，只要在这里填上网站地址或者是域名，再按 Enter 就行了。例如输入 www.sohu.com 就可以进入到搜狐网站的首页。

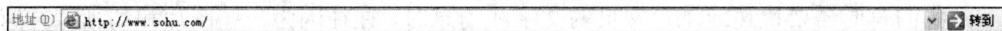

图 7.10　地址栏

7.4.2　利用 IE 浏览网站

　　下面简要介绍如何用 IE 浏览网站。在地址栏里输入 www.sohu.com.cn 并按 Enter 键，即可打开搜狐网站的首页，如图 7.11 所示。

　　在浏览网页时，当移动鼠标指针到某些带下划线的文字和图片时，发现指针会变成一只小手形状，这说明此处有一个"超链接"。"超链接"就是指从这一页转到另一页的一个跳板。单击后，地址栏里的地址也会自动更新为新网页的地址，新的网页也即将打开。另外，如果我们知道网页地址，只要将在地址栏输入地址，按 Enter 键就可以了。如在地址栏输入 www.sina.com.cn 就可以跳转到新浪网的主页。

　　下面介绍几种 IE 6.0 使用小技巧。

　　1.　按你的方式打开 IE

　　如果想让 Internet Explorer 以特定的方式打开，就可以通过一些参数的设定来做到。选择"开始" → "运行"命令，在对话框里输入 iexplore-e，就会在 Explorer 窗口的右侧出现文件夹列表窗格，而输入 iexplore-k，则 IE 就是以全屏方式工作，并且没有工具栏、地址栏等。也可以在打开网页状态下，

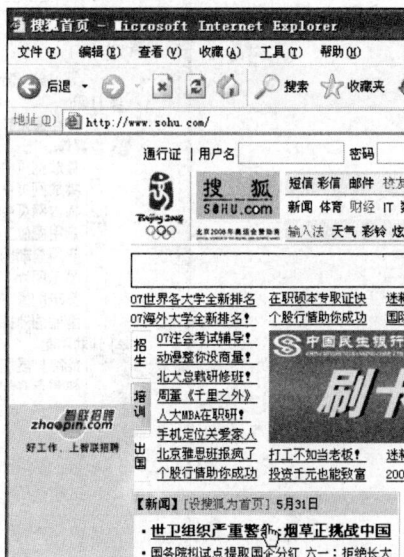

图 7.11　搜狐首页

按 F11 键得到全屏的方式，再次按 F11 键则退出全屏方式。

2. 总是最大化窗口

有时当打开一个新的网页时，窗口会是个只有一半大小的窗口。如果要在每次新打开窗口时都看到最大化的窗口，那么就需要对 IE 重新设置一下。只留下一个 IE，右击任意链接，选择"在新窗口中打开"命令。接着将之前的浏览器窗口关闭，用鼠标将留下来的窗口拖动成你所需要的大小。要注意的是，不要单击"最大化"按钮来完成。按Ctrl 键并单击"关闭"按钮来关闭页面。以后 IE 就会以最大化的方式打开新的窗口。

3. 使用键盘快速冲浪

由于我们要浏览不同的网页，所以经常在地址栏里输入大量的 www 和 .com.cn，为了节约时间和减少这样重复烦琐的操作，可以使用两个快捷键来简化工作。按下 Alt＋D 键将光标移动到 IE 的地址栏中，在地址栏里输入 sina，再按下 Ctrl＋Enter 键，这样 sina 之前的 www 和之后的"com."和"cn"都会自动补充完成。此时按 Enter 键，IE就能够访问那个站点了。

4. 在浏览页面时不显示图片

当我们有时需要快速地浏览网页的文字和消息时，往往因为一些图片和动画打开速度较慢影响网页的浏览。这时可以通过几个步骤的设置，使以后上网时不再显示网页的图片和动画，以提高浏览速度。

选择"工具"→"Internet 选项"命令；选取"高级"选项卡，如图 7.12 所示；取消选中"多媒体"选项组中相应的复选框单击"确定"按钮即可。再次打开的网页就不再显示图片和动画了。

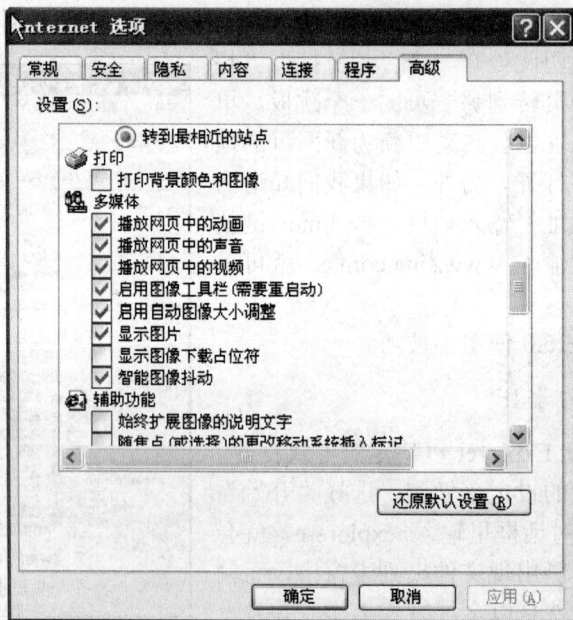

图 7.12　Internet 选项

7.4.3 使用电子邮件

电子邮件表示通过电子通信系统进行信件的书写、发送和接收。它是目前互联网使用最多的通信系统之一。通过电子邮件系统，可以用非常低廉的价格，以非常快速的方式，与世界上任何一个角落的网络用户联络，这些电子邮件可以是文字、图像、声音等各种方式。正是由于电子邮件的使用简易、投递迅速、收费低廉，易于保存、全球畅通无阻，使得电子邮件被广泛地应用，它使人们的交流方式得到了极大的改变。

电子邮件地址类似于门牌号码的邮箱地址，或者更准确地说，相当于你在邮局租用了一个信箱。因为传统的信件是由邮递员送到你的家门口，而电子邮件则需要自己去查看信箱。E-mail 地址的形式为：个人用户标识@信箱所在计算机的域名。

下面以网易 126 免费电子邮局的 126 信箱为例简单介绍一下。

1）首先，在地址栏里输入 www.126.com，进入 126 邮局网站，如图 7.13 所示。

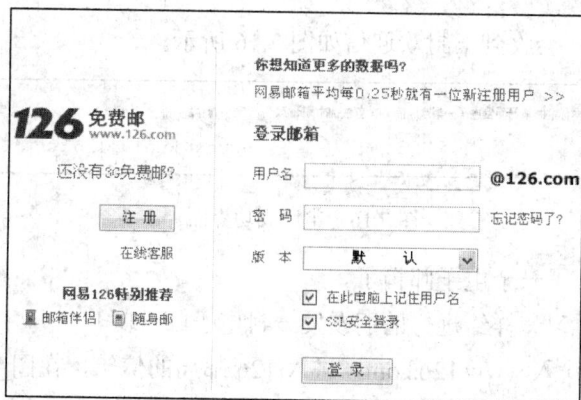

图 7.13　126 邮箱主页

2）如果已经拥有了信箱就直接输入"用户名"和"密码"，"登录"即可。现在我们需要注册一个新的信箱。单击 "注册"，进入注册界面，如图 7.14 所示。

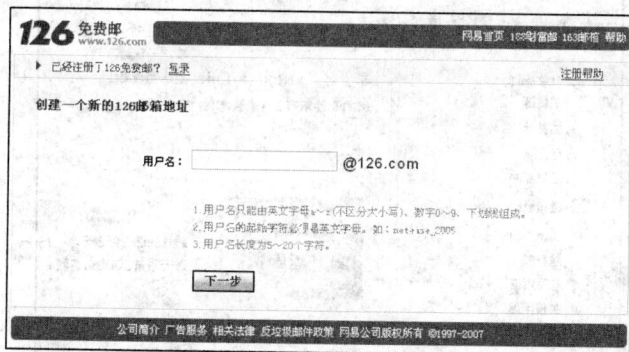

图 7.14　126 信箱注册界面

3）输入一个新的用户名，如 xuexi_kuaile，单击"下一步"。

4）这时进入填写个人资料的界面，如图 7.15 所示。注意密码不能过于简单，比如英文字母数字和特殊字符的组合。按要求依次填写资料后，单击"我接受下面的条款，并创建账号"。

图 7.15 个人信息填写界面

5）注册成功后，会收到一封欢迎信如图 7.16 所示。

图 7.16 申请成功界面

这时就成功拥有了一个电子邮箱了。

现在我们就来学习怎样给远方的朋友发一封电子邮件吧！

1）在地址栏里输入 www.126.com，进入 126 邮局的信箱，在图 7.13 所示页面中分别填写自己的"用户名"和"密码"，单击"登录"。就会打开自己的邮箱，如图 7.17 所示。

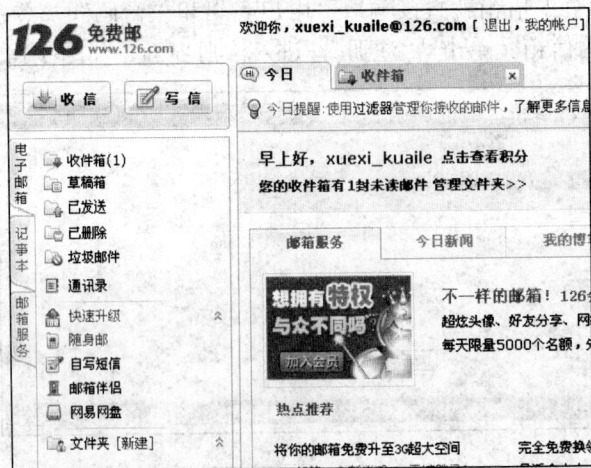

图 7.17 126 邮箱界面

2）这时系统提示收到一封新邮件，单击"收件箱"或单击"收信"就可以查阅信件了。如图7.17左侧是邮箱的工具栏,可以根据需要维护自己的邮箱。

而我们想给自己的朋友写一封信,该怎么做呢?

1)单击图7.17中的"写信"按钮,进入写信界面,如图7.18所示。

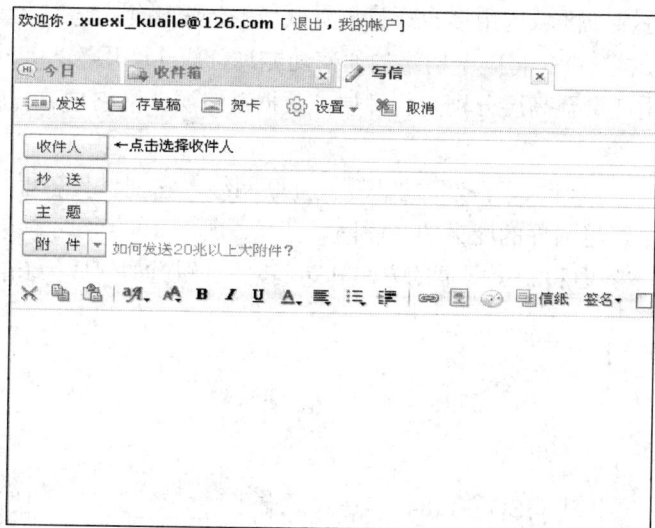

图7.18 写信界面

2)在"收件人"文本框中,输入朋友的E-mail地址。一定要正确地填写邮箱地址,注意大小写和下划线等。在"主题"文本框中写个主题词,便于朋友查收。在下面的空白区域写上正文。单击"发送"即可。

如果发给朋友的电子邮件有图片怎么办呢?

可以通过邮件的附件来传送图片。例如要发送一个"美国文学"资料,并且还有几张图片。

1)单击图7.18中"附件",找到文件所在的位置,单击"确定",再找到图片的位置,单击"确定",完成后如图7.19所示。

2)再重复上几步操作,最后单击"发送"即可。发送成功后,会有个回函,告诉你已经成功放送,如图7.20所示。

如果还要给别的朋友写信,只需要单击"再发一封"按钮,如图7.21所示,依次重复上述操作即可。

图7.19 上传附件按钮　　　图7.20 邮件发送成功界面　　图7.21 "再发一封"按钮

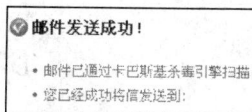

本章小结

本章介绍了计算机网络的发展过程。利用通信线路将地理位置分散的、具有独立功能的许多计算机系统连接起来，按照某种协议进行数据通信，以实现资源共享的信息系统称为计算机网络。计算机网络是由通信子网、通信设备、传输介质、资源子网这几个基本部分构成的。

局域网是指在某一区域内由多台计算机互联成的计算机组，它们之间能提供资源共享、相互通信等功能。OSI 将整个网络的通信功能划分成 7 个层次，每个层次完成不同的功能。这 7 层由低层至高层分别是物理层、数据链路层、网络层、传输层、会话层、表示层和应用层。

Internet 是一个全球性、开放型的计算机互联网络，它把世界各地已有的各种网互联起来，组成一个跨越国界的庞大的互联网。

了解 IE 的基本界面和浏览网页的方法和窍门，并且知道如何成为 Internet 网络用户。

思考与练习

一、填空题

1. 国际标准化组织（ISO）1984 年正式颁布了＿＿＿＿＿＿，使计算机网络体系结构实现了标准化。

2. Internet 起源于美国 1969 年开始实施的＿＿＿＿＿＿计划。

3. 网络最基本功能是＿＿＿＿＿＿。

4. 计算机网络按范围分可分为＿＿＿＿、＿＿＿＿、＿＿＿＿。

5. IP 地址有固定的格式，它将＿＿＿＿位二进制分为＿＿＿＿组，组与组之间用＿＿＿＿分隔，使用时用＿＿＿＿进制数表示。

6. OSI 将整个网络的通信功能划分＿＿＿＿、＿＿＿＿、＿＿＿＿、＿＿＿＿、＿＿＿＿、＿＿＿＿、＿＿＿＿7 个层次。

二、单项选择题

1. 计算机网络的首要目的是＿＿＿。
   A. 资源共享　　　　　　　　　　B. 数据通信
   C. 提高工作效率　　　　　　　　D. 加强沟通
2. 属于集中控制方式的网络拓扑结构是＿＿＿。
   A. 星型结构　　　　　　　　　　B. 环型结构
   C. 总线结构　　　　　　　　　　D. 树型结构
3. Internet 起源于＿＿＿。
   A. BITNET　　　　　　　　　　B. NSFNET
   C. ARPANET　　　　　　　　　D. CSNET
4. 下列 4 项中，合法的 IP 地址是＿＿＿。
   A. 190.220.5　　　　　　　　　B. 206.53.3.78
   C. 206.53.312.78　　　　　　　D. 123，43，82，220

5. 调制解调器（Modem）的功能是实现_____。

　　A. 数字信号的编码　　　　　　　B. 数字信号的整形

　　C. 模拟信号的放大　　　　　　　D. 模拟信号与数字信号的转换

6. 下面哪个电子信箱是正确的？_____

　　A. www.haoxuesheng@.126.com　　B. HAOXUESHENG.SINA.COM

　　C. haoxuesheng@126.com　　　　　D. 好学生@126.com

三、判断题

1. 广域网是由很多个局域网组成的。　　　　　　　　　　　　　（　　）

2. 电子邮件只能发送和接受文字信息。　　　　　　　　　　　　（　　）

3. 光纤适宜远距离传输且价格便宜。　　　　　　　　　　　　　（　　）

4. 调制解调器工作顺序是先完成调制过程再完成解调过程。　　　（　　）

5. 电子邮件最大的优点是免费。　　　　　　　　　　　　　　　（　　）

四、问答题

1. 局域网常用的拓扑结构有哪几种？各有何优缺点？

2. 局域网最基本由哪几部分组成？

上机实验

实验一　组建一个局域网

1. 实验目的

1）掌握局域网的基本构成。

2）了解局域网组建的一般过程。

3）了解局域网的功能。

2. 实验步骤

1）硬件环境的建立（2 台装有 Windows XP 的 PC 机，2 块 UTP 接口网卡，1 台集线器，2 根 3 米长的双绞线并且在两头做 2 个 RJ-45 头，其他工具等）。

2）分别为两台 PC 安装网卡。

3）两台 PC 分别用双绞线连接在网络集线器上。

4）开机，设置计算机。

① 从"控制面板"双击"网络"选项。

② 添加 TCP/IP 协议。

③ 填写各自的"IP 地址"和"子网掩码"。

④ 在"网络"对话框中的"主网络登录"列表中选择"快速登录"。

⑤ 在"网络"的"访问控制"中选择"共享级访问控制"。

5）安装完毕，重启两台计算机。

实验二　通过电子邮件发送图片

1. 实验目的

1）掌握电子邮件收发过程。

2）熟练地使用电子邮件解决实际问题。

2. 实验步骤

1）通过 IE 打开电子信箱。

2）浏览收件箱。

3）回复来信，打开写信界面。

4）正确填写收件人地址。

5）上传附件（找到图片位置）。

6）发送信件。

实验三　对 IE 属性进行修改

1. 实验目的

1）掌握 IE 主页的修改。

2）掌握对 IE 临时文件夹里历史记录的清理。

3）掌握 IE 安全级别的设置。

2. 实验步骤

1）右击 IE 图标。

2）打开 IE 属性对话框。

3）在"常规"选项卡"地址"文本框中，输入主页的网页地址，如 www.sina.com.cn。

4）在"Internet 临时文件"选项组中，单击"删除文件"按钮，清理历史记录。

5）在"安全"选项卡"该区域的安全级别"选项组中，对自定义级别设置级别为高。

第8章

计算机安全知识

学习目标

◆ 了解计算机对工作环境的要求
◆ 掌握计算机正确的使用方法
◆ 了解计算机病毒的概念、特征、传播
　途径和预防措施
◆ 了解常见杀毒软件的基本使用方法
◆ 了解网络防火墙的基本概念和用途

内容摘要

◆ 计算机日常保养及维护
◆ 计算机病毒简介
◆ 计算机杀毒软件简介
◆ 网络防火墙简介

　　计算机在日常使用中，面临的一个很重要的问题就是计算机的安全。在计算机网络高度普及的今天，计算机安全已经是每一位计算机用户必须考虑的重要因素。

8.1　计算机日常保养及维护

8.1.1　计算机对工作环境的要求

　　一台计算机的使用寿命与日常的维护和保养有着很大的关系，要使一台计算机工作在正常状态并延长使用寿命，必须使它处于一个适合的工作环境。具体来说应具备以下条件。

　　（1）计算机对环境温度的要求

　　一般计算机应工作在20℃～25℃环境下。现在的计算机虽然本身散热性能很好，但过高的温度仍然会使计算机工作时产生的热量散不出去，轻则缩短使用寿命，重则烧毁芯片或其他配件。现在计算机硬件的发展非常迅速，更新换代相当快，计算机的散热已成为一个不可忽视的问题。但温度过低会使计算机的各配件之间产生接触不良的毛病，从而导致计算机不能正常工作。有条件的话，最好在放置计算机的房间安装空调，以保证计算机正常运行时所需的环境温度。

　　（2）计算机对电源的要求

　　电压不稳容易对计算机电路和器件造成损害，由于市电供应存在高峰期和低谷期，在电压经常波动的环境下，最好配备一个稳压器，以保证计算机正常工作所需的稳定的电源。另外，如果突然停电，则有可能会造成计算机内部数据的丢失，严重时还会造成计算机系统不能启动等各种故障。有条件的话，可以配备一个小型的家用UPS，以保证计算机的正常使用。

　　（3）计算机对环境湿度的要求

　　环境湿度不能过高，一般来说应保持40%～60%的相对湿度，并保持通风良好。否则计算机内的线路板很容易腐蚀，使板卡过早老化。

　　（4）计算机对环境洁净度的要求

　　由于计算机各组成部件非常精密，如果工作在较多灰尘的环境下，就有可能堵塞计算机的各种接口或造成接触不良，使计算机不能正常工作。因此，不要将计算机置于粉尘高的环境中。如确实需要安装，应做好防尘工作。另外，最好能一个月清理一下计算机机箱内部的灰尘，做好机器的清洁工作，以保证计算机的正常运行。

　　（5）计算机的安放

　　计算机主机的安放应当平稳，保留必要的工作空间，用来放置磁盘、光盘等常用备件以方便工作。要调整好显示器的高度，位置应保持显示器上边与视线基本平行，太高或太低都会使操作者容易疲劳。在计算机不用的时候最好能盖上防尘罩，防止灰尘对计算机的侵袭。在计算机正常使用的情况下，一定要将防尘罩拿下来，以保证计算机能很好地散热。

　　除此之外，如果计算机长时间不用，每个月也应该通电一二次。尤其是南方的梅雨季节更应该注意，保证计算机每个月最少要通电一次，每一次的通电时间不少于两个小时，以避免潮湿的天气使板卡变形导致计算机不能正常工作。

8.1.2 培养好的使用习惯

良好的使用习惯对电脑的影响也很大。计算机的正确使用，应注意以下事项。

1）正确执行开、关机顺序。开机的顺序是：先打开外部设备（如：打印机、扫描仪、UPS 电源、Modem 等），然后打开显示器，最后再开主机。关机顺序则相反：先关主机，再关显示器和外设。

2）不要频繁地开、关机。一般关机后离下一次开机时间至少应为 10 秒钟。特别要注意当电脑工作时，应避免强行关机操作。

3）不要在机器正常工作时搬动机器。即使机器未工作时，也应尽量避免搬动计算机，因过大的震动会对硬盘、主板之类配件造成损坏。

4）关机时，应注意先退出 Windows，关闭所有程序，再按正常关机顺序退出，否则有可能损坏操作系统和应用程序。

8.2 计算机病毒简介

随着计算机网络的普及，许多计算机病毒以惊人的速度传播蔓延，破坏着全世界的计算机资源，预防和消除计算机病毒是一项十分重要的任务。

8.2.1 计算机病毒的概念

计算机病毒（computer virus）在《中华人民共和国计算机信息系统安全保护条例》中被明确定义，是指"编制或者在计算机程序中插入的破坏计算机功能或者破坏数据，影响计算机使用并且能够自我复制的一组计算机指令或者程序代码"。

可以简单地认为，计算机病毒是隐藏在计算机系统中，利用系统资源进行生存并繁殖，能够影响计算机系统的正常运行，并可以通过资源共享的途径进行传播的计算机程序。

8.2.2 计算机病毒的特征

1）传染性：传染性是计算机病毒最重要的特征，是判断一段程序代码是否为计算机病毒的重要依据。

2）隐藏性：是指计算机病毒进入系统后不易被发现，使之可以有更长的时间去实施传染和破坏。

3）破坏性：计算机系统被计算机病毒感染后，一旦病毒发作条件满足时，就在计算机上表现出一定的症状。

4）触发性：计算机病毒一般是有控制条件的，当外界条件满足计算机病毒发作要求时，计算机病毒就开始传染或破坏。

5）潜伏性：是指计算机病毒具有依附其他媒体而寄生的能力。

8.2.3　计算机病毒的主要传播途径

1）通过不可移动的计算机硬件设备进行传播。通常是指硬盘、计算机专用 ASIC 芯片等。

2）通过移动存储设备来传播。包括软盘、光盘、U 盘和移动硬盘等。

3）通过计算机网络进行传播，这已经成为目前最主要的传播方式。

4）通过点对点通信系统和无线通道传播。

8.2.4　计算机病毒的预防及清除

从发现计算机病毒的那一天起，人们就没有停止过对计算机病毒防治技术的研究和开发。总的来说，对于计算机病毒应该以预防为主，通常采用以下这些措施，来切断病毒的传播途径。

1）安装实时监控杀毒软件或防毒卡，及时升级并定期更新病毒库。

2）定期安装操作系统的补丁程序。

3）不要随便在微机上玩游戏，因为游戏软件是许多病毒的主要载体。

4）不要随意打开来历不明的电子邮件及附件。

5）不要随意打开陌生人传来的页面链接。

6）安装防火墙工具，过滤不安全的站点访问。

7）不要随便使用移动存储设备，如果一定要用，最好先对其进行病毒检测。

8）定期对重要数据进行备份。

8.3　计算机杀毒软件简介

可以认为，计算机病毒和杀毒软件是"矛"与"盾"的关系，杀毒技术和杀毒软件是伴随着计算机病毒的不断更新而逐步完善的。目前，国内外杀毒软件的种类非常多，国外比较知名的有 Kaspersky、Norton、McAfee、BitDefender 等产品，国内比较知名的有瑞星、金山、江民等产品。这些杀毒软件各具特色，都能比较好地防杀计算机病毒。但是，使用再好的杀毒软件也不能"一劳永逸"，不论使用哪一种，一定要及时升级并定期更新病毒库。下面，就以在国内拥有较多用户的瑞星和江民为例，简要介绍杀毒软件的使用方法。

8.3.1　瑞星杀毒软件

北京瑞星科技股份有限公司成立于 1998 年 4 月，拥有强大的反病毒和网络安全研发队伍，已推出多种瑞星杀毒软件产品，以及企业防毒墙、防火墙、网络安全预警系统等硬件产品，是全球第三家、也是国内少数可以提供全系列信息安全产品和服务的专业厂商之一。

目前，瑞星杀毒软件的最新版本是瑞星 2007 版，支持包括文件粉碎技术、高速邮件监控技术、垃圾邮件智能白名单、内嵌"木马墙"、可疑文件定位、IP 攻击追踪、网络可信区域设置以及家长保护等多种特性，能够形成一套完整、立体的防御体系。

1. 使用瑞星杀毒软件 2007 版进行杀毒

1）双击 Windows 桌面上的瑞星杀毒软件快捷方式图标，或单击 Windows 快速启动栏中的瑞星杀毒软件图标，就可以启动瑞星杀毒软件主程序界面，如图 8.1 所示。此界面提供了瑞星杀毒软件所有的控制选项。通过简单、易操作和友好的操作界面，无需掌握丰富的专业知识即可轻松地使用瑞星杀毒软件进行病毒的查杀。

2）在"查杀目标"列表框中显示了待查杀病毒的目标，默认状态下，所有本地磁盘、内存、引导区和邮箱都为选中状态，可根据需要进行修改，如图 8.2 所示。

图 8.1　瑞星杀毒软件主程序界面　　　　图 8.2　"查杀目标"列表框

3）单击瑞星杀毒软件主程序界面上的"杀毒"按钮，即开始扫描所选目标，发现病毒时程序会采取用户选择的处理方法。扫描过程中可随时单击"暂停"按钮暂停扫描过程，单击"继续"按钮可继续扫描，也可以单击"停止"按钮结束当前扫描。对扫描中发现的病毒，病毒文件的文件名、所在文件夹、病毒名称和状态都将显示在病毒列表框中。

2. 瑞星杀毒软件 2007 版网上升级

只有及时进行升级，反病毒软件才能最大可能地识别和清除新病毒。此外，版本升级后用户还可以享受许多新功能。因此，及时升级瑞星杀毒软件是非常重要的。

注意 ZHU YI　只有那些拥有正确产品序列号和用户 ID 的瑞星杀毒软件正版用户才能实现网上升级。

1）首先保证要升级的计算机连接到 Internet 上。
2）在程序中输入用户 ID。方法是：在瑞星杀毒软件主程序界面中，选择"设置"

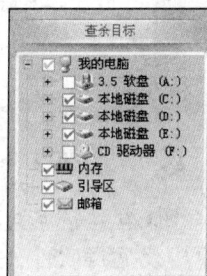

→"用户 ID 设置"命令，在"用户 ID"对话框填入相关信息后单击"确定"，如图 8.3 所示。

3）回到主程序界面中单击"升级"按钮即可升级了，如图 8.4 所示。

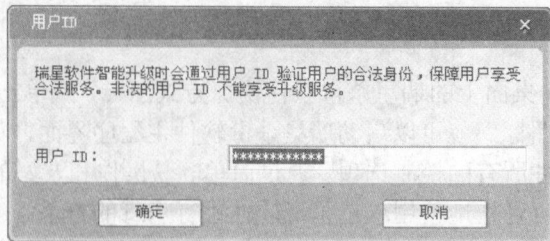

图 8.3 "用户 ID"对话框

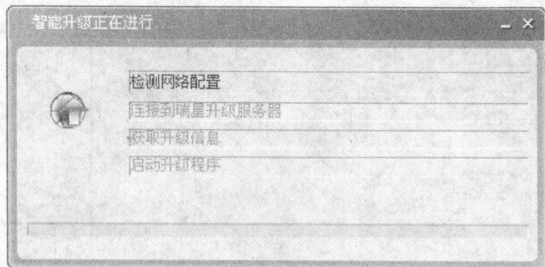

图 8.4 智能升级状态对话框

8.3.2 江民 KV 杀毒软件

北京江民新科技有限公司成立于 1996 年，是国家认定的高新技术企业，国内知名的计算机反病毒软件公司，国际反病毒协会理事单位。江民科技的研发团队汇集了国内大部分顶尖的反病毒技术高手，有着丰富的反病毒经验，是国内信息安全研发技术力量非常雄厚的公司。其开发的 KV 系列产品是中国杀毒软件中的著名品牌，目前最新版本为 KV2007 版。

江民杀毒软件 KV2007 可有效清除 20 多万种已知蠕虫、木马、黑客程序、网页病毒、邮件病毒、脚本病毒等，全方位主动防御未知病毒，新增流氓软件清理功能。KV2007新推出第三代 BOOTSCAN 系统启动前杀毒功能，支持全中文菜单式操作，使用更方便，杀毒更彻底。新增可升级光盘启动杀毒功能，可在系统瘫痪状态下从光盘启动电脑并升级病毒库进行杀毒。KV2007 具有反黑客、反木马、漏洞扫描、垃圾邮件识别、硬盘数据恢复、网银网游密码保护、IE 助手、系统诊断、文件粉碎、可疑文件强力删除、反网络钓鱼等十二大功能，为保护互联网时代的电脑安全提供了完整的解决方案。

1. 使用江民 KV2007 版进行杀毒

1）双击 Windows 桌面上的江民杀毒软件快捷方式图标，或双击 Windows 状态栏中的 KV 监控图标，就可以启动江民杀毒软件主程序界面，如图 8.5 所示。此界面提供了江民杀毒软件所有的控制选项。

2）在"扫描目标"列表框中显示了待查杀对象的目标，可根据需要进行选择和修改。

3）选择查杀病毒的对象后，单击"开始"按钮，即开始扫描所选目标，发现病毒时程序会采取用户选择的处理方法。扫描过程中可随时单击"暂停"按钮暂停扫描过程，单击"继续"按钮可继续扫描，也可以单击"停止"按钮结束当前扫描。对扫描中发现的病毒，病毒文件的文件名、所在文件夹、病毒名称和状态都将显示在病毒列表框中，如图 8.6 所示。

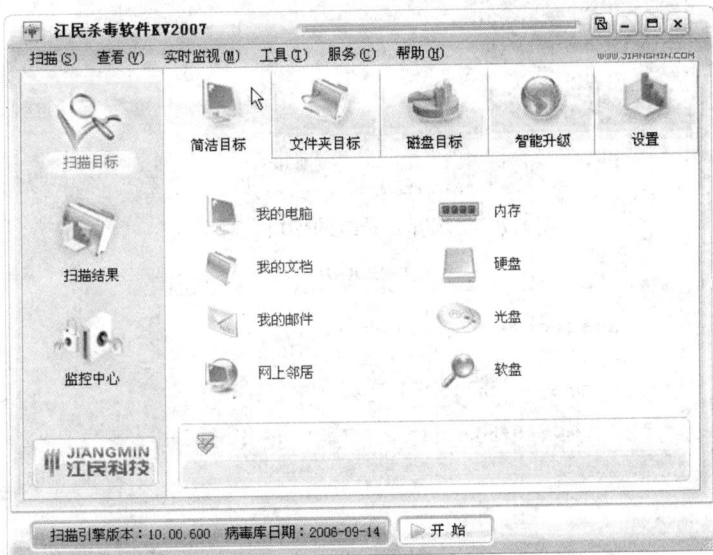

图 8.5　江民杀毒软件主程序界面

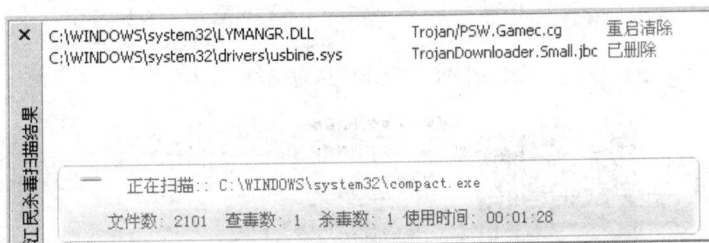

图 8.6　病毒列表窗口

2. 江民 KV2007 版网上升级

1）保证升级的计算机连接到 Internet 上。

2）在江民杀毒软件主程序界面中，选择"智能升级"选项卡，会出现一个对话框，让用户选择想要升级的程序模块，如图 8.7 所示。用户就可以有针对性地进行选择，而不再是全部接收。选定后，单击"开始升级"按钮。

3）如果是第一次网上升级，会要求输入用户名和序列号，如图 8.8 所示。正确输入后单击"下一步"按钮，通过验证后，就会出现软件升级状态对话框并开始升级，如图 8.9 所示。

图 8.7 "选择要升级的模块"对话框

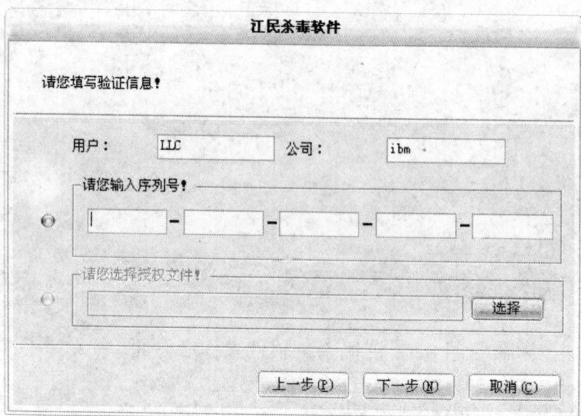

图 8.8 验证信息对话框

图 8.9 升级状态对话框

8.4 网络防火墙简介

防火墙的本义,是指古代构筑木制结构房屋的时候,为防止火灾的发生和蔓延,人们将坚固的石块堆砌在房屋周围作为屏障，这种防护构筑物就被称为防火墙。

网络防火墙是借鉴了古代用于防火的防火墙的喻义，它指的是隔离本地网络与外界网络的一道防御系统。防火墙既可以由硬件组成，也可以靠软件实现，它在内部网与外部网之间设置屏障，以阻止外界对内部资源的非法访问，也可以防止内部网对外部网的不安全访问。

防火墙的英文名为 FireWall，它是一种非常重要的网络防护设备。从专业角度讲，防火墙是位于两个（或多个）网络间，实施网络之间访问控制的一组组件集合。

防火墙可以使企业内部网络与 Internet 或者与其他外部网络之间互相隔离、限制网络互访，以达到保护内部网络的目的。

典型的防火墙具有以下三个方面的基本特性。

1）内部网络和外部网络之间的所有网络数据流都必须经过防火墙。

2）只有符合安全策略的数据流才能通过防火墙。

3）防火墙自身具有非常强的抗攻击免疫力。

Windows XP 自带防火墙组件，但是其功能单一，设置也比较复杂。因此普通用户一般不用它进行网络安全的防护。好在有许多更加专业的防火墙软件，如国内比较知名的天网防火墙，瑞星、金山、江民、Kaspersky、Norton 等国内外大型厂商都有自己的防火墙产品，其性能各有千秋。

另外，还有性能更加出色的硬件防火墙，如 CISCO、华为公司的产品，其价格往往比软件防火墙高出许多，个人用户一般不会使用。

本章小结

要使一台计算机工作在正常状态并延长使用寿命，必须考虑以下这些因素。

1）计算机对环境温度的要求。

2）计算机对电源的要求。

3）计算机对环境湿度的要求。

4）计算机对环境洁净度的要求。

5）计算机的安放要求。

良好的个人使用习惯对电脑的影响也很大，必须培养正确的计算机使用习惯。

计算机病毒是隐藏在计算机系统中，利用系统资源进行生存并繁殖，能够影响计算机系统的正常运行，并可以通过资源共享的途径进行传染的计算机程序。

传染性、隐藏性、破坏性、触发性和潜伏性是计算机病毒的基本特征。

计算机病毒的主要传播途径有硬盘、计算机专用 ASIC 芯片、软盘、光盘、U 盘、移动硬盘、网络、点对点通信系统和无线通道。

总的来说，对于计算机病毒应该以预防为主，通常采用以下这些措施。

1）安装实时监控杀毒软件或防毒卡，及时升级并定期更新病毒库。

2）定期安装操作系统的补丁程序。

3）不要随便在微机上玩游戏。

4）不要随意打开来历不明的电子邮件及附件。

5）不要随意打开陌生人传来的页面链接。

6）安装防火墙工具。

7）不要随便使用移动存储设备。

8）定期对重要数据进行备份。

目前，国内外杀毒软件的种类非常多，国外比较知名的有 Kaspersky、Norton、McAfee、BitDefender 等产品，国内比较知名的有瑞星、金山、江民等产品，这些杀毒软件各具特色，都能比较好地防杀计算机病毒。

防火墙的英文名为 FireWall，它是一种非常重要的网络防护设备。从专业角度讲，防火墙是位于两个（或多个）网络间，实施网络之间访问控制的一组组件集合。

典型的防火墙具有以下三个方面的基本特性。

1）内部网络和外部网络之间的所有网络数据流都必须经过防火墙。

2）只有符合安全策略的数据流才能通过防火墙。

3）防火墙自身具有非常强的抗攻击免疫力。

Windows XP 自带防火墙组件，也有许多更加专业的防火墙软件。硬件防火墙的性能更加出色，但个人用户一般不会使用。

 思考与练习

一、填空题

1．一般来说，计算机应工作在_____的温度环境下，环境的相对湿度应保持在_____。

2．正确的开机顺序是：先打开_____，然后打开_____，最后打开_____。

3．计算机病毒是隐藏在_____中，利用_____进行生存并繁殖，能够影响计算机系统的正常运行，并可以通过_____的途径进行传染的计算机程序。

4．_____、_____、_____、_____、_____是计算机病毒的基本特征。

5．目前，计算机病毒最主要的传播途径是_____。

6．国外比较知名的杀毒软件有_____、_____等产品，国内比较知名的杀毒软件有_____、_____等产品。

7．防火墙的英文名为_____，它是一种非常重要的网络防护设备。

8．有许多专业的防火墙软件，_____、_____、_____等国内外大型厂商都有自己的防火墙产品。

二、判断题

1．机器未工作时，可以随意搬动计算机。（　　）

2．计算机病毒不会通过无线通道传播。（　　）

3．安装了实时监控杀毒软件，就不再需要防火墙软件了。（　　）

4．如果没有连接到 Internet，江民 KV2007 杀毒软件就不能进行智能升级。（　　）

5．网络防火墙只可以靠软件实现。（　　）